U0133977

◎ 端午节招贴设计——粽香情浓（第2章）

◎ 数码照片艺术合成——春的花絮（第6章）

◎ 数码照片艺术加工——唯美女孩（第6章）

◎ 3D立体文字（第1章）

◎ 数码照片模板设计——梦的预言（第2章）

◎ 数码照片艺术设计
——花季女孩（第6章）

◎ 使灰蒙蒙的照片展现亮丽色彩（第4章）

◎ 增加照片情趣——雪中情（第4章）

◎ 为素面人物照片美容和上彩妆（第4章）

◎ 照片个性处理——制作淡彩线描自画像（第4章）

◎ 照片效果转换——暴雨前夕（第4章）

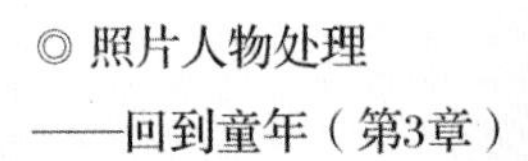

◎ 照片人物处理
——回到童年（第3章）

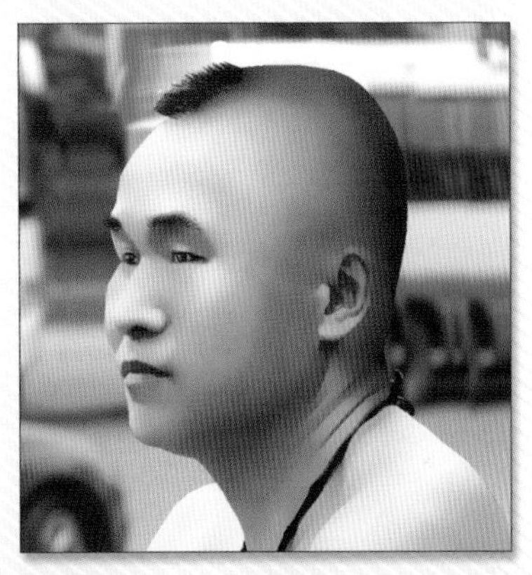

◎ 照片人物美容
——戴帽子的浓妆
美眉（第3章）

◎ 数码照片修饰——使女人更年轻（第7章）

◎ 原风景照片（第7章）

◎ 风景照片特效处理——春（第7章）

◎ 风景照片特效处理——夏（第7章）

◎ 风景照片特效处理——秋（第7章）

◎ 风景照片特效处理——冬（第7章）

◎ 数码照片模板设计——大海的思念（第2章）

◎ 数码 照片特效合成——梦江南（第6章）

◎ 数码照片模板设计——成长的故事（第2章）

◎ 数码照片人物美容——恢复女孩红润白嫩肌肤（第7章）

◎ 变废为宝——使用报废照片制作个人艺术写真（第7章）

◎ 照片人物处理——昔日风采（第3章）

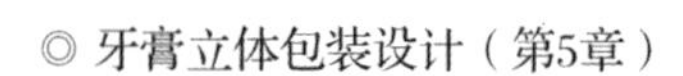

◎ 牙膏立体包装设计（第5章）

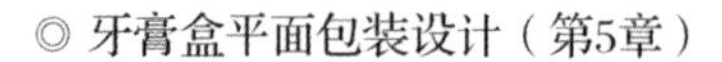

◎ 牙膏盒平面包装设计（第5章）

◎ 儿童活力红枣牛奶立体包装设计（第5章）

◎ 儿童活力红枣牛奶平面包装设计（第5章）

◎ 儿童活力红枣牛奶平面广告设计（第5章）

◎ 课后实训——牙膏外包装盒设计（第5章）

◎ 课后实训——情人节贺卡设计（第6章）

◎ 商场购物广告设计（第8章）

◎ 母亲节贺卡设计（第8章）

◎ 金秋购物招贴设计（第8章）

◎ 课后实训——纤纤手护肤洗手液广告设计（第2章）

◎ 处理照片杂乱的背景（第9章）

◎ 原数码照片（第9章）

◎ 数码照片特效制作——十字绣自画像（第9章）

◎ 数码照片特效制作——石板刻版自画像（第9章）

◎ 数码照片特效制作——木板刻版自画像（第9章）

◎ 数码照片特效制作——怀旧照片（第9章）

◎ 数码照片特效制作——素描自画像（第9章）

职业教育课程改革系列教材

Photoshop CS5 案例教程

关 莹 史宇宏 编著

電子工業出版社
Publishing House of Electronics Industry
北京·BEIJING

内 容 简 介

为适应职业教育计算机课程改革的要求，从计算机技能培训的实际出发，结合当前平面设计和图形处理的最新版软件 Photoshop CS5，我们组织编写了本书。本书的编写从满足经济发展对高素质劳动者和创新型人才的需要出发，在课程结构、教学内容、教学方法等方面进行了新的探索与改革创新，以利于学生更好地掌握本课程的内容，利于学生理论知识的掌握和实际操作技能的提高。

本书以任务引领教学内容，通过丰富的案例介绍了 Photoshop CS5 软件在平面广告设计、包装设计、数码照片处理、特效文字设计等行业的应用和技巧。

本书是职业教育计算机艺术设计相关专业的基础教材，也可作为各类 Photoshop 平面设计培训班的教材，还可以供计算机艺术设计人员参考学习。

未经许可，不得以任何方式复制或抄袭本书之部分或全部内容。
版权所有，侵权必究。

图书在版编目（CIP）数据

Photoshop CS5 案例教程 / 关莹，史宇宏编著. —北京：电子工业出版社，2011.8
职业教育课程改革系列教材
ISBN 978-7-121-14366-3

Ⅰ. ①P… Ⅱ. ①关… ②史… Ⅲ. ①图象处理软件，Photoshop CS5－中等专业学校－教材
Ⅳ. ①TP391.41

中国版本图书馆 CIP 数据核字（2011）第 166207 号

策划编辑：关雅莉　　杨　波
责任编辑：杨　波
印　　刷：
　　　　　北京市李史山胶印厂
装　　订：
出版发行：电子工业出版社
　　　　　北京市海淀区万寿路 173 信箱　邮编　100036
开　　本：787×1092　1/16　印张：18.75　字数：480 千字　彩插：4
印　　次：2011 年 8 月第 1 次印刷
印　　数：4 000 册　　定价：35.00 元

凡所购买电子工业出版社图书有缺损问题，请向购买书店调换。若书店售缺，请与本社发行部联系，联系及邮购电话：（010）88254888。

质量投诉请发邮件至 zlts@phei.com.cn，盗版侵权举报请发邮件至 dbqq@phei.com.cn。

服务热线：（010）88258888。

前言

为适应职业院校技能紧缺人才培养的需要，根据职业教育计算机课程改革的要求，从计算机平面设计技能培训的实际出发，结合当前平面设计和图形处理的最新版软件Photoshop CS5，我们组织编写了本书。本书的编写从满足经济发展对高素质劳动者和创新型人才的需要出发，在课程结构、教学内容、教学方法等方面进行了新的探索与改革创新，以利于学生更好地掌握本课程的内容，利于学生理论知识的掌握和实际操作技能的提高。

本书按照“以服务为宗旨，以就业为导向”的职业教育办学指导思想，采用“行动导向，案例操作”的方法，以案例操作引领知识的学习，通过大量精彩实用的案例的具体操作，对相关知识点进行巩固练习，通过“案例说明”和“操作步骤”，引导学生在“学中做”、“做中学”，把枯燥的基础知识贯穿在每一个案例中，从具体的案例操作实践中对相关知识进行巩固和练习，从而培养学生自己的应用能力，并通过“小知识”、“小提示”等内容的延伸，进一步开拓学生的视野，最后通过“课后习题”，促进学生巩固所学知识，并熟练操作。

本书的经典案例均来自于具体工程案例和生活，不仅符合职业学校学生的理解能力和接受程度，同时能使学生更早的接触实际工程的工作流程和操作要求，很好的培养学生参与实际工程项目设计的能力。

本书针对当前火爆的平面设计行业，从实用角度出发，通过 40 多组精美平面设计案例，详细讲解了 Photoshop CS5 在平面设计行业中的应用方法和操作技巧。

本书共分 9 章，各章主要内容如下：

第 1 章详细讲解了 Photoshop CS5 的 3D 功能的相关知识，同时通过制作一组 3D 立体文字的实例，详细讲解了 3D 功能的应用方法和技巧。

第 2 章通过“端午节招贴设计 ——粽香情浓”、“数码照片模板设计 ——成长的故事”、“数码照片模板设计 ——大海的思念”和“数码照片模板设计 ——梦的预言”4 个精彩案例，详细讲解了 Photoshop CS5 选取图像、编辑选区以及运用选区功能进行图像设计的相关技巧。

第 3 章通过“照片人物美容 ——戴帽子的浓妆美眉”、“照片人物处理 ——回到童年”和“照片人物修饰 ——昔日风采”3 个精彩案例，详细讲解了 Photoshop CS5 中图像编辑工具的应用方法以及使用这些工具编辑图像的技巧。

第 4 章通过“使灰蒙蒙的照片展现亮丽色彩”、“增加照片情趣 ——雪中情”、“照片个性处理 ——制作淡彩线描自画像”、“为素面人物照片美容和上彩妆”和“照片效果转换 ——暴雨前夕”5 个精彩案例，详细讲解了 Photoshop CS5 图像色彩校正技术的应用以及照片处理的相关技巧。

第 5 章通过“牙膏盒平面包装设计”、“牙膏立体包装设计”、“儿童活力红枣牛奶平面包装设计”、“儿童活力红枣牛奶立体包装设计”及“儿童活力红枣牛奶平面广告设计”5 个精彩案例，详细讲解了 Photoshop CS5 中颜色的应用知识以及使用颜色进行图像设计的方法和技巧。

第 6 章通过“数码照片特效合成 ——梦江南”、“数码照片艺术合成 ——春的花絮”、“数码照片艺术加工 ——唯美女孩”和“数码照片艺术设计 ——花季女孩”4 个精彩案例，详细讲解了 Photoshop CS5 中图层的应用知识以及使用图层功能进行图像设计的方法和技巧。

第 7 章通过“数码照片修饰 ——使女人更年轻”、“数码照片人物美容 ——恢复女孩红润白嫩肌肤”、“变废为宝 ——使用报废照片制作个人艺术写真”及“风景照片特效处理 ——春、夏、秋、冬”4 个精彩案例，详细讲解了 Photoshop CS5 中通道的应用知识以及使用通道进行图像处理和制作图像特效的方法和技巧。

第 8 章通过“商场购物广告设计”、“母亲节贺卡设计”和“金秋购物招贴设计”3 个精彩案例，详细讲解了 Photoshop CS5 中路径、文字的相关知识以及路径和文字在广告设计中的应用方法和技巧。

第 9 章通过“处理照片杂乱的背景”、“制作油画自画像”、“数码照片特效制作大集锦”、“快速处理多幅照片”及“将照片制作为电子相册”5 个精彩案例，详细讲解了 Photoshop CS5 滤镜的应用知识以及新建动作、应用动作、批处理图像等相关知识和应用技巧。

本书针对计算机平面设计相关岗位的案例操作全面、实用性强、既可提高学生的艺术鉴赏能力和创作能力，又可提高学生的应用操作技能。

本书由关莹、史宇宏执笔完成。此外，参与编写本书的还有张伟、姜华华、张传记、林永、赵明富、史小虎、陈玉蓉、刘海芹、车宇、夏小寒、王莹、卢春洁、付曙光、张伟等，一些职业学校的老师参与试教和修改工作，在此表示衷心感谢。

由于编者水平所限，难免有错误和不妥之处，恳请广大读者批评指正。

为了提高学习效率和教学效果，方便教师教学，本书还配有教学指南、电子教案、习题答案、案例素材和案例效果文件。请有此需要的读者登录华信教育资源网（http://www.hxedu.com.cn）免费注册后进行下载，有问题时请在网站留言或与电子工业出版社联系（E-mail：hxedu@phei.com.cn）。

编　者

2011 年 7 月

目 录

第 1 章 Photoshop CS5 3D 功能及其应用 …… 1
3D 基础 …… 1
打开 3D 文件 …… 4
从 2D 图像创建 3D 对象 …… 4
合并 3D 对象、3D 图层和 2D 图层 …… 7
创建 3D 凸纹 …… 9
3D 对象工具、相机工具以及更改或创建 3D 视图 …… 12
3D 轴 …… 15
认识 3D 面板 …… 16
3D 场景设置 …… 18
3D 网格设置 …… 19
3D 材质设置 …… 20
3D 光源设置 …… 24
3D 渲染和存储 …… 26
课堂实训 1：制作 3D 立体文字 …… 29
课后实训 …… 32
课后习题 …… 33
第 2 章 图像的选取与编辑技术 …… 34
课堂实训 1：端午节招贴设计——粽香情浓 …… 34
课堂实训 2：数码照片模板设计——成长的故事 …… 42
课堂实训 3：数码照片模板设计——大海的思念 …… 50
课堂实训 4：数码照片模板设计——梦的预言 …… 58
课后实训 …… 68
课后习题 …… 69
第 3 章 图像的修饰技术 …… 71
课堂实训 1：照片人物美容——戴帽子的浓妆美眉 …… 71
课堂实训 2：照片人物处理——回到童年 …… 84
课堂实训 3：照片人物修饰——昔日风采 …… 94
课后实训 …… 103
课后习题 …… 104

第 4 章　图像色彩校正技术 …… 105
课堂实训 1：使灰蒙蒙的照片展现亮丽色彩 …… 105
课堂实训 2：增加照片情趣——雪中情 …… 109
课堂实训 3：照片个性处理——制作淡彩线描自画像 …… 113
课堂实训 4：为素面人物照片美容和上彩妆 …… 117
课堂实训 5：照片效果转换——暴雨前夕 …… 127
课后实训 …… 132
课后习题 …… 133
第 5 章　颜色的应用技术 …… 135
课堂实训 1：牙膏盒平面包装设计 …… 135
课堂实训 2：牙膏立体包装设计 …… 143
课堂实训 3：儿童活力红枣牛奶平面包装设计 …… 149
课堂实训 4：儿童活力红枣牛奶立体包装设计 …… 156
课堂实训 5：儿童活力红枣牛奶平面广告设计 …… 161
课后实训 …… 168
课后习题 …… 169
第 6 章　图层的应用技术 …… 171
课堂实训 1：数码照片特效合成——梦江南 …… 171
课堂实训 2：数码照片艺术合成——春的花絮 …… 179
课堂实训 3：数码照片艺术加工——唯美女孩 …… 186
课堂实训 4：数码照片艺术设计——花季女孩 …… 192
课后实训 …… 200
课后习题 …… 201
第 7 章　通道与蒙版的应用技术 …… 202
课堂实训 1：数码照片修饰——使女人更年轻 …… 202
课堂实训 2：数码照片人物美容——恢复女孩红润白嫩肌肤 …… 208
课堂实训 3：变废为宝——使用报废照片制作个人艺术写真 …… 214
课堂实训 4：风景照片特效处理——春、夏、秋、冬 …… 220
课后实训 …… 229
课后习题 …… 230
第 8 章　矢量绘图与创建文字 …… 231
课堂实训 1：商场购物广告设计 …… 231
课堂实训 2：母亲节贺卡设计 …… 239
课堂实训 3：金秋购物招贴设计 …… 248
课后实训 …… 257
课后习题 …… 257
第 9 章　动作与滤镜的应用技术 …… 259
课堂实训 1：处理照片杂乱的背景 …… 259

课堂实训 2：制作油画自画像 …………………………………………………………… 268
课堂实训 3：数码照片特效制作大集锦 …………………………………………………… 272
课堂实训 4：快速处理多幅照片 ………………………………………………………… 283
课堂实训 5：将照片制作为电子相册 ……………………………………………………… 287
课后实训 ……………………………………………………………………………… 288
课后习题 ……………………………………………………………………………… 289

第 1 章

Photoshop CS5 3D 功能及其应用

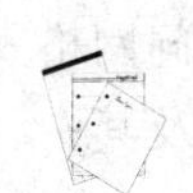

内容概述

Photoshop CS5 在保留了 Photoshop 软件原有优点的基础上又新增了许多功能，其中 3D 功能是一大亮点，该功能弥补了平面设计软件无法实现三维立体造型的不足，为用户制作三维模型提供了强大的支持。

Photoshop CS5 的 3D 功能主要包括 3D 工具组、视图工具组及 3D 菜单这 3 部分。这一章我们就来学习 Photoshop CS5 的 3D 功能的应用方法和操作技巧，并通过具体案例的操作，对 3D 功能在实际工作中的应用进行讲解。

3D 基础

Photoshop CS5 使用户能够设定 3D 模型的位置并将其制作成动画，编辑纹理和光照，以及从多个渲染模式中进行选择。

3D 文件包含“网格”、“材质”和“光源”等组件，下面我们首先了解有关 3D 文件的这些组件。

1. 网格

网格提供 3D 模型的底层结构。网格是由成千上万个单独的多边形框架结构组成的线框。3D 模型通常至少包含一个网格，也可能包含多个网格。在 Photoshop CS5 中，用户可以在多种渲染模式下查看网格，还可以分别对每个网格进行操作。如果无法修改网格中实际的多边形，则可以更改其方向，并通过沿不同坐标进行缩放以变换其形状。用户还可以通过使用预先提供的形状或转换现有的 2D 图层来创建自己的 3D 网格。如图 1-1 所示是将一幅平面图像转换为三维圆柱体网格对象的效果。

平面图像

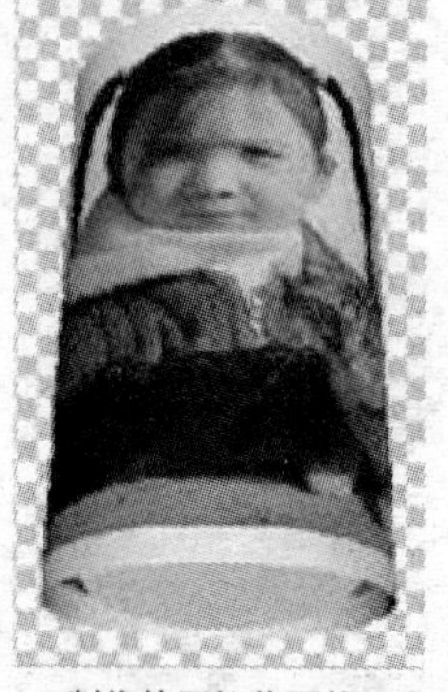
制作的圆柱体网格

图 1-1　将平面图像转换为三维圆柱体网格对象的效果

3D 模型中的每个网格都出现在【3D】面板顶部的单独线条上。选择网格，可访问网格设置和【3D】面板底部的信息。这些信息包括：应用于网格的材质和纹理数量，以及其中所包含的顶点和表面的数量，如图 1-2 所示。

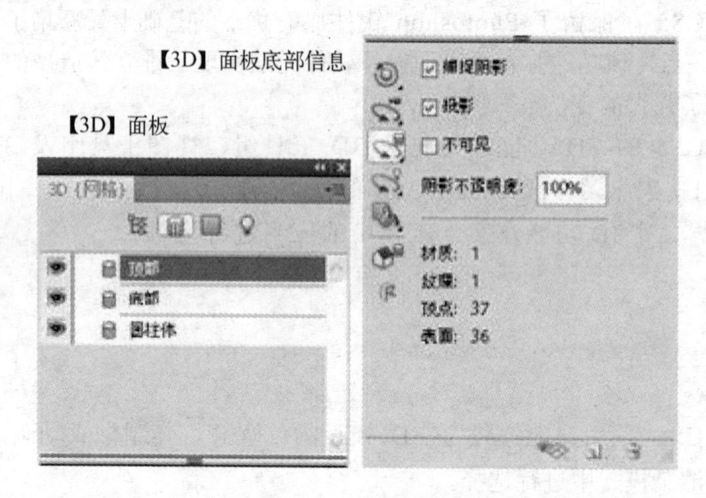

图 1-2 【3D】面板

另外，用户还可以设置以下网格显示选项。

- “捕捉阴影”：控制选定网格是否在其表面上显示其他网格所产生的阴影。
- “投影”：控制选定网格是否投影到其他网格表面上。
- “不可见”：隐藏网格，但显示其表面的所有阴影。
- “阴影不透明度”：控制选定网格投影的柔和度。在把 3D 对象与下面的图层混合时，该设置特别有用。

小提示

要查看阴影，必须设置光源并为渲染品质选择“光线跟踪”。要在网格上捕捉地面所产生的阴影，选择【3D】/【地面阴影捕捉器】命令。要将这些阴影与对象对齐，选择【3D】/【将对象贴紧地面】命令。

2. 材质

一个网格可具有一种或多种相关的材质，这些材质控制整个或局部网格的外观。这些材质依次构建于被称为纹理映射的子组件，它们的积累效果可创建材质的外观。纹理映射本身就是一种 2D 图像文件，它可以产生各种品质，例如颜色、图案、反光度或崎岖度。Photoshop CS5 材质最多可使用 9 种不同的纹理映射来定义其整体外观。如图 1-3 所示为圆柱体设置的不同材质的效果比较。

图 1-3 设置不同的材质效果

小提示

可以在【3D】面板单击“滤镜：材质”按钮进入 3D 模型的材质设置面板，在【3D】面板顶部选择要设置的模型各部分的材质，然后在【3D】面板底部进行材质的相关设置，如图 1-4 所示。

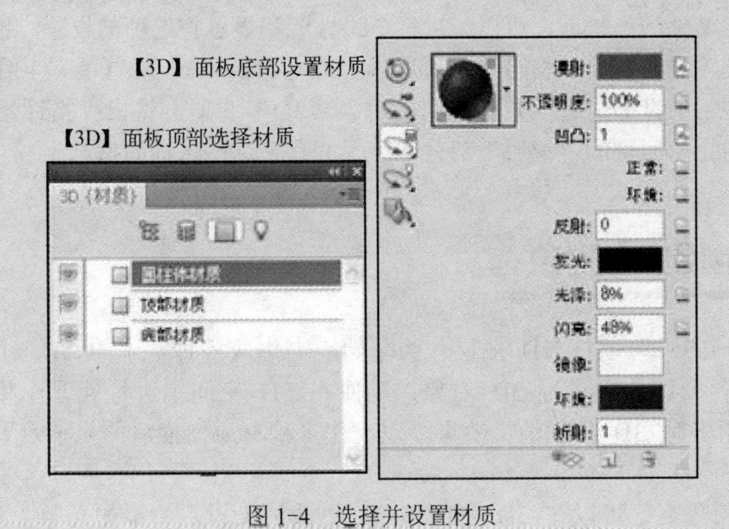

图 1-4 选择并设置材质

3. 光源

光源类型包括无限光、点测光、点光及环绕场景的基于图像的光。用户可以移动和调整现有光照的颜色和强度，并可以将新光照添加到 3D 场景中。单击【3D】面板中的“滤镜：光源”按钮，进入光源设置面板设置光源，如图 1-5 所示。

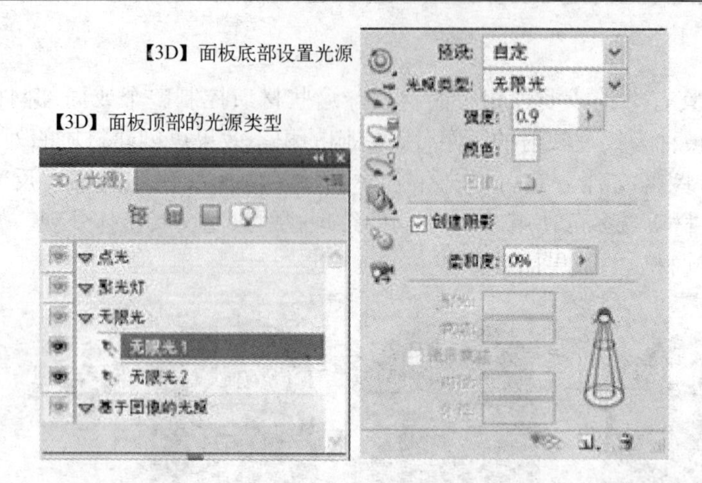

图 1-5 设置光源

打开 3D 文件

Photoshop CS5 可以打开的 3D 格式的文件：U3D、3DS、OBJ、DAE（Collada）及 KMZ（Google Earth）。

如果只打开 3D 文件，执行菜单栏中的【文件】/【打开】命令，然后选择相关 3D 文件将其打开；如果要在打开的文件中将 3D 文件添加为图层，单击菜单栏中的【3D】/【从 3D 文件新建图层】命令，然后选择相关 3D 文件，新图层将显示已打开文件的尺寸，并在透明背景上显示 3D 模型。

在进行 3D 文件的操作前，可以先进行 3D 性能和显示首选项的设置，单击菜单栏中的【编辑】/【首选项】/【3D】命令（Windows）或【Photoshop】/【首选项】/【3D】命令（Mac OS），在打开的【首选项】对话框中进入“3D”选项，将鼠标指针悬停在这些选项上，然后阅读对话框底部的“说明”部分即可了解有关这些选项的信息。

从 2D 图像创建 3D 对象

Photoshop CS5 可以将 2D 图层作为起始点，生成各种基本的 3D 对象。Photoshop CS5 将文件的各个切片合并为 3D 对象，以便在 3D 空间中进行处理，并可从任意角度观看。可以应用多种 3D 体积渲染效果，以优化多种材质扫描后的显示效果，如骨骼或软组织。

创建 3D 对象后，可以在 3D 空间移动、更改渲染设置、添加光源或将其与其他 3D 图层合并。

1. 创建 3D 明信片

可以将 3D 明信片添加到现有的 3D 场景中，从而创建显示阴影和反射（来自场景中其他对象）的表面。

（1）打开“素材”/“第 1 章”目录下的“照片 01.jpg”素材文件，这是一个 2D 图像，如图 1-6 所示。

（2）打开【图层】面板，激活背景层作为要转换为明信片的图层，执行菜单栏中的【3D】/【从图层新建 3D 明信片】命令，2D 图层转换为【图层】面板中的 3D 图层，2D 图层内容作为材质应用于明信片。

（3）激活【工具箱】中的“3D 旋转工具”并调整透视效果，观察转换的明信片效果，如图 1-7 所示。

图 1-6　打开的 2D 图像

图 1-7　转换为明信片效果

小知识

“3D 旋转工具”用于对 3D 对象进行旋转，激活该工具后，将鼠标指针移动到 3D 对象上，按住鼠标拖动，可以将 3D 对象沿任意角度旋转。在其【选项】栏的“位置”列表中选择相关选项，可以切换视图。在“方向”输入框中输入相关角度，可以对 3D 对象进行精确旋转，如图 1-8 所示。

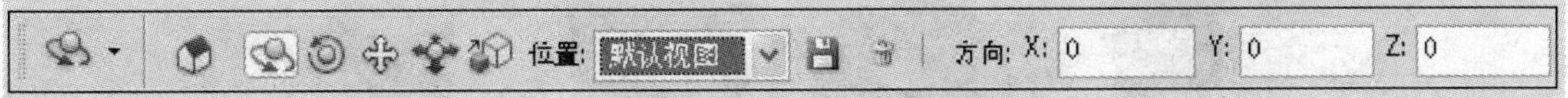

图 1-8　“3D 旋转工具”的【选项】栏

（4）原始 2D 图层作为 3D 明信片对象的“漫射”纹理映射出现在【图层】面板中，同时 3D 图层保留了原始 2D 图像的尺寸，如图 1-9 所示。

（5）如果要将 3D 明信片作为表面平面添加到 3D 场景，可以将新 3D 图层与现有的、包含其他 3D 对象的 3D 图层合并，然后根据需要进行对齐。

（6）如果要保留新的 3D 内容，可以将 3D 图层以 3D 文件格式导出或以 PSD 格式存储。

2. 创建 3D 形状

根据所选取的对象类型，最终得到的 3D 模型可以包含一个或多个网格。【球面全景】命令映射 3D 球面内部的全景图像。

（1）打开一幅 2D 图像并选择要转换为 3D 形状的图层。

（2）执行菜单栏中的【3D】/【从图层新建形状】命令，然后从菜单中选择一个形状，这些形状包括圆环、球体或帽形等单一网格对象，以及锥形、立方体、圆柱体、易拉罐或酒瓶等多网格对象，如图 1-10 所示。

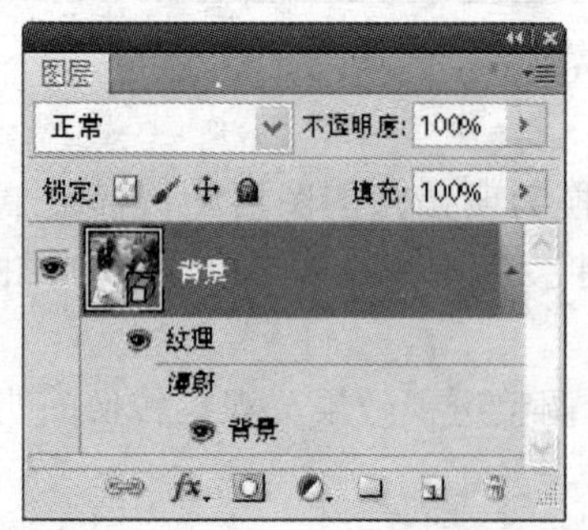

图 1-9　映射 3D 明信片纹理的【图层】面板

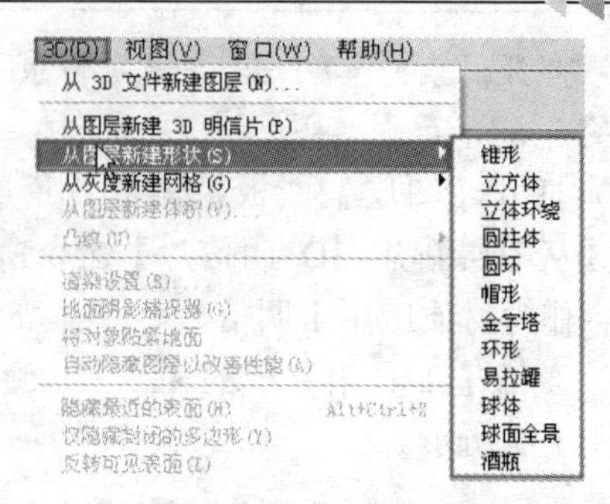

图 1-10　“从图层新建形状”菜单

小提示

可以将自定形状添加到“形状”菜单中。形状是 Collada（.dae）3D 模型文件。要添加形状，将 Collada 模型文件复制到 Photoshop 程序文件夹中的“Presets\Meshes”文件夹下即可。

（3）2D 图层转换为【图层】面板中的 3D 图层，原始 2D 图层作为“漫射”纹理映射显示在【图层】面板中，它可用于新 3D 对象的一个或多个表面，其他表面可能会指定具有默认颜色设置的默认漫射纹理映射，如图 1-11 所示。

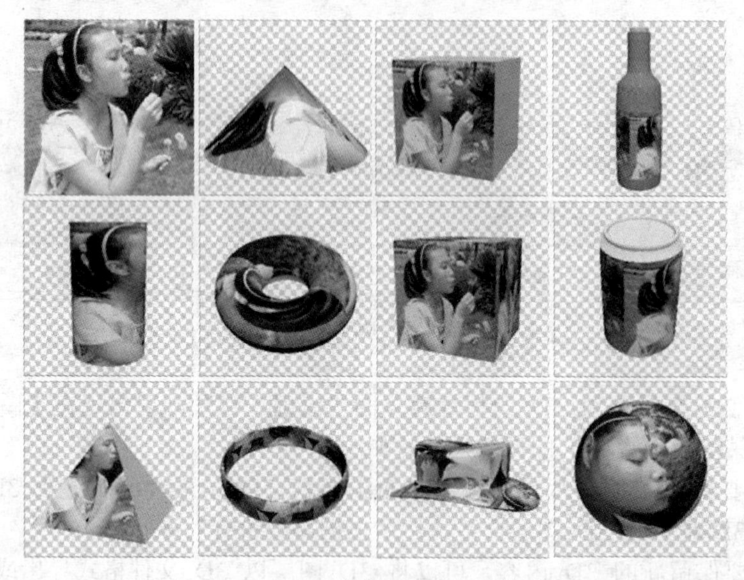

图 1-11　2D 转换 3D 形状的效果

小提示

如果将全景图像作为 2D 输入，执行【球面全景】命令可将完整的球面全景转换为 3D 图层。转换为 3D 对象后，可以在通常难以触及的全景区域上绘画，如极点或包含直线的区域。

（4）将 3D 图层以 3D 文件格式导出或以 PSD 格式存储，以保留新的 3D 内容。

3. 创建 3D 网格

【从灰度新建网格】命令可将灰度图像转换为深度映射，从而将明度值转换为深度不一

的表面。较亮的值生成表面上凸起的区域，较暗的值生成凹下的区域。Photoshop CS5 将深度映射应用于 4 个可能的几何形状中的一个，以创建 3D 模型。

（1）打开 2D 图像，并选择一个或多个要转换为 3D 网格的图层。

（2）将图像转换为灰度模式。执行菜单栏中的【图像】/【模式】/【灰度】命令，或执行【图像】/【调整】/【黑白】命令微调灰度转换。

小提示

如果将 RGB 图像作为创建网格时的输入，则绿色通道会被用于生成深度映射。

（3）如有必要，调整灰度图像可以限制明度值的范围。

（4）执行菜单栏中的【3D】/【从灰度新建网格】命令，然后选择网格选项，包括【平面】、【双面平面】、【圆柱体】、【球体】。

- 选择【平面】命令，将深度映射数据应用于平面表面。
- 选择【双面平面】命令，创建两个沿中心轴对称的平面，并将深度映射数据应用于两个平面。
- 选择【圆柱体】命令，从垂直轴中心向外应用深度映射数据。
- 选择【球体】命令，从中心点向外呈放射状地应用深度映射数据。

（5）创建的 3D 网格对象，如图 1-12 所示。

图 1-12 创建的 3D 网格对象

小提示

Photoshop CS5 可创建包含新网格的 3D 图层，还可以使用原始灰度或颜色图层创建 3D 对象的“漫射”、“不透明度”和“平面深度映射”纹理映射。可以随时将“平面深度映射”作为智能对象重新打开，并进行编辑，存储时，会重新生成网格。

“不透明度”纹理映射不会显示在【图层】面板中，因为该映射使用和“漫射”映射相同的纹理文件（原始的 2D 图层）。当两个纹理映射参考相同的文件时，该文件仅在【图层】面板中显示。

合并 3D 对象、3D 图层和 2D 图层

1. 合并 3D 对象

使用合并 3D 图层功能可以合并一个场景中的多个 3D 模型。合并后，可以单独处理每个 3D 模型，也可以同时在所有模型上使用位置工具和相机工具。

（1）打开两个平面图像文件，在每个图像文件中创建一个 3D 图层，如图 1-13 所示。

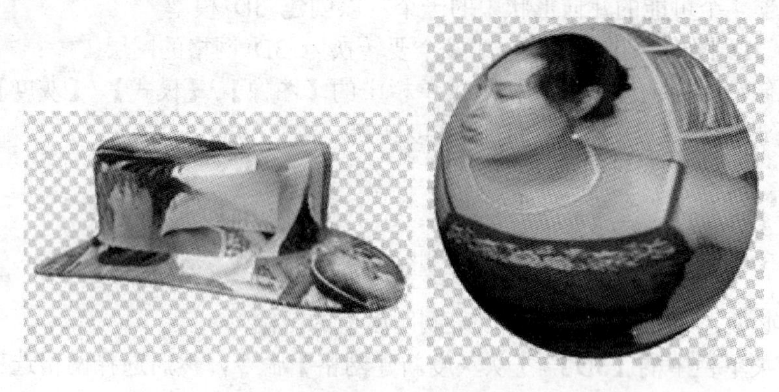

图 1-13　打开包含 3D 图层的文件

（2）使源图像处于当前状态，选择【图层】面板中的 3D 图层，并将其拖动到目标图像窗口中，3D 图层将作为新 3D 图层添加到目标图像中，该图层成为目标图像的【图层】面板中的当前图层，如图 1-14 所示。

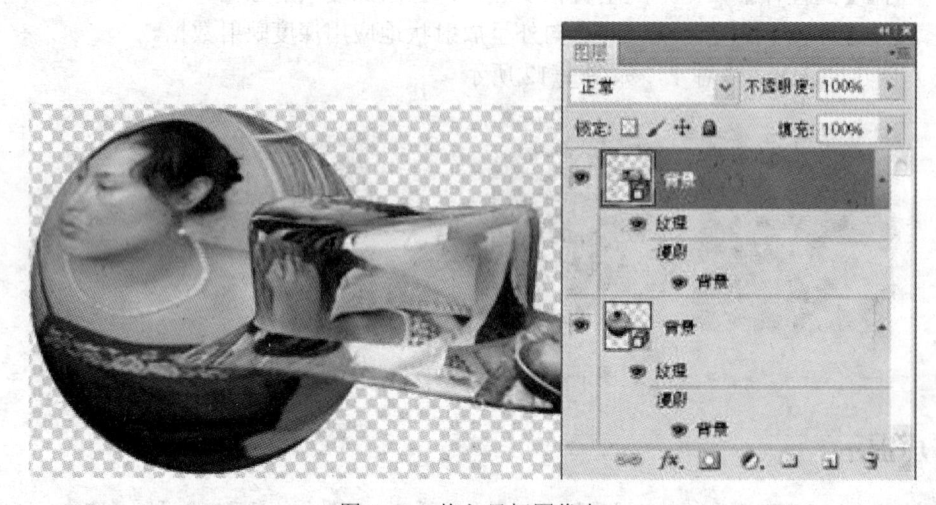

图 1-14　拖入目标图像中

（3）在【工具箱】选择任意一个 3D 相机工具，在【选项】栏中从“位置”列表选择目标文件中原始 3D 图层的名称。

（4）在匹配两个 3D 图层的相机位置后，两个 3D 对象会同时出现在场景中，合并前需要使用 3D 对象工具重新调整对象位置。

（5）从【图层】面板选项菜单中选择【向下合并】命令，两个 3D 图层合并成为一个 3D 图层，每个模型的原点对齐。

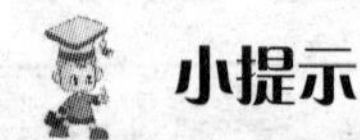

小提示

根据每个 3D 模型的大小，在合并 3D 图层之后，一个模型可能会部分或完全嵌入到其他模型中。另外，合并两个 3D 模型后，每个 3D 文件的所有网格和材质都包含在目标文件中，并显示在 3D 面板中。在【网格】面板中，可以使用其中的 3D 位置工具选择并重新调整各个网格的位置。要在同时移动所

有模型和移动图层中的单个模型之间转换，可以在【工具】面板的 3D 位置工具和【网格】面板的工具之间切换。

2. 合并 3D 图层和 2D 图层

可以将 3D 图层与一个或多个 2D 图层合并，以创建复合效果。例如，可以对照背景图像置入模型，并更改其位置或查看角度使其与背景匹配。

（1）在 2D 文件打开时，执行菜单栏中的【3D】/【从 3D 文件新建图层】命令，打开 3D 文件。

（2）在 2D 文件和 3D 文件都打开时，将 2D 图层或 3D 图层从一个文件拖动到打开的其他文件的文档窗口中，添加的图层就移动到【图层】面板的顶部。

小提示

在处理包含合并的 2D 图层和 3D 图层的文件时，可以暂时隐藏 2D 图层以改善性能，在 2D 图层位于 3D 图层上方的多图层文档中，可以暂时将 3D 图层移动到图层堆栈顶部，以便快速进行屏幕渲染。执行【3D】/【自动隐藏图层以改善性能】命令即可。

选择“3D 位置”工具或“相机”工具。

使用任意一种工具按住鼠标按钮时，所有 2D 图层都会临时隐藏。鼠标松开时，所有 2D 图层将再次出现。移动 3D 轴的任何部分也会隐藏所有 2D 图层。

创建 3D 凸纹

术语“凸纹”描述的是一种金属加工技术，在该技术中通过将对象表面朝相反的方向进行锻造，来对对象表面进行塑形和添加图案。在 Photoshop CS5 中，【凸纹】命令可以将 2D 对象转换到 3D 网格中，使用户可以在 3D 空间中精确地进行凸出、膨胀和调整位置。

创建 3D 凸纹的对象包括文本图层、选区、图层蒙版以及所选路径等。下面我们以创建 3D 文本凸纹为例，学习创建、编辑以及修改 3D 凸纹的方法和技巧。

1. 创建 3D 文本凸纹

（1）新建一个图像文件，输入文字，然后将文本图层栅格化。

（2）执行菜单栏中的【3D】/【凸纹】/【文本图层】命令，打开【凸纹】对话框，如图 1-15 所示。

小提示

在执行【3D】/【凸纹】/【文本图层】命令后，有时会弹出一个提示对话框，要求必须为凸纹对象启用 OpenGL/GPU 硬件加速。这时可以执行菜单栏中的【编辑】/【首选项】/【性能】命令，在打开的【首选项】对话框勾选“性能”选项，然后在“GPU”设置选项下勾选“启用 OpenGL 绘图”选项，单击 确定 按钮并关闭该对话框即可。

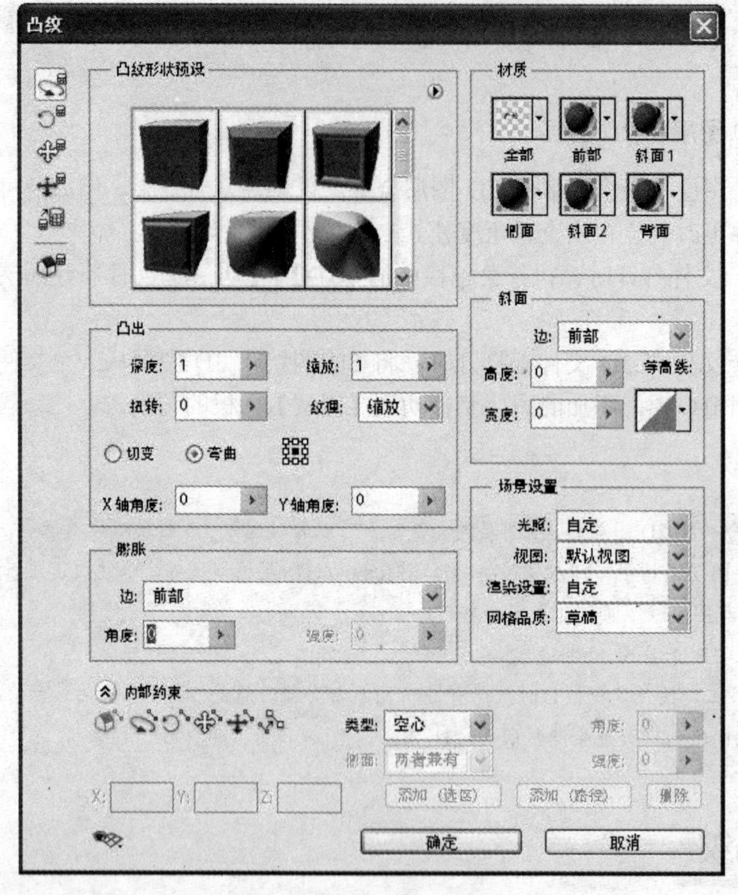

图 1-15 【凸纹】对话框

（3）该对话框中的各项设置如下。

- “网格工具”：这些工具显示在对话框的左上角，其功能类似于 3D 对象工具。包括旋转、移动或缩放模型以及使用 3D 轴移动、旋转或缩放选定项目。
- “凸纹形状预设”：应用一组预定义设置，单击各预设形状，即可将其应用到当前文本中。要设置创建自己的预设，单击弹出式菜单 ，然后选择“新建凸纹预设”命令。
- “凸出”：在 3D 空间中展开原来的 2D 形状。其中“深度”控制凸出的长度；“比例”控制凸出的宽度。为弯曲的凸出选择“弯曲”，或为笔直的凸出选择“切变”，然后设置 X 轴和 Y 轴的角度来控制水平和垂直倾斜。根据需要，还可以输入“扭转”角度。
- 要更改“弯曲”或“切变”的原点，单击参考图标上的点即可。
- “膨胀”：展开或折叠对象前后的中间部分。正角度设置展开，负角度设置折叠。“强度”控制膨胀的程度。
- “材质”：在全局范围内应用材质（如砖块或棉织物），或将材质应用于对象的各个面。（斜面 1 是前斜面；斜面 2 是后斜面。）
- “斜面”：在对象的前后应用斜边。“等高线”选项类似于用于图层效果的选项。
- “场景设置”：以球面全景照射对象的光源；从菜单中选取光源的样式。“渲染设

置”控制对象表面的外观。较高的“网格品质”设置会增加网格的密度，提高外观品质，但会降低处理速度。

- “着色线框”和“实色线框”渲染设置可以叠加对象上的 3D 网格，从而显示将要扭曲纹理的任何网格扭曲。

（4）在该对话框的“凸纹形状预设”下选择一个凸纹，在“材质”选项单击材质球，选择不同的材质分别指定给凸纹的不同面，然后在“凸起”、“斜面”、“膨胀”及“场景设置”等选项下设置各参数，单击 确定 按钮并关闭该对话框，制作的文本凸纹纹理效果，如图 1-16 所示。

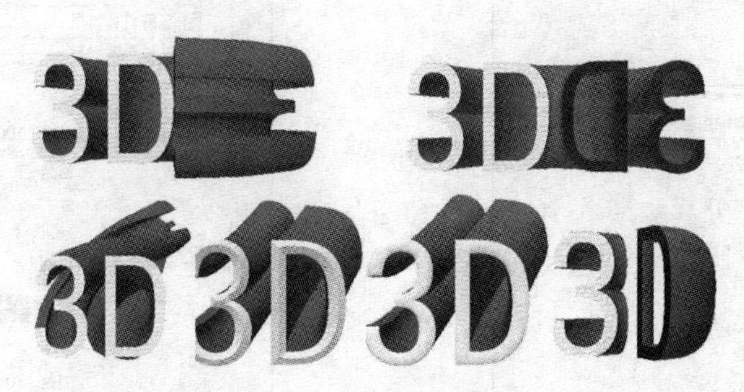

图 1-16 制作的文本凸纹纹理效果

2. 重新调整凸纹设置

（1）选择之前应用了凸纹的文本图层、图层蒙版或工作路径。

（2）执行菜单栏中的【3D】/【凸纹】/【编辑凸纹】命令，再次打开【凸纹】对话框，在该对话框中重新设置凸纹的各参数，以完成对凸纹的重新设置，效果如图 1-17 所示。

图 1-17 原凸纹与调整后的凸纹效果比较

3. 拆分凸纹网格

默认情况下，【凸纹】命令可以创建具有 5 种材质的单个网格。如果要单独控制不同的元素（如文本字符串中的每个字母），可以为每个闭合路径创建单独的网格。

需要注意的是，如果存在大量的闭合路径，则产生的网格可能会创建难以编辑的高度复杂的 3D 场景。

（1）选择之前应用了凸纹的文本图层、图层蒙版或工作路径。

（2）执行菜单栏中的【3D】/【凸纹】/【拆分凸纹网格】命令将其拆分。

（3）打开【3D】面板，单击 “滤镜：网格”按钮进入网格对话框，此时会发现文本字符串中的每个字母都被分开了，如图 1-18 所示。

（4）单击 “滤镜：材质”按钮进入材质对话框，查看各字符串的材质以及其他设置，如图 1-19 所示。

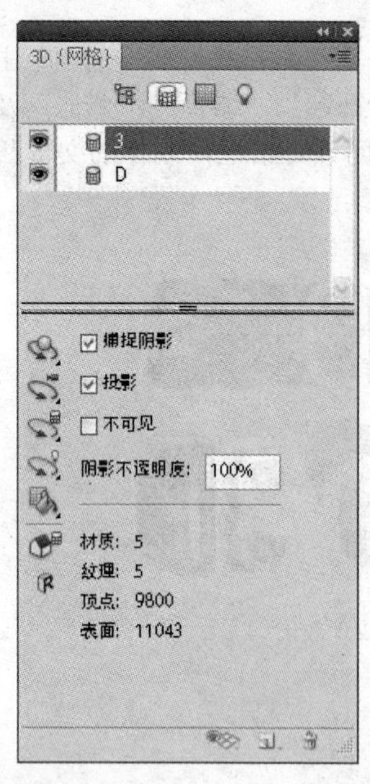

图 1-18　进入网格对话框

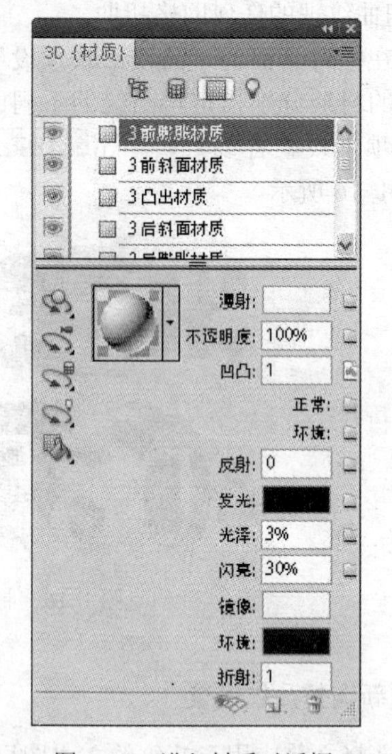

图 1-19　进入材质对话框

（5）在材质对话框中对各字符串的凸起纹理进行调整，调整前与调整后的效果比较，如图 1-20 所示。

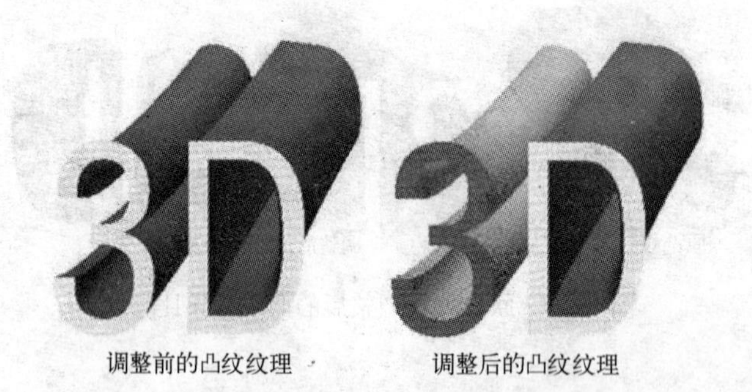

图 1-20　调整前与调整后的凸纹纹理效果比较

3D 对象工具、相机工具以及更改或创建 3D 视图

选择 3D 图层，会自动激活 3D 对象和相机工具。使用 3D 对象工具可更改 3D 模型的位置或大小；使用 3D 相机工具可更改场景视图。如果系统支持 OpenGL，用户还可以使用 3D 轴来操作 3D 模型和相机。

1. 使用 3D 对象工具移动、旋转或缩放模型

可以使用 3D 对象工具来旋转、缩放模型或调整模型位置。当操作 3D 模型时，相机视图保持固定。

在 Photoshop CS5 的【工具箱】中激活任意一个 3D 对象工具，在其【选项】栏就自动显示所有 3D 对象工具，如图 1-21 所示。

图 1-21　3D 对象工具及其【选项】栏

- “返回到初始对象位置”：单击该按钮，可返回到模型的初始视图。
- “3D 对象旋转工具”：激活该按钮，在 3D 图层中上下拖动鼠标可将模型围绕其 X 轴旋转；两侧拖动鼠标可将模型围绕其 Y 轴旋转。按住 Alt（Windows）或 Option（Mac OS）键的同时拖移鼠标可滚动模型。
- “3D 对象滚动工具”：激活该按钮，在 3D 图层两侧拖动鼠标可使模型绕 Z 轴旋转。
- “3D 对象平移工具”：激活该按钮，在 3D 图层两侧拖动鼠标可沿水平方向移动模型；上下拖动鼠标可沿垂直方向移动模型。按住 Alt（Windows）或 Option（Mac OS）键的同时拖移鼠标可沿 X/Z 轴方向移动
- “3D 对象滑动工具”：激活该按钮，在 3D 图层两侧拖动鼠标可沿水平方向移动模型；上下拖动鼠标可将模型移近或移远。按住 Alt（Windows）或 Option（Mac OS）键的同时拖移鼠标可沿 X/Y 轴方向移动。
- “3D 对象比例工具”：激活该按钮，在 3D 图层中上下拖动鼠标可将模型放大或缩小。按住 Alt（Windows）或 Option（Mac OS）键的同时拖移鼠标可沿 Z 轴方向缩放。

移动、旋转 3D 模型的效果如图 1-22 所示。

- “位置”列表：在该列表选择 3D 视图，包括：“左视图”、“右视图”、“前视图”、“后视图”、“仰视图”、“俯视图”和“默认视图”。

切换各视图的效果如图 1-23 所示。

图 1-22　移动、旋转 3D 模型的效果

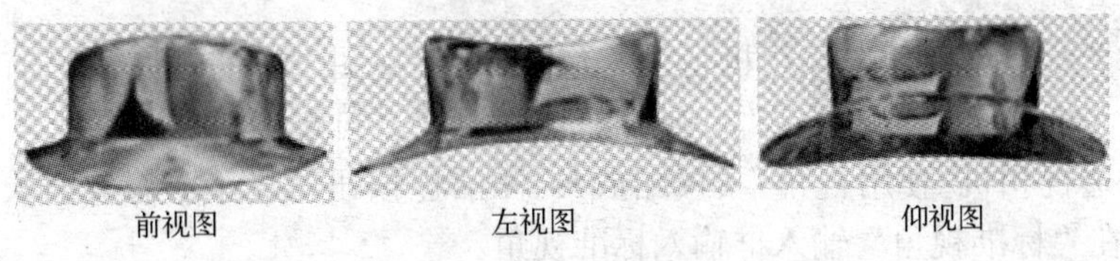

图 1-23　切换各视图的效果

- “保存”和“删除”按钮：单击这两个按钮，将保存当前位置或删除当前位置。

➢ “方向”：要根据数值调整位置、旋转或缩放，在选项栏右侧输入数值即可。

小技巧

要获取每个 3D 工具的提示，从【信息】面板菜单中选择【面板选项】命令，在打开的【信息面板选项】对话框选择“显示工具提示”选项。单击任意一个 3D 工具，然后将鼠标指针移到图像窗口中，可以在【信息】面板中查看工具细节。

2. 移动 3D 相机

使用 3D 相机工具可移动相机视图，同时保持 3D 对象的位置固定不变。在 Photoshop CS5 的【工具箱】激活任意一个 3D 相机工具，在其【选项】栏就显示所有 3D 相机工具，如图 1-24 所示。

图 1-24　3D 相机工具及其【选项】栏

➢ “返回到初始相机位置”：单击该按钮，使视图返回到初始相机位置。
➢ “3D 旋转相机工具”：激活该按钮，在 3D 视图拖动可以将相机沿 X 轴或 Y 轴方向环绕移动。按住 Alt（Windows）或 Option（Mac OS）的同时进行拖移可滚动相机。
➢ “3D 滚动相机工具”：激活该按钮，在 3D 视图拖动可以滚动相机。
➢ “3D 平移相机工具”：激活该按钮，在 3D 视图拖动可以将相机沿 X 轴或 Y 轴方向平移。按住 Alt（Windows）或 Option（Mac OS）的同时进行拖移可沿 Z 轴方向平移。
➢ “3D 移动相机工具”：激活该按钮，在 3D 视图拖动以步进相机（Z 转换和 Y 旋转）。按住 Alt（Windows）或 Option（Mac OS）的同时进行拖移可沿 Z 轴或 X 轴方向移动（Z 平移和 X 旋转）。
➢ “3D 缩放相机工具”：激活该按钮，在 3D 视图拖动以更改 3D 相机的视角，最大视角为 180°。

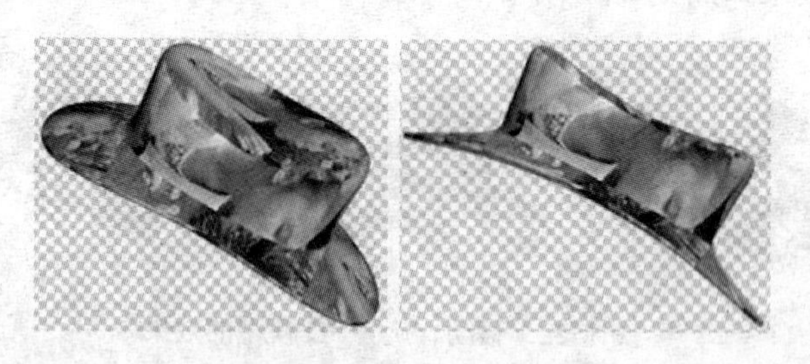

图 1-25　调整 3D 相机的效果

➢ “视图”：在该列表选择相机视图，包括：“左视图”、“右视图”、“前视图”、“后视图”、“仰视图”、“俯视图”、“默认视图”以及“自定视图 1”。
➢ “透视相机-使用视角”（仅缩放）：激活该按钮，显示汇聚成消失点的平行线，可以在“标准视角”输入框输入标准视角。
➢ “正交相机-使用缩放”（仅缩放）：激活该按钮，保持平行线不相交，在精确的缩放视图中显示模型，而不会出现任何透视扭曲。

- “景深”（仅缩放）：设置景深，动画景深可以模拟相机的聚焦效果。
  - “距离”：决定聚焦位置到相机的距离。
  - “模糊”可以使图像的其余部分模糊化。

3. 更改或创建 3D 视图

更改或创建 3D 相机视图，可以执行下列操作之一。

（1）从【视图】菜单中选择模型的预设相机视图。

（2）要添加自定义视图，使用 3D 相机工具将 3D 相机放置到所需位置，单击【选项】栏中的“存储”按钮。

（3）要返回到默认相机视图，选择 3D 相机工具，单击【选项】栏中的“返回到初始相机位置”按钮。

需要说明的是，所有预设相机视图都使用正交投影。

3D 轴

3D 轴显示 3D 空间中模型、相机、光源和网格的当前 X、Y 和 Z 轴的方向。当用户选择任意 3D 工具时，都会显示 3D 轴，从而提供了另一种操作选定项目的方式，如图 1-26 所示。

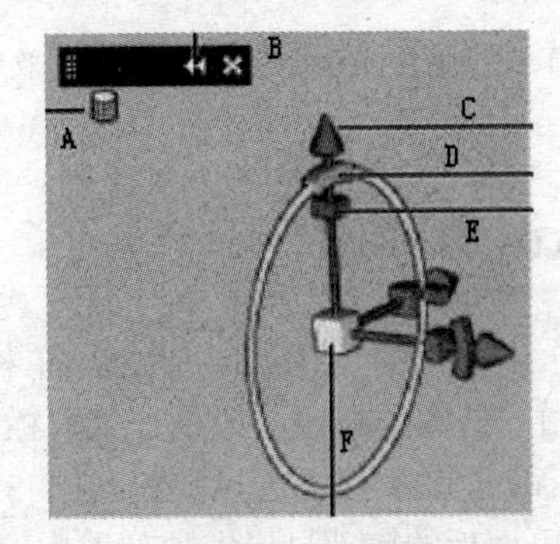

图 1-26　选定网格旋转工具时的 3D 轴

A.选定工具、B.使 3D 轴最大化或最小化、C.沿轴移动项目、D.旋转项目、E.压缩或拉长项目、F.调整项目大小。

需要说明的是，必须启用 “OpenGL” 以显示 3D 轴。其方法是：执行菜单栏中的【编辑】/【首选项】/【性能】命令，在打开的【首选项】对话框勾选“启用 OpenGL 绘图”选项，确定并关闭该对话框即可。

1. 显示、隐藏、移动以及调整 3D 轴大小

如果要显示或隐藏 3D 轴，在菜单栏中的【视图】/【显示】命令下，勾选“3D 轴”选项，即可显示 3D 轴，取消对“3D 轴”的勾选，则隐藏 3D 轴。

小技巧

在菜单栏中的【视图】/【显示】命令下，勾选“3D 地面”和“3D 光源”选项，即可显示 3D 地面和光源；取消对“3D 地面”和“3D 光源”选项的勾选，则隐藏 3D 地面和光源。

如果要移动或调整 3D 轴的大小，则执行下列命令。

（1）将鼠标指针移动到 3D 轴上显示控制栏。

（2）要移动 3D 轴，拖动控制栏。

（3）要最小化，单击“最小化”图标。

（4）要恢复到正常大小，单击已最小化的 3D 轴。

（5）要调整大小，拖动“缩放”图标。

2. 使用 3D 轴移动、旋转或缩放选定项目

使用 3D 轴，将鼠标指针移到轴控件上方，使其高亮显示，然后按如下方式进行拖动。

（1）要沿着 X、Y 或 Z 轴移动选定项目，则高亮显示任意轴的锥尖，以任意方向沿轴拖动。

（2）要旋转项目，单击轴尖内弯曲的旋转线段，将会出现显示旋转平面的黄色圆环。围绕 3D 轴中心沿顺时针或逆时针方向拖动圆环。要进行幅度更大的旋转，则将鼠标向远离 3D 轴的方向移动。

（3）要调整项目的大小，向上或向下拖动 3D 轴中的中心立方体。

（4）要沿轴压缩或拉长项目，将某个彩色的变形立方体朝中心立方体拖动，或拖动其远离中心立方体。

（5）要将移动限制在某个对象平面，将鼠标指针移动到两个轴交叉（靠近中心立方体）的区域。两个轴之间出现一个黄色的“平面”图标。向任意方向拖动。还可以将指针移动到中心立方体的下半部分，从而激活“平面”图标。

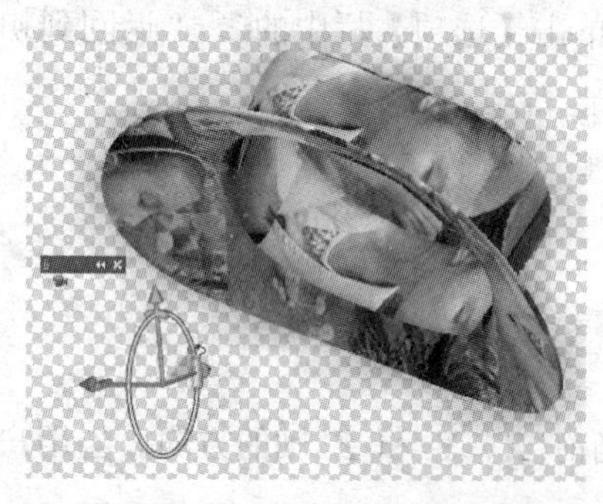

图 1-27　使用 3D 轴旋转选项项目的效果

使用 3D 轴旋转选项项目的效果如图 1-27 所示。

需要说明的是，可用的轴控件随当前编辑模式（对象、相机、网格或光源）的变化而变化。

认识 3D 面板

选择 3D 图层后，执行菜单栏中的【窗口】/【3D】命令，或在【图层】面板中用鼠标双击 3D 图层按钮、或执行菜单栏中的【窗口】/【工作区】/【高级 3D】命令，打开【3D】面板。【3D】面板会显示关联的 3D 文件的组件，在面板顶部列出文件中的网格、材质和光源，面板的底部显示在顶部选定的 3D 组件的设置和选项，如图 1-28 所示。

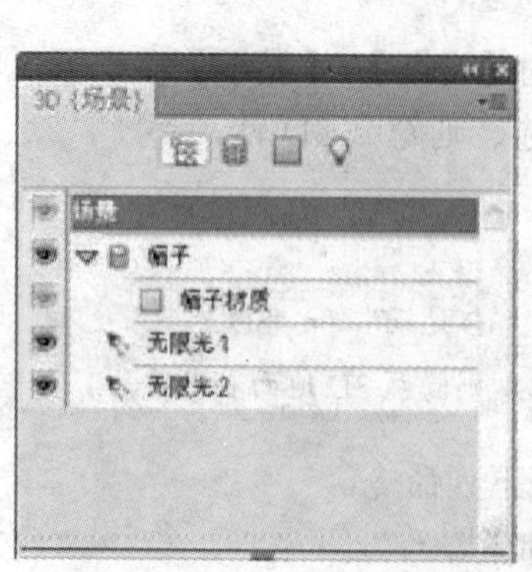

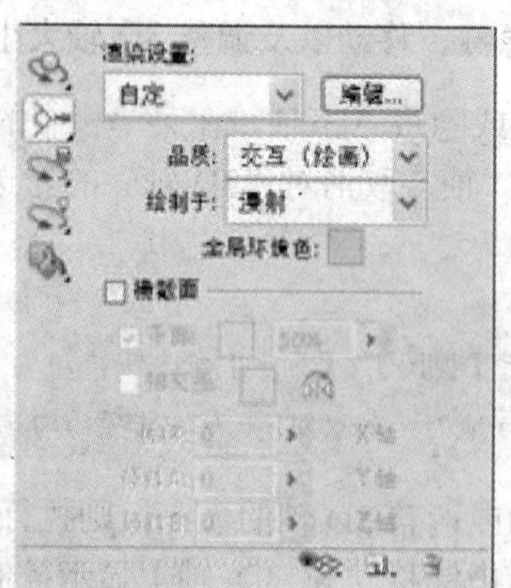

图 1-28　【3D】面板

可以使用【3D】面板顶部的按钮来筛选出现在顶部的组件。单击“场景”按钮显示所有组件，如图 1-28 所示。单击“网格”按钮只查看网格，如图 1-29 中左图所示。

单击“材质”只查看材质，如图 1-29 中的中间图所示。单击“光源”按钮，只查看光源，如图 1-29 中右图所示。

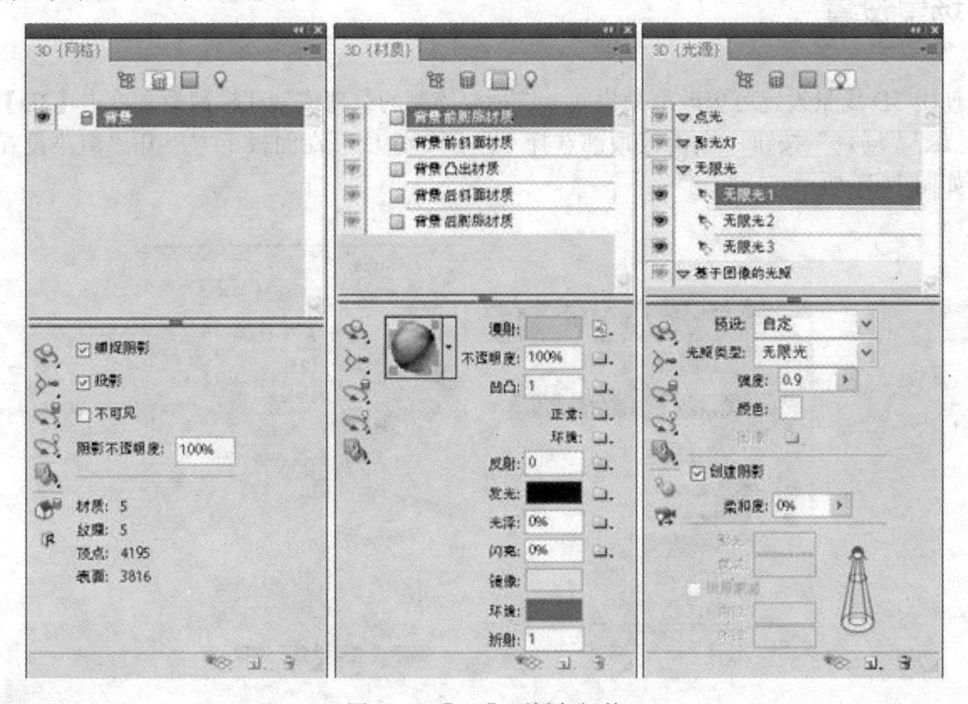

图 1-29 【3D】面板各组件

小提示

如果要隐藏或显示 3D 网格或光源，可以单击位于【3D】面板顶部的“网格”或“光源”选项旁边的眼睛图标。但不能从【3D】面板打开或关闭材质显示。要显示或隐藏材质，在【图层】面板中更改与之关联的纹理的可见性设置。

地面是反映相对于 3D 模型的地面位置的网格，而光源则是用于照亮 3D 模型的光，如果要显示 3D 场景中的地面、光源等，单击【3D】面板底部的“切换”按钮，在打开的列表中选择各选项，即可显示这些对象。如图 1-30 所示，显示 3D 地面和光源的效果。

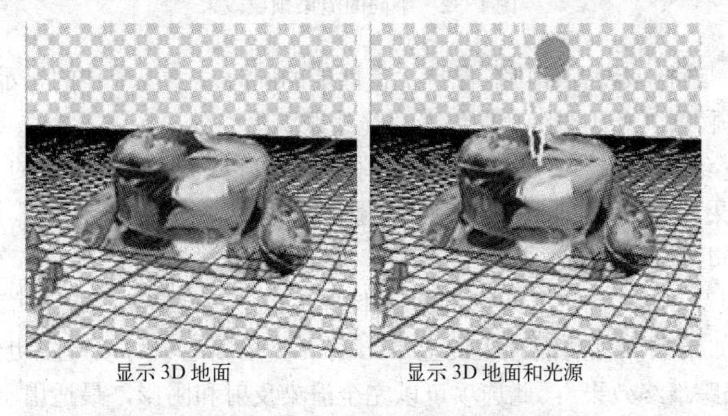

显示 3D 地面　　显示 3D 地面和光源

图 1-30　显示 3D 地面和光源的效果

3D 场景设置

使用 3D 场景设置可更改渲染模式、选择要绘制的纹理或创建横截面。单击【3D】面板中的“场景”按钮，在面板顶部选择“场景”选项，在面板下方展开“渲染设置”选项，如图 1-31 所示。

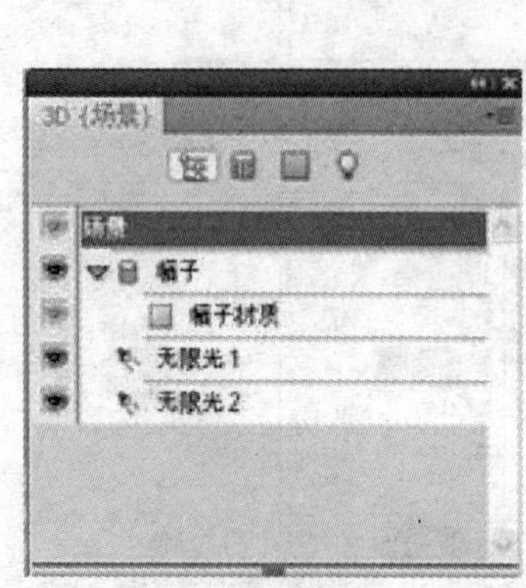

选择“场景”条目　　显示“渲染设置”选项

图 1-31　渲染设置

- “渲染设置”：在其列表指定模型的渲染预设。不同的渲染预设，将会产生不同的渲染效果，如图 1-32 所示。

图 1-32　不同的渲染预设效果

- “品质”：选择该设置，可在保持优良性能的同时，呈现最佳的显示品质。包括“交互（绘画）”、“光线跟踪草图”及“光线跟踪最终效果”这 3 个选项。
- “交互（绘画）”：使用 OpenGL 进行渲染可以利用视频卡上的 GPU 产生高品质的效果，但缺乏细节的反射和阴影。对于大多数系统来说，此选项最适用于进行编辑。
- “光线跟踪草图”：使用计算机主板上的 CPU 进行渲染，具有草图品质的反射和阴影。如果系统有功能强大的显卡，则“交互”选项可以产生更快的结果。
- “光线跟踪最终效果”：此选项可以完全渲染反射和阴影，最适用于最终输出。有关更多信息，请参阅为最终输出渲染 3D 文件（Photoshop Extended）。

小提示

需要说明的是，“光线跟踪”渲染过程中会临时在图像上绘制拼贴。要中断渲染过程，单击鼠标或按空格键。要更改拼贴的次数以牺牲处理速度来获得高品质，更改“3D 首选项”中的“高品质阈值”。

- “绘制于”：直接在 3D 模型上绘画时，使用该菜单选择要在其上绘制的纹理映射。
- “全局环境色”：设置在反射表面上可见的全局环境光的颜色。该颜色与用于特定材质的环境色相互作用。
- “横截面”：选择该选项可创建以所选角度与模型相交的平面横截面。这样，可以切入模型内部，查看里面的内容。
- “平面”：选择该选项，以显示创建横截面的相交平面。用户可以选择平面颜色和不透明度。
- “相交面”：选择以高亮显示横截面平面相交的模型区域。单击色板以选择高光颜色。
- “反转横截面”：将模型的显示区域更改为相交平面的反面。
- “位移”和“倾斜”：使用“位移”可沿平面的轴移动平面，而不更改平面的斜度。在使用默认位移 0 的情况下，平面将与 3D 模型相交于中点。使用最大正位移或负位移时，平面将会移动到它与模型的任何相交线之外。使用“倾斜”设置可将平面朝其任何一个可能的倾斜方向旋转。对于特定的轴，倾斜设置会使平面沿其他两个轴旋转。例如，可将与 Y 轴对齐的平面绕 X 轴（“倾斜 1”）或 Z 轴（“倾斜 2”）旋转。
- “对齐方式”为交叉平面选择一个轴（X、Y 或 Z）。该平面将与选定的轴垂直。

3D 网格设置

3D 模型中的每个网格都出现在【3D】面板顶部的单独线条上。选择网格，可访问网格设置和【3D】面板底部的信息。这些信息包括：应用于网格的材质和纹理数量，以及其中所包含的顶点和表面的数量。如图 1-29 中左图所示。

除此，还可以设置以下网格显示选项。

- “捕捉阴影”：控制选定网格是否在其表面上显示其他网格所产生的阴影。需要说明的是，要在网格上捕捉地面所产生的阴影，选择【3D】/【地面阴影捕捉器】命令。要将这些阴影与对象对齐，选择【3D】/【将对象贴紧地面】选项。
- “投影”：控制选定网格是否投影到其他网格表面上。
- “不可见”：隐藏网格，但显示其表面的所有阴影。
- “阴影不透明度”：控制选定网格投影的柔和度。在将 3D 对象与下面的图层混合时，该设置特别有用。如果要显示或隐藏网格，单击【3D】面板顶部的网格名称旁边的眼睛图标。

另外，对各个网格进行操作时，使用网格位置工具可移动、旋转或缩放选定的网格，而无需移动整个模型。位置工具的操作方式与【工具箱】中的主要【3D】位置工具的操作方式相同。

（1）选择 3D 面板顶部的网格。选定的网格以面板底部的红色框高亮显示。

（2）选择并使用面板底部的网格位置工具可移动网格。

（3）要在选定单个网格时对整个模型进行操作，使用【工具箱】面板中的 3D 工具即可。

3D 材质设置

【3D】面板中列出了在 3D 文件中使用的材质，单击【3D】面板顶部的 "材质" 按钮即可查看 3D 模型的材质，如图 1-33 所示。

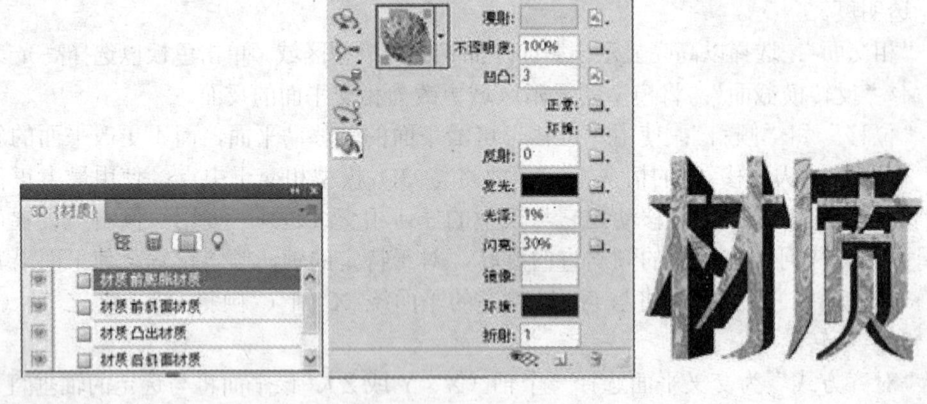

图 1-33 查看 3D 模型材质

可使用一种或多种材质来创建模型的整体外观。如果模型包含多个网格，则每个网格可能会有与之关联的特定材质。或者模型可能是通过一个网格构建的，但在模型的不同区域中使用了不同的材质。

1. 认识 3D 材质

对于【3D】面板顶部选定的材质，底部会显示该材质所使用的特定纹理映射。某些纹理类型（如"漫射"和"凹凸"），通常依赖于 2D 文件来提供创建纹理的特定颜色或图案。对于其他纹理类型，可能不需要单独的 2D 文件。例如，用户可以直接输入数值来调整"光泽"、"闪亮"、"不透明度"或"反射"。

材质所使用的纹理映射作为"纹理"出现在【图层】面板中，它们按纹理映射类别编组，如图 1-34 所示。如果要查看纹理映射图像的缩览图，将鼠标指针悬停在【图层】面板中纹理名称上，稍等片刻即可出现该映射图像的缩览图，如图 1-35 所示。

- "漫射"：材质的颜色。漫射映射可以是实色或任意 2D 内容。如果用户选择移去漫射纹理映射，则"漫射"色板值会设置漫射颜色。还可以通过直接在模型上绘画来创建漫射映射。
- "不透明度"：增加或减少材质的不透明度（在 0～100% 范围内）。可以使用纹理映射或小滑块来控制不透明度。纹理映射的灰度值控制材质的不透明度。白色值创建完全的不透明度，而黑色值创建完全的透明度。

图 1-34　纹理映射作为“纹理”出现在【图层】面板

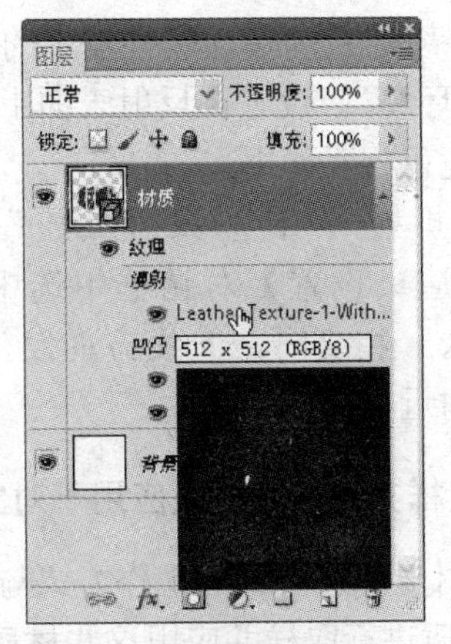

图 1-35　映射图像的缩览图

- “凹凸”：在材质表面创建凹凸，无需改变底层网格。凹凸映射是一种灰度图像，其中较亮的值创建突出的表面区域，较暗的值创建平坦的表面区域。用户可以创建或载入凹凸映射文件，或在模型上绘画以自动创建凹凸映射文件。

小提示

“凹凸”字段增加或减少崎岖度。只有存在凹凸映射时，才会激活。在字段中输入数值，或使用小滑块增加或减少凹凸强度，从正面（而不是以一定角度）观看时，崎岖度最明显。

- “正常”：像凹凸映射纹理一样，正常映射会增加表面细节。与基于单通道灰度图像的凹凸纹理映射不同，正常映射基于多通道（RGB）图像。每个颜色通道的值代表模型表面上正常映射的 X、Y 和 Z 分量。正常映射可用于使低多边形网格的表面变平滑。需要说明的是，Photoshop CS5 使用的坐标空间正常映射，处理速度更快。
- “环境”：储存 3D 模型周围环境的图像。环境映射会作为球面全景来应用。可以在模型的反射区域中看到环境映射的内容。如果要避免环境映射在给定的材质上产生反射，将“反射”更改为 0%，并添加遮盖材质区域的反射映射，或移去用于该材质的环境映射。
- “反射”：增加 3D 场景、环境映射和材质表面上其他对象的反射。
- “光照”：定义不依赖于光照即可显示的颜色。创建从内部照亮 3D 对象的效果。
- “光泽”：定义来自光源的光线经表面反射，折回到人眼中的光线数量。可以通过在字段中输入数值或使用小滑块来调整光泽度。如果创建单独的光泽度映射，则映射中的颜色强度控制材质中的光泽度。黑色区域创建完全的光泽度，白色区域移去所有光泽度，而中间值减少高光大小。
- “闪亮”：定义“光泽”设置所产生的反射光的散射。低反光度（高散射）产生更明显的光照，而焦点不足。高反光度（低散射）产生较不明显、更亮、更耀眼的高光。

小提示

如果 3D 对象有 9 个以上 Photoshop CS5 支持的纹理类型，则额外的纹理会出现在【图层】面板和“3D 绘画模式”列表中。

- “镜面”：为镜面属性显示的颜色（例如，高光光泽度和反光度）。
- “环境”：设置在反射表面上可见的环境光的颜色。该颜色同用于整个场景的全局环境色相互作用。
- “折射”：在场景“品质”设置为“光线跟踪”且“折射”选项已在【3D】/【渲染设置】对话框中选中时设置折射率。两种折射率不同的介质（如空气和水）相交时，光线方向发生改变，即产生折射。新材质的默认值是 1.0 （空气的近似值）。

2. 取样并直接将材质应用于对象

3D 材质拖放工具的工作方式与传统的油漆桶工具非常相似，使用户能够直接在 3D 对象上对材质进行取样并应用这些材质。

（1）在【3D】面板中，选择“3D 材质拖放工具”。

（2）将鼠标指针移动到文档窗口中的 3D 对象上要取样的材质上，当要取样的材质出现外框时，如图 1-36 中左图所示，按住 Alt 键（Windows）或 Option 键（Mac OS）单击取样。

（3）移动鼠标指针到要更改的材质上，要更改的材质出现外框时，如图 1-36 中的中间图所示。单击鼠标，即可将材质更改，如图 1-36 中右图所示。

图 1-36　取样更改材质

小提示

如果要直接选区 3D 对象上的材质，可以按住“3D 材质拖放工具”，然后选择“3D 选择材质工具”，将鼠标指针移动到文档窗口中的 3D 对象上，在要选择的材质出现外框时单击即可。

3. 应用、存储或载入材质预设

材质预设使用户能够快速应用纹理设置组。默认预设提供了多种流行的材质（如钢、织物和木质）。

（1）在【3D】面板中，单击材质预览按钮，在预设面板中，展开材质预设，如图 1-37 所示。

（2）要应用预设，用鼠标双击缩览图预览；要从当前的纹理设置创建预设，单击弹出的菜单图标，然后选择【新建材质】命令；要重命名或删除选定预设，单击弹出的菜单图标，然后选择【重命名材质】或【删除材质】命令；要保存当前的预设组，单击弹出的菜单图标，然后选择【存储材质】命令；要更改显示的组，单击弹出的菜单图标，然后选择【复位材质】恢复存储的组，选择【载入材质】追加存储的组，或选择【替换材质】命令，如图 1-38 所示。

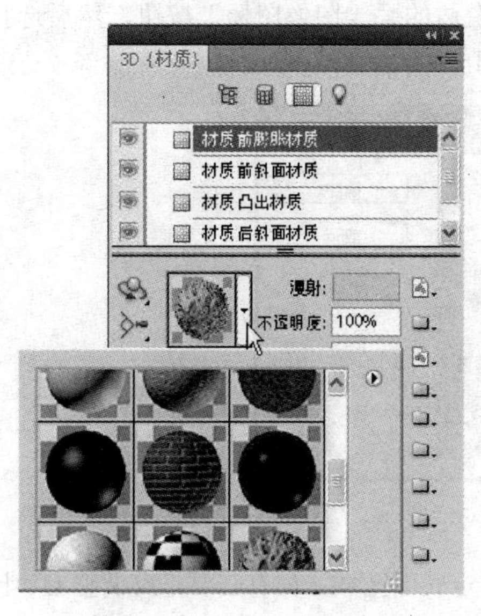

图 1-37　打开材质预设

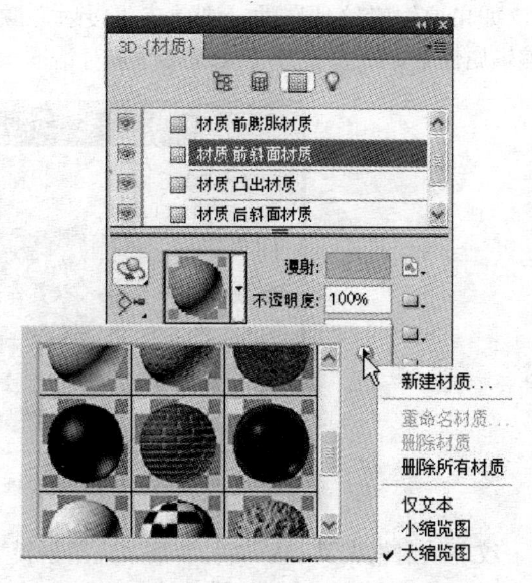

图 1-38　新建、删除、存储材质等操作

4. 创建纹理映射、创建凹凸纹理映射以及载入纹理映射

要创建纹理映射，单击纹理映射类型旁边的“文件夹”图标，选择【新建纹理】命令，在打开的【新建】对话框输入新映射的名称、尺寸、分辨率和颜色模式，然后单击 确定 按钮，新纹理映射的名称会显示在【材质】面板中纹理映射类型的旁边。该名称还会添加到【图层】面板中 3D 图层下的纹理列表中，默认名称为材质名称附加纹理映射类型。需要说明的是，为了匹配现有纹理映射的长宽比，可通过将鼠标指针悬停在【图层】面板中的纹理映射名称上来查看其尺寸。

采用中性灰度值填充的凹凸纹理映射可在绘制映射时提供更大的范围，在【工具箱】中单击“设置背景色”色板，在打开的【拾色器】中，将亮度设置为 50%，并将 R、G 和 B 值设置为相同的值。单击 确定 按钮确认，然后在【3D】面板中单击“凹凸”旁边的“文件夹”图标，选择【新建纹理】命令，在打开的【新建】对话框中设置“颜色模式”为“灰度”，设置“背景内容”为“背景色”，设置“宽度”和“高度”使之与材质的漫射纹理映射的尺寸相符，然后单击 确定 按钮确认，即可创建凹凸纹理映射，并将其添加到【材质】面板中列出的纹理映射文件中，它还会作为纹理出现在【图层】面板中。

另外，可载入用于 9 个可用纹理映射类型中任何一个的现有 2D 纹理文件，单击纹理类型旁边的“文件夹”图标，选择【载入纹理】命令，在打开的【载入纹理】对话框选择并打开 2D 纹理文件即可。

5. 打开纹理映射并编辑纹理属性

单击“漫射”颜色块右边的“图像图标”按钮，然后选择【打开纹理】命令，纹理映射作为“智能对象”会在其自身文档窗口中打开。编辑纹理后，激活 3D 模型文档窗口可查看模型的更新情况。

如果要编辑纹理属性，则单击“漫射”颜色块右边的“图像图标”按钮，然后选择【编辑属性】命令，打开【纹理属性】对话框，如图 1-39 所示。

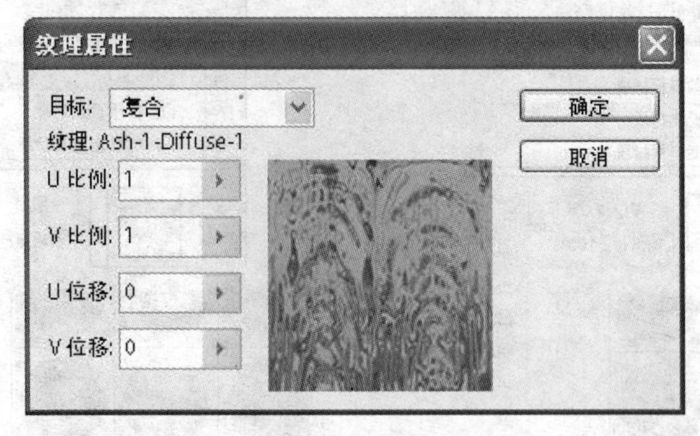

图 1-39 【纹理属性】对话框

纹理映射根据其 UV 映射参数来应用于模型的特定表面区域。如有必要，可调整 UV 比例和位移以改进纹理映射到模型的方式。编辑纹理属性前与编辑纹理属性后的效果如图 1-40 所示。

图 1-40 编辑纹理属性前与编辑纹理属性后的效果比较

小提示

如果要删除纹理，单击“漫射”颜色块右边的“图像图标”按钮，选择【移去纹理】命令。如果已删除的纹理是外部文件，则可以使用纹理映射菜单中的【载入纹理】命令将其重新载入，对于 3D 文件内部参考的纹理，可选择【还原】命令或【后退一步】命令来恢复已删除的纹理。

3D 光源设置

3D 光源从不同角度照亮模型，从而添加逼真的深度和阴影，要添加光源，在【3D】面板单击“光源”按钮，进入光源面板，单击面板底部的“创建新光源”按钮，在弹出的下拉列表中可选取光源类型如下。

- “点光”：像灯泡一样，向各个方向照射。
- “聚光灯”：照射出可调整的锥形光线。
- “无限光”：像太阳光，从一个方向平面照射。
- “基于图像的光源”：将发光的图像映射在 3D 场景之中。

如果要删除光源，从“光源”列表中选择光源，然后单击面板底部的“删除”按钮，即可将选择的光源删除。

1. 调整光源属性

在【3D】面板的光源部分，从列表中选择光源，在该面板的下半部分，可设置以下选项。

- “预设”：在该列表应用存储的光源组和设置组。
- “光照类型”：在该列表选取光源。
- “强度”：调整光源亮度。
- “颜色”：定义光源的颜色。单击该框可以访问拾色器。
- “图像”：对于基于图像的光源，可指定位图或 3D 文件。（如果要获得更好的光照效果，请尝试使用 32 位 HDR 图像。）
- “创建阴影”：勾选该选项，从前景表面到背景表面、从单一网格到其自身或从一个网格到另一个网格的投影。禁用此选项可稍微改善性能。
- “柔和度”：模糊阴影边缘，产生逐渐的衰减。

对于点光源或聚光灯，还可以设置以下附加选项。

- “聚光”：（仅限聚光灯）设置光源明亮中心的宽度。
- “衰减”：（仅限聚光灯）设置光源的外部宽度。
- “使用衰减”：“内径”和“外径”选项决定衰减锥形，以及光源强度随对象距离的增加而减弱的速度。对象接近“内径”限制时，光源强度最大。对象接近“外径”限制时，光源强度为零。处于中间距离时，光源从最大强度线性衰减为零。将鼠标指针悬停在“聚光”、“衰减”、“内径”和“外径”选项上，右侧图标中的红色轮廓指示受影响的光源元素。

2. 调整光源位置

在【3D】面板的光源部分，选择以下任意选项。

- “3D 光源旋转工具”：（仅限聚光灯、无限光和基于图像的光源）旋转光源，同时保持其在 3D 空间的位置。如果要快速将光源定位到某个特定区域，按住 Alt 键（Windows）或 Option 键（Mac OS）的同时在文档窗口中单击。
- “3D 光源平移工具”：（仅限聚光灯和点光）将光源移动到同一个 3D 平面中的其他位置。
- “3D 光源滑动工具”：（仅限聚光灯和点光）将光源移动到其他 3D 平面。
- “原点处的点光工具”：（仅限聚光灯）使光源正对模型中心。
- “移至当前视图工具”：将光源置于与相机相同的位置。

小提示

要精确地调整基于图像的光源的位置，使用 3D 轴会将图像包覆在球体上。

3. 添加光源参考线以及存储、替换或添加光源组

光源参考线为进行调整提供三维参考点。这些参考线反映了每个光源的类型、角度和衰减。点光显示为小球，如图 1-41 中 A 所示；聚光灯显示为锥形，如图 1-41 中 B 所示；

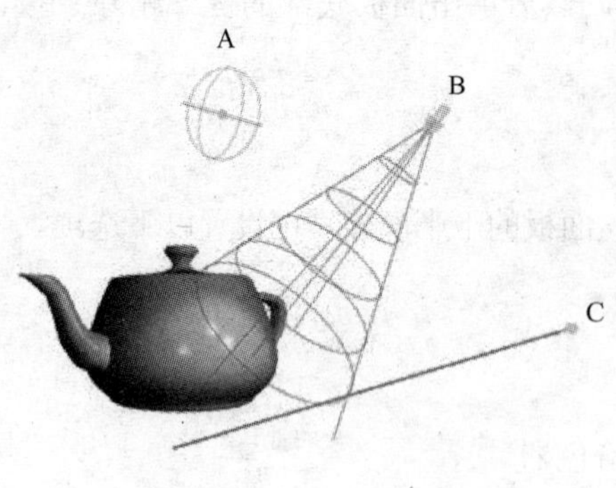

图 1-41　光源参考线

无限光显示为直线，如图 1-41 中 C 所示。

在【3D】面板的底部单击“切换”图标，在弹出的下拉菜单中选择【3D 光源】命令，即可在 3D 场景中显示光源。另外，可以在【首选项】对话框的“3D”部分中更改参考线的颜色。

要存储光源组以供以后使用，可将这些光源组存储为预设。要包含其他项目中的预设，可以添加到现有光源，也可以替换现有光源。

从【3D】面板菜单中可选择下列任意选项。

- “存储光源预设”：将当前光源组存储为预设。
- “添加光源”：对于现有光源，添加选定的光源预设。
- “替换光源”：用选择的预设替换现有光源。

3D 渲染和存储

这一节主要学习 3D 渲染和存储的相关知识。

1. 更改 3D 渲染设置与自定渲染设置

渲染设置决定如何绘制 3D 模型。Photoshop CS5 会安装许多带有常见设置的预设。自定义设置可以创建自己的预设。需要说明的是，渲染设置是图层特定的，如果文档包含多个 3D 图层，还要为每个图层分别指定渲染设置。

标准渲染预设为“默认”，即显示模型的可见表面。“线框”和“顶点”预设会显示底层结构。要合并实色和线框渲染，可选择“实色线框”预设。要以反映其最外侧尺寸的简单框来查看模型，则选择“外框”预设。

在【3D】面板顶部单击“场景”按钮，在面板的下半部分中从“渲染设置”下拉列表菜单中选取选项，包括：“默认”（“品质”设置为“交互”）、“默认”（“品质”设置为“光线跟踪”且地面可见）、“外框”、“ 深度映射”、“ 隐藏线框”、“线条插图”、“正常”、“绘画蒙版”、“着色插图”、“着色顶点”、“着色线框”、“实色线框”、“透明外框轮廓”、“透明外框”、“双面”、“顶点”以及“线框”，不同的渲染设置其效果如图 1-42 所示。

图 1-42　不同的渲染设置效果

需要说明的是，“双面”预设仅应用于横截面，效果为在半个截面上显示实色模型，在另半个截面上显示线框。

如果要自定渲染设置，在“渲染设置”菜单右侧，单击编辑(E)按钮，打开【3D 渲染设置】对话框，如图 1-43 所示。

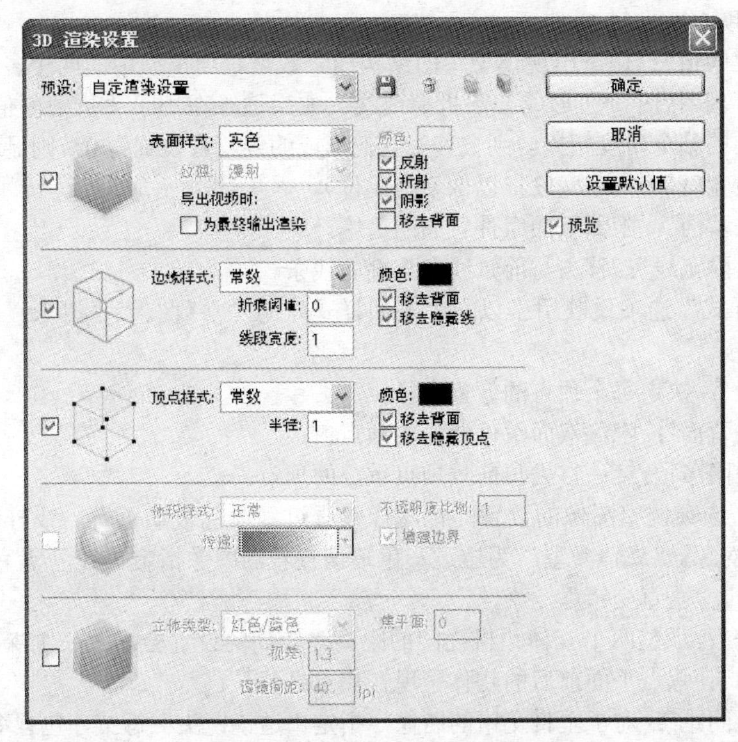

图 1-43 【3D 渲染设置】对话框

单击对话框左侧的复选框以启用“表面”、“边缘”、“顶点”、“体积”或“立体”渲染，然后调整以下设置。

➢ 在“表面样式”列表中可使用以下任何方式绘制表面。

- “实色”：使用 OpenGL 显卡上的 GPU 绘制没有阴影或反射的表面。
- “未照亮的纹理”：绘制没有光照的表面，而不仅仅显示选中的“纹理”选项。（默认情况下，选定“漫射”。）
- “平滑”：对表面的所有顶点应用相同的表面标准，创建刻面外观。
- “常数”：用当前指定的颜色替换纹理。
- 单击“颜色”框，以调整表面、边缘或顶点颜色。
- “外框”：显示反映每个组件最外侧尺寸的对话框。
- “正常”：以不同的 RGB 颜色显示表面标准的 X、Y 和 Z 组件。
- “深度映射”：显示灰度模式，使用明度显示深度。
- “绘画蒙版”：可绘制区域以白色显示，过度取样的区域以红色显示，取样不足的区域以蓝色显示。
- “纹理”：“表面样式”设置为“未照亮的纹理”时，指定纹理映射。
- “为最终输出渲染”：对于已导出的视频动画，产生更平滑的阴影和逼真的颜色出血（来自反射的对象和环境）。但是，该选项需要较长的处理时间。

- “反射”、“折射”、“阴影”：显示或隐藏这些“光线跟踪”渲染功能。
- “移去背面”：隐藏双面组件背面的表面。

➢ “边缘样式”选项反映用于以上“表面样式”的“常数”、“平滑”、“实色”和“外框”选项。

- “折痕阈值”：调整出现模型中的结构线条数量。当模型中的两个多边形在某个特定角度相接时，会形成一条折痕或线。如果边缘在小于“折痕阈值”设置（0～180）的某个角度相接，则会移去它们形成的线。若设置为 0，则显示整个线框。
- “线段宽度”：指定宽度（以像素为单位）。
- “移去背面”：隐藏双面组件背面的边缘。
- “移去隐藏线”：移去与前景线条重叠的线条。

➢ “顶点样式”选项反映用于以上“表面样式”的“常数”、“平滑”、“实色”和“外框”选项。

- “半径”：决定每个顶点的像素半径。
- “移去背面”：隐藏双面组件背面的顶点。
- “移去隐藏顶点”：移去与前景顶点重叠的顶点。

➢ “立体”选项调整图像的设置，该图像将透过红蓝色玻璃查看，或打印成包括透镜镜头的对象。“立体类型”为透过彩色玻璃查看的图像指定“红色/蓝色”，或为透镜打印指定“垂直交错”。

- “视差”：调整两个立体相机之间的距离。较高的设置会增大三维深度，但会减小景深，使焦点平面前后的物体呈现在焦点之外。
- “透镜间距”：对于垂直交错的图像，指定“透镜镜头”每英寸包含多少线条数。
- “焦平面”：确定相对于模型外框中心的焦平面的位置。输入负值将平面向前移动，输入正值将其向后移动。

2. 为最终输出渲染 3D 文件

完成 3D 文件的处理之后，可创建最终渲染以产生用于 Web、打印或动画的最高品质输出。最终渲染使用光线跟踪和更高的取样速率以捕捉更逼真的光照和阴影效果。

使用最终渲染模式以增强 3D 场景中的下列效果。

➢ 基于光照和全局环境色的图像。

➢ 对象反射产生的光照（颜色出血）。

➢ 减少柔和阴影中的杂色。

需要注意的是，最终渲染可能需要很长时间，具体取决于 3D 场景中的模型、光照和映射。

（1）对模型进行任何必要的调整，包括光照和阴影效果。

（2）在【3D】面板顶部单击“整个场景”按钮，然后在下面的列表中单击“场景”选项。

（3）从该面板下半部分的“品质”菜单中，选择“光线跟踪最终效果”选项，此时开始渲染。

（4）渲染完成后，可拼合 3D 场景以便用其他格式输出、将 3D 场景与 2D 内容复合或直接从 3D 图层打印。

3. 存储和导出 3D 文件

保留文件中的 3D 内容，请以 Photoshop 格式或另一受支持的图像格式存储文件。还可以用受支持的 3D 文件格式将 3D 图层导出为文件。

首先学习导出 3D 图层。可以用以下所有受支持的 3D 格式导出 3D 图层：Collada DAE、Wavefront/OBJ、U3D 和 Google Earth 4 KMZ。选取导出格式时，需考虑以下因素。

- "纹理"图层以所有 3D 文件格式存储；但是 U3D 只保留"漫射"、"环境"和"不透明度"纹理映射。
- Wavefront/OBJ 格式不存储相机设置、光源和动画。
- 只有 Collada DAE 会存储渲染设置。

要导出 3D 图层，执行以下操作。

（1）执行菜单栏中的【3D】/【导出 3D 图层】命令，打开【另存为】对话框。

（2）选取导出纹理的格式，包括 U3D 和 KMZ 支持 JPEG 或 PNG 作为纹理格式；DAE 和 OBJ 支持所有 Photoshop 支持的用于纹理的图像格式。

（3）如果导出为 U3D 格式，请选择编码选项。ECMA 1 与 Acrobat7.0 兼容；ECMA 3 与 Acrobat 8.0 及更高版本兼容，并提供一些网格压缩。

（4）单击 确定 按钮导出。

要保留 3D 模型的位置、光源、渲染模式和横截面，可将包含 3D 图层的文件以 PSD、PSB、TIFF 或 PDF 格式储存。选择【文件】/【存储】或【文件】/【存储为】命令，选择 Photoshop（PSD）、Photoshop PDF 或 TIFF 格式，然后单击 确定 按钮将其保存。

另外，在【图层】面板中选择 3D 图层，并执行菜单栏中的【3D】/【栅格化】命令，可以将 3D 图层转换为 2D 图层，转换 3D 图层为 2D 图层可将 3D 内容在当前状态下进行栅格化。只有不想再编辑 3D 模型位置、渲染模式、纹理或光源时，才可将 3D 图层转换为常规图层。栅格化的图像会保留 3D 场景的外观，但格式为平面化的 2D 格式。

课堂实训 1：制作 3D 立体文字

实例说明

3D 立体文字在平面广告设计中应用非常广泛，且作用非常重要，但在平面广告设计软件中要实现真正意义上的 3D 立体文字效果却非常困难，Photoshop CS5 的 3D 功能，轻松解决了这一难题。下面我们通过制作如图 1-44 所示的 3D 立体文字效果的实例，学习和巩固 Photoshop CS5 的 3D 功能。

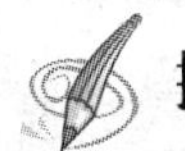

操作步骤

1. 创建 3D 文字

（1）打开"素材"/"第 1 章"目录下的"风景 01.jpg"素材文件，这是一幅 2D 风景图像，如图 1-45 所示。

图 1-44　3D 立体文字效果

图 1-45　打开的“风景 01.jpg” 2D 图像

（2）激活【工具箱】中的 T “横排文字工具”按钮，选择字体为“Blackoak Std”、字号“大小”为 200 点，颜色为黑色（R：255、G：255、B：255），在图像上单击输入“Hexie”，同时生成一个文本图层，效果如图 1-46 所示。

（3）激活文本图层，执行菜单栏中的【3D】/【凸纹】/【文本图层】命令，弹出一个提示对话框，询问是否将其文本图层栅格化，单击 是 按钮将文本层栅格化，同时打开【凸纹】对话框，此时文字效果如图 1-47 所示。

图 1-46　输入的内容

图 1-47　打开【凸纹】对话框时的文字效果

小提示

在制作 3D 立体文字时，文本层一般需要栅格化才可以，但是需要注意的是，必须通过执行【3D】/【凸纹】/【文本图层】命令，在弹出的提示对话框中单击 是 按钮将文本层栅格化才能继续操作。不能直接将文本层栅格化，否则【3D】/【凸纹】/【文本图层】命令将不可用，因为该命令是针对文本层的操作。

（4）在【凸纹】对话框的“图文形状预设”栏单击“凸起”预设，在“材质”预设下单击“前部”材质球，在打开的材质示例窗口选择名为“红木”的材质，继续在“材质”预设下单击“侧面”材质球，在打开的材质示例窗口选择名为“大理石”的材质，文字效果如图 1-48 所示。

小提示

在【凸纹】对话框的“图文形状预设”栏，用户可以根据需要和喜好选择任意的凸纹预设。另外，也可以在“材质”预设为文字的不同面选择不同的材质。

（5）继续在“凸起”选项下设置“深度”为 5，设置“缩放”为 0.3，勾选“弯曲”选项，并设置“Y 轴角度”为-55°，其他设置默认。单击 确定 按钮，对文字进行弯曲处理，同时文本层被转化为 3D 图层，文字效果如图 1-49 所示。

图 1-48　选择凸起预设与添加材质

图 1-49　设置深度与弯曲度

2. 创建 3D 场景光源并渲染 3D 场景

（1）执行菜单栏中的【窗口】/【3D】命令打开【3D】对话框，单击“光源”按钮进入 3D 场景的光源设置面板，展开“无限光”列表，激活“无限光 1”，在下方调整其“强度”为 3，激活“无限光 2”，在下方调整其“强度”为 0.2，其他设置默认，文字效果如图 1-50 所示。

小提示

一般情况下，3D 场景使用系统默认的灯光进行照射，如果用户对默认灯光不满意，可以将默认灯光删除。其方法是，选择默认灯光，单击“删除”按钮将其删除，然后单击“创建新光源”按钮，在弹出的下拉列表中选取光源类型，有“点光”、“聚光灯”、“无限光”以及“基于图像的光源”4 种灯光可供选择，创建新光源后，可以调整光源的参数。

（2）在【3D】面板单击“整个场景”按钮，然后在下方的“渲染设置”列表中选择“自定”，在“品质”选项选择“光线跟踪最终效果”选项开始渲染 3D 场景，渲染结束后，文字效果如图 1-51 所示。

图 1-50　创建灯光后的文字效果

图 1-51　3D 文字最终渲染效果

小提示

在渲染 3D 最终场景时，根据场景文件大小，会需要一些时间，耐心等待即可。通过对 3D 场景的渲染。可以更好的体现 3D 场景的光、色、阴影以及立体效果。另外，在渲染前还可以进行其他的设置，单击 编辑... 按钮，打开【3D 渲染设置】对话框设置渲染的方式、折射、反射等。

（3）将鼠标指针移动到 3D 图层单击鼠标右键，选择快捷菜单中的【栅格化 3D】命令将 3D 图层栅格化为 2D 图层，按键盘上的快捷键 Ctrl+E 将其与背景层合并。

小提示

如果要保存 3D 图层的内容，可以不用将 3D 图层栅格化，而直接将其以 Photoshop 格式或另一受支持的图像格式存储文件。这样可以在以后对 3D 效果进行再次编辑，而一旦将其栅格化为 2D 图层，则以后不能对其 3D 效果进行编辑。另外，还可以用受支持的 3D 文件格式将 3D 图层导出为文件。

（4）执行菜单栏中的【文件】/【存储为】命令将其保存为“3D 立体文字.psd”文件。

总结与回顾

本章详细讲解了 Photoshop CS5 的 3D 功能、2D 图像转换为 3D 立体对象的方法、3D 立体对象材质、灯光的设置、修改、编辑、3D 立体对象的渲染和存储以及 3D 工具的使用方法和操作技巧等。最后通过制作一组 3D 立体文字的实例，对 Photoshop CS5 的 3D 功能进行了综合演示，相信通过本章内容的学习，读者能掌握 Photoshop CS5 的 3D 功能，并将其应用到实际工作中。

课后实训

Photoshop CS5 的 3D 功能，为用户在 Photoshop CS5 平面设计软件中实现三维立体效果提供了便利。请运用已经掌握的 3D 功能，制作如图 1-52 所示的牛奶广告。

图 1-52　牛奶广告设计

操作提示

（1）打开“素材”/“第 1 章”目录下的“素材.jpg”和“素材 01.jpg”素材文件，将“素材 01.jpg”拖到“素材.jpg”文件中，执行【3D】/【凸纹】/【易拉罐】命令创建一个易拉罐的 3D 对象，然后将其 3D 图层栅格化为 2D 图层，使用自由变换调整其大小和位置。

（2）分别打开“照片 02.jpg”～“照片 03.jpg”素材文件，运用选取图像的方法，分别选取人物图像，并将其移动到合适位置。

（3）打开“素材”/“第 1 章”目录下的“素材.PSD”文件，将其移动到当前文件中，使用自由变换将其调整到易拉罐下方位置。

（4）新建空白图层，执行【3D】/【从图层新建形状】/【圆柱体】命令创建一个圆柱体的 3D 对象，将其 3D 图层栅格化为 2D 图层，使用自由变换将其调整到人物合适位置，并进行适当的编辑。

输入文字工具输入相关文字，将文字层栅格化，执行【滤镜】/【液化】命令对其进行适当编辑，完成牛奶广告的设计。

课后习题

1．填空题

1）创建一个 3D 立体文字时，需要执行【3D】/【凸纹】/（　　　　）命令。

2）在 2D 图像的某个选区内创建 3D 立体效果时，需要执行【3D】/【凸纹】/（　　　　）命令 。

3）使用“3D 对象平移工具”移动 3D 对象时，按住（　　　　）键只能将对象沿垂直或水平方向移动。

2．选择题

1）移动 3D 对象时，需要激活【工具箱】中的（　　）工具。

A.　　　　B.　　　　C.

2）旋转 3D 场景的相机时，需要激活【工具箱】中的（　　）工具。

A. 。　　　　B. 。　　　　C.

3）调整 3D 对象的材质时，需要单击【3D】对话框中的（　　）按钮，进入材质对话框。

A.　　　　B.　　　　C.

3．简答题

简单描述 3D 对象所包含的组件以及各组件对 3D 对象的作用。

第2章

图像的选取与编辑技术

内容概述

选取图像与编辑选区是 Photoshop CS5 图像处理中必不可少的操作技能。Photoshop CS5 提供了强大的图像选取与编辑技术，充分运用这些技术选取图像与编辑选区，不仅可以使选取图像变得轻松愉快，提高我们的处理速度，同时还可以实现其他命令无法实现的图像编辑效果。

这一章我们将通过多个精彩案例操作，带领大家全面、系统地掌握 Photoshop CS5 中选取图像与编辑选区的相关操作技巧以及使用选区功能制作图像特效的方法。

课堂实训 1：端午节招贴设计——粽香情浓

实例说明

端午节是我国两千多年的传统习俗，是我国民间的传统节日，端午节又称端阳节、午日节、五月节、艾节、端五、重午、午日、夏节。同时，端午节的意义有多种，有说是纪念历史上伟大的民族诗人屈原的，有说是伍子胥的忌辰、也有说是为纪念东汉孝女曹娥救父投江而死的，不管怎么说，我国各地人民过节的习俗是相同的。

这一节我们通过设计制作如图 2-1 所示的“端午节招贴设计——粽香情浓”实例，学习 Photoshop CS5 中图像的选取功能和编辑选区的相关知识。

图 2-1　端午节招贴设计——粽香情浓

操作步骤

1. 制作背景图像

（1）执行菜单栏中的【文件】/【新建】命令，新建“宽度”为 15 厘米、“高度”为 12 厘米，“分辨率”为 300 像素/英寸、“颜色模式”为 RGB 颜色的图像文件。

（2）激活【工具箱】中的“渐变工具”按钮，同时打开【渐变编辑器】对话框，设置一个暗绿色（R：0、G：110、B：0）到亮绿色（R：5、G：148、B：5）再到暗绿色（R：0、G：110、B：0）的渐变色，使用“线性”渐变方式，在图像背景上由左上角到右下角拖动鼠标，给背景填充渐变色。

小技巧

在设置渐变色时，在色带下用鼠标单击即可添加一个色标。用鼠标双击色带下的色标，即可打开【选择色标颜色】对话框，在该对话框可以设置所需颜色。如果需要删除一个色标，则使用鼠标指针按住该色标向下拖动，即可将其删除。

（3）打开“素材”/“第 2 章”目录下的“龙.jpg”图像，这是一幅白色背景的龙的矢量图。激活【工具箱】中的“魔棒工具”，在其工具【选项】栏设置“容差”为 30，并取消“连续”选项的勾选。

小知识

“魔棒工具”是一种快速选择图像的选择工具，其工具【选项】栏中的“容差”设置用于控制图像的精度（选取范围）:，该值设置越大，其精度越低，选取的图像范围越大；反之，精度越高，选取的图像范围越小，系统默认下其“容差”为 32。另外，其“连续”选项用于控制选取的区域，勾选该选项，只选取颜色相同且相连续的图像范围；取消该选项的勾选，则可以选取颜色相同，且不相连续的图像。

（4）在图像白色背景上单击将其白色背景选择，然后执行【选择】/【反向】命令将选区反转，再使用“移动工具”将其拖到新建文件中，图像生成图层 1。

（5）执行菜单栏上的【编辑】/【变换】/【水平反转】命令将图层 1 水平反转，然后按键盘上的快捷键 Ctrl+T 为图层 1 应用自由变换。

（6）在自由变换【选项】栏按下“保持长宽比”按钮，然后设置“水平缩放”和“垂直缩放”均为 150%，设置“旋转”为-45°，按键盘上的 Enter 键确认，对龙图形进行缩放调整，结果如图 2-2 所示。

小技巧

自由变换可以对除背景层之外的所有图层进行变换操作，在进行变换操作时，按住键盘上的快捷键 Alt+Shift 可以对图像进行等比例变换；按住键盘上的快捷键 Ctrl+Alt+Shift 可以对图像进行倾斜变换；按住键盘上的快捷键 Ctrl+Shift 可以对图像进行拉伸变换；将鼠标指针移动到变换框 4 个角的控制点附近拖动鼠标，可以对图像进行旋转操作。这些操作等同于自由变换菜单下的相关命令。

（7）设置前景色为黄色（R：255、G：255、B：0），在【图层】面板单击“锁定透

明像素”按钮，按键盘上的快捷键 Alt+Delete 给图层 1 填充前景色，然后设置图层 1 的混合模式为“柔光”模式，图像效果如图 2-3 所示。

图 2-2 调整后的龙图像

图 2-3 填充颜色并设置混合模式后的龙图像

（8）打开“素材”/“第 2 章”目录下的“云纹.jpg”图像，这是一幅白色背景的云纹的矢量图。参照第（3）步～第（4）步的操作方法，使用“魔棒工具”将其云纹选择并移动到当前文件龙图像下方位置，图像生成图层 2。

（9）参照第（7）步的操作为云纹图像填充黄色（R：255、G：255、B：0），并在【图层】面板设置混合模式为“色相”模式，图像效果如图 2-4 所示。

（10）按住 Ctrl 键的同时单击图层 2 载入云纹图像的选区，然后按快捷键 Ctrl+Alt+Shift 并单击图层 1，载入云纹图像与龙图像的公共选区，如图 2-5 所示。

图 2-4 添加云纹图像

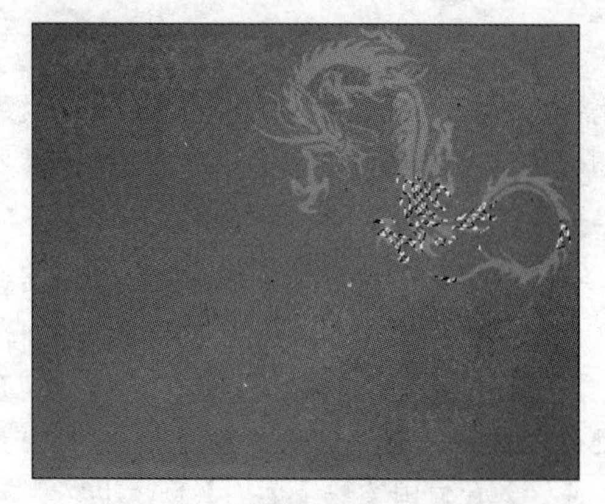
图 2-5 载入云纹和龙图像的公共选区

（11）激活图层 1，按键盘上的 Delete 键删除，然后按键盘上的快捷键 Ctrl+D 取消选区。

小技巧

在 Photoshop CS5 中，图像的公共选区是指两幅图像相交的公共部分的选区，当载入其中一幅图像的选区后，按快捷键 Ctrl+Alt+Shift 并单击另一幅图像，即可载入两幅图像的公共选区；按快捷键 Ctrl+Alt 并单击另一幅图像，则可以从该选区中减去另一幅图像的选区；按快捷键 Ctrl+Shift 并单击另一幅图像，即可将另一幅图像的选区添加到当前选区。

2. 巧选竹子图像

（1）打开“素材”/“第 2 章”目录下的“竹子.jpg”图像，这是一幅背景更为复杂的竹子的图像文件，如图 2-6 所示。

在 Photoshop CS5 中，选取图像的方法有很多种，对于背景简单的图像来说，可以使用选择工具选取，而对于背景比较复杂的图像来说，选择工具显得有些力不从心。这时，我们可以使用其他方法来选取，如【滤镜】菜单下的【抽出】命令就是一个很好的选择工具，使用该工具可以选择背景更为复杂的图像。下面，我们就执行【抽出】命令将竹子图像从背景中选取出来。

（2）执行菜单栏中的【滤镜】/【抽出】命令打开【抽出】对话框，激活【抽出】对话框中的“缩放工具”，在缩览图上单击将图像放大，然后激活“边缘高光器”工具，在“工具选项”下设置“画笔大小”为 5，设置“高光颜色”为红色，其他设置默认，沿竹叶和竹子边缘拖动鼠标绘制高光，结果如图 2-7 所示。

图 2-6　打开的竹子图像

图 2-7　绘制高光

（3）激活【抽出】对话框中的“填充”工具，在图像中柱子位置用鼠标单击，为其填充蓝色，结果如图 2-8 所示。

（4）单击 预览 按钮进行预览，对选择效果满意后单击 确定 按钮，选取的竹子效果如图 2-9 所示。

图 2-8　填充效果

图 2-9　选取的竹子效果

小知识

【抽出】命令是一种超强的图像选择工具，使用该工具可以精确选取包括头发丝在内的细微图像区域。使用"边缘高光器"工具沿所要选取的图像边缘描出高光，当发现描绘错误时，可以使用"橡皮擦工具"进行擦除，再使用"填充"工具向图像中填充颜色，并对抽出效果进行预览，当感觉满意后确认，即可确定。另外，当预览后发现选取图像的边缘较粗糙时，还可以使用"边缘修饰工具"和"清除工具"对图像边缘进行修饰和清除，以便获得更为满意的选取效果。

（5）使用"移动工具"将选取的竹子图像拖到当前文件中，图像生成图层 3，依照前面的操作方法，将竹子图像水平反转，然后使用自由变换对竹子图像进行缩放变换，并将其移动到图像左边位置。

由于竹子图像较小，当使用自由变换对其进行缩放调整后发现竹子图像较虚，有许多杂色，可以使用【表面模糊】滤镜对其进行处理，去除其杂色。【表面模糊】滤镜可以模糊图像表面的细节，但不会对图像边缘进行模糊，因此使用该滤镜处理较虚的图像，效果很好。

（6）执行菜单栏中的【滤镜】/【模糊】/【表面模糊】命令，在打开的【表面模糊】对话框设置"半径"为 10 像素，"阈值"为 5 色阶，单击 确定 按钮，效果如图 2-10 所示。

（7）执行菜单栏中的【图像】/【调整】/【色阶】命令，在打开的【色阶】对话框设置"输入色阶"的参数分别为 86、1.0 和 238，其他设置默认，单击 确定 按钮，调整竹子图像的对比度，效果如图 2-11 所示。

图 2-10 【表面模糊】处理后的竹子图像

图 2-11 【色阶】处理后的竹子图像

3. 添加其他素材

（1）打开"素材"/"第 2 章"目录下的"线描画.jpg"图像，这是一幅屈原的线描画。参照前面的操作，使用"魔棒工具"在黑色背景上用鼠标单击选取黑色背景，然后反选，将其拖到当前图像中。

（2）使用"移动工具"将选取的线描画图像拖到当前文件中，并将其移动到图像右上方位置，然后激活"直排文字工具"，选择"方正行楷简体"字体，设置字体颜色为白色（R：255、G：255、B：255），字号大小为 6 点，在图像上方输入屈原的"怀沙"，结果

如图 2-12 所示。

（3）继续打开“素材”/“第 2 章”目录下的“粽子.jpg”图像，使用“多边形套索工具”，设置其“羽化”为 0 像素，将粽子图像选择，并将其拖到当前图像右下方位置，图像生成图层 4。

小知识

“多边形套索工具”是一种功能强大的选择工具，该工具常用来选择不规则图像或创建不规则的图像选区。在使用该工具选取图像时，将鼠标指针移动到图像边缘单击鼠标左键拾取一个点，然后移动鼠标指针到其他位置再次单击拾取点，当拾取的点出现错误时，单击键盘上的 Delete 键将其取消，然后重新在合适的位置单击拾取点，依次选取图像。

（4）执行菜单栏中的【图像】/【调整】/【色相/饱和度】命令，在打开的【色相/饱和度】对话框中设置“饱和度”为 40，其他设置默认，单击 确定 按钮，调整图像颜色饱和度，图像效果如图 2-13 所示。

图 2-12　输入相关文字

图 2-13　添加粽子图像并调整饱和度

小知识

【色相/饱和度】命令用于调整图像的色相和颜色饱和度，同时还可以将图像调整为单色图像。

（5）确保图层 4 为当前操作图层，单击【图层】面板下的“添加图层样式”按钮，在弹出的下拉菜单中选择【投影】命令，在打开的【图层样式】对话框中勾选“投影”选项，单击 确定 按钮，为粽子图像设置投影效果。

4. 处理人物图像

人物图像是广告作品中比较重要的素材，一般情况下，广告设计中所用到的人物图像都要经过处理，例如，调整颜色、给人物美容等。人物图像的处理方法比较多，这一节我们将使用一种较为简单的方法来为人物美容，其美容效果同样能达到广告设计的要求。

（1）打开“素材”/“第 2 章”目录下的“照片 02.jpg”图像，这是一幅女孩的照片。

（2）参照前面选取图像的方法，使用“多边形套索工具”，设置其“羽化”为 1 像素，选择女孩图像，并使用“移动工具”将其移动到当前图像中，图像生成图层 5。

小技巧

在使用“多边形套索工具”选择人物图像时，设置合适的“羽化”值，可以使选取的人物图像边缘较为柔和，其效果更为真实。否则，图像边缘过于生硬，影响整个图像效果。

（3）按键盘上的 Ctrl+T 快捷键为人物图像应用自由变换，按住键盘上的 Alt+Shift 快捷键的同时，对人物图像进行等比例调整大小，将其移动到图像左下方位置，如图 2-14 所示。

（4）按键盘上的 Ctrl+J 快捷键将图层 5 复制为图层 5 副本层，然后在【图层】面板设置图层 5 副本层的混合模式为“滤色”模式，图像效果如图 2-15 所示。

图 2-14　添加人物图像

图 2-15　复制人物图像并设置“滤色”模式

（5）按键盘上的 Ctrl+E 快捷键将图层 5 与图层 5 副本层合并为新的图层 5，执行菜单栏中的【图像】/【调整】/【色相/饱和度】命令，在打开的【色相/饱和度】对话框中设置“饱和度”为 45，其他设置默认，单击 确定 按钮，图像效果如图 2-16 所示。

（6）继续执行菜单栏中的【滤镜】/【模糊】/【表面模糊】命令，在打开的【表面模糊】对话框中设置“半径”为 10 像素，设置“阈值”为 15 色阶，单击 确定 按钮，对人物进行表面模糊处理，以去除人物脸部的黑斑，图像效果如图 2-17 所示。

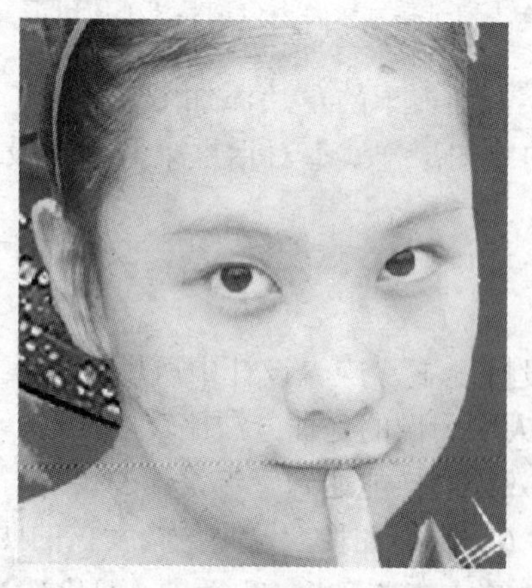

图 2-16 【色相/饱和度】效果

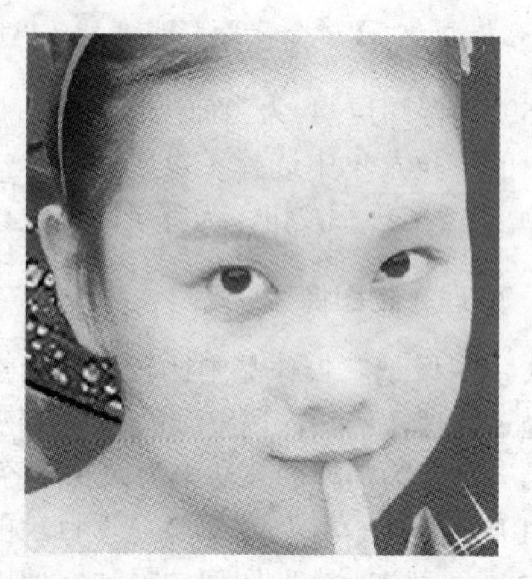

图 2-17 【表面模糊】效果

（7）执行菜单栏中的【滤镜】/【锐化】/【智能锐化】命令，在打开的【智能锐化】对话框中勾选“基本”选项和“更加精准”选项，设置“数量”为 500%，设置“半径”为 0.6 像素，单击 确定 按钮，对人物进行锐化处理，使人物图像更清晰，效果如图 2-18 所示。

5. 输入文字

（1）激活【工具箱】中的 T “横排文字工具”，选择一种“方正胖娃简体”的字体，设置字体颜色为黑色（R：0、G：0、B：0），字号大小为 45 点，在图像上输入“粽”字体。

（2）在“粽”图层单击鼠标右键，选择快捷菜单中的【栅格化文字】命令将文字层栅格化，然后按键盘上的 Ctrl+T 快捷键为文字应用自由变换。

（3）按住键盘上的 Ctrl 键的同时，将鼠标指针移动到变换工具框左下方的控制点上向左下方拖动鼠标，对文字进行变换，结果如图 2-19 所示。

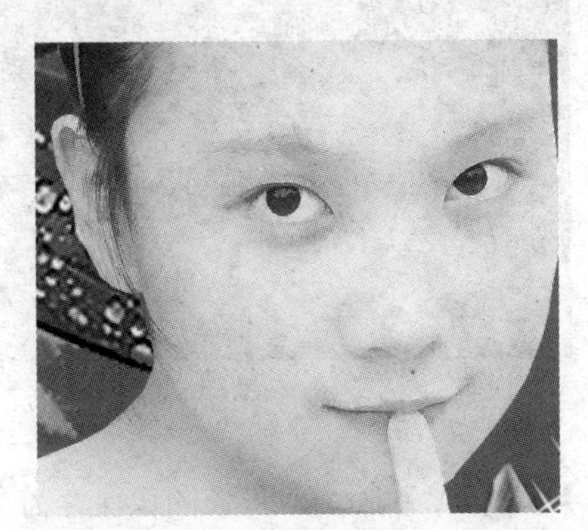

图 2-18 【智能锐化】效果

图 2-19　变换文字效果

（4）按键盘上的 Enter 键确认变换操作，然后继续输入“子飘香”文字内容，结果如图 2-20 所示。

（5）重新选择一种“方正粗活意简体”的字体，设置字号大小为 30 点，字体颜色为桔黄色（R：185、G：157、B：0），在该文字下方输入“浓情怀古”字样，结果如图 2-21 所示。

图 2-20　输入其他文字

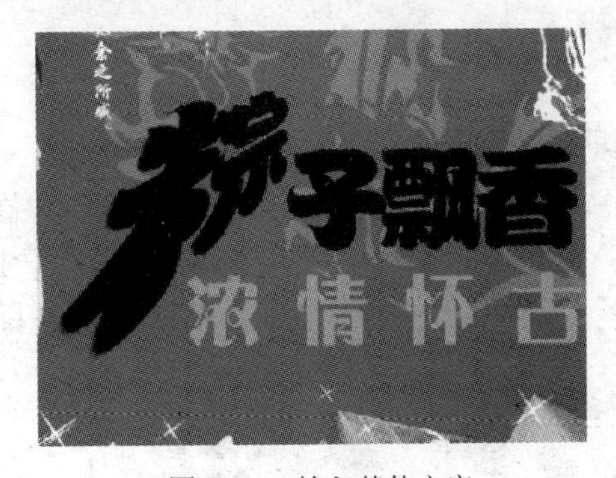

图 2-21　输入其他文字

（6）在“浓情怀古”文字层下方新建图层 6，激活【工具箱】中的 “椭圆选框工具”，设置其“羽化”为 0 像素，按住键盘上的 Alt+Shift 快捷键的同时，将鼠标指针移动到“浓”字中间位置，拖动鼠标创建一个圆选区。

（7）设置前景色为白色（R：255、G：255、B：255），按键盘上的 Alt+Delete 快捷键向选区填充前景色。

（8）按键盘上的 Ctrl+D 快捷键取消选区，然后按键盘上的 Ctrl+J 快捷键 3 次，将该圆形图像复制 3 个，并将其移动到其他文字下方位置，效果如图 2-22 所示。

（9）将“粽”文字层和“子飘香”文字层合并为图层 7，单击【图层】面板下方的 fx. “添加图层样式”按钮，在弹出的下拉菜单中选择【描边】命令，在打开的【图层样式】对话框的“描边”选项，设置“大小”为 15 像素，设置“颜色”为白色（R：255、G：255、B：255），其他设置默认，单击 确定 按钮，为文字进行描边处理，图像效果如图 2-23 所示。

图 2-22　复制圆图像的效果

图 2-23　文字描边效果

（10）端午节招贴制作完毕，最后执行【文件】/【保存】命令，将该图像保存为“端午节招贴——粽香情浓.psd”文件。

课堂实训 2：数码照片模板设计——成长的故事

实例说明

图 2-24　数码照片模板设计——成长的故事

数码照片以易于保存、方便浏览以及可随意修饰和加工等优点成为人们拍照的首选。人们往往将使用数码相机拍摄的照片保存在计算机中，随时都可以打开观看，还可以使用相关软件对照片进行适当的艺术加工，使其更具有艺术性和欣赏性。

这一节我们将通过设计制作如图 2-24 所示的“数码照片模板设计——成长的故事”实例，继续对 Photoshop CS5 中选取功能进行巩固练习。

操作步骤

1. 制作背景图像

（1）执行菜单栏中的【文件】/【新建】命令，新建“宽度”为 15 厘米、“高度”为 12 厘米，“分辨率”为 300 像素/英寸、“颜色模式”为 RGB 颜色的图像文件。

（2）新建图层 1，激活【工具箱】中的“渐变工具”按钮，同时打开【渐变编辑器】对话框，设置一个紫红色（R：201、G：2、B：105）到白色（R：255、G：255、B：255）的渐变色，以“线性渐变”方式在图层 1 中由左上角到右下角拖动鼠标，为图层 1 填充渐变色，结果如图 2-25 所示。

小知识

“渐变工具”包括 5 种渐变方式，分别是“线性渐变”、“径向渐变”、“角度渐变”、“对称渐变”和“菱形渐变”，设置好渐变色之后，选择这 5 种渐变方式中的任意一种，将产生不同的渐变色效果。

（3）新建图层 2，分别设置前景色为白色（R：255、G：255、B：255）、红色（R：255、G：0、B：0）和黄色（R：255、G：255、B：0），激活【工具箱】中的“画笔工具”，为其选择一个较大的画笔，在图层 2 中随意绘制白色、红色和黄色的色点，结果如图 2-26 所示。

图 2-25　填充渐变色

图 2-26　绘制色点

（4）执行菜单栏中的【滤镜】/【模糊】/【径向模糊】命令，在打开的【径向模糊】对话框中设置“数量”为 100，勾选“缩放”选项，然后在“中心模糊”预览图左上角单击，确定模糊的中心点，单击 确定 按钮，对图像进行径向模糊处理，结果如图 2-27 所示。

小知识

【径向模糊】命令用于对图像进行模糊处理，与【高斯模糊】不同，【径向模糊】将采用两种不同的方式进行模糊。一种是“旋转”模糊，“旋转”模糊是围绕模糊中心沿同心圆环线模糊对象；另一种是“缩放”模糊，“缩放模糊”则是围绕模糊中心沿径向线模糊。不管使用哪种模糊，用户都可以设置模糊的中心和参数，以便得到不同的模糊效果。

（5）新建图层 3，设置前景色为白色（R：255、G：255、B：255），使用“画笔工具”在图层 3 右下方位置随意绘制白色，然后执行【径向模糊】命令，以“缩放”模糊方式，设置模糊“中心”为右下角对图像进行模糊，结果如图 2-28 所示。

图 2-27　图层 2 的【径向模糊】效果

图 2-28　图层 3 的【径向模糊】效果

（6）打开“素材”/“第 2 章”目录下的“花.jpg”图像，这是一幅白色背景的花的矢量图。激活【工具箱】中的“魔棒工具”，在其工具【选项】栏中设置“容差”为 30，并勾选“连续”选项，在图像白色背景上单击选取背景图像，如图 2-29 所示。

小知识

“魔棒工具”是一种快速选择图像的选择工具，其“连续”选项用于控制选取的区域。勾选该选项，只选取颜色相同且连续的图像范围；取消该选项的勾选，则可以选取颜色相同，且不连续的图像。在此操作中，取消“连续”选项的勾选，则只选择白色背景，避免与背景颜色相近的白色花瓣被选择。

（7）执行【选择】/【反向】命令将选区反转，选取花的图像，使用“移动工具”将选取的花拖到新建立文件中，生成图层 4。

（8）按键盘上的 Ctrl+T 快捷键为图层 4 添加自由变换，使用自由变换调整花图像的大小，然后在【图层】面板中设置花图层的混合模式为“颜色加深”模式，效果如图 2-30 所示。

图 2-29　选取背景图像

图 2-30　设置花图像的混合模式

小提示

选取背景时如果发现不仅白色背景被选取，同时白色花瓣也被选取，这时可以使用选区的加选择和减选择功能，从选择区域中减去花瓣的选区。其方法是，激活【工具箱】中的 “自由套索工具”，在其工具【选项】栏中设置“羽化”为 0 像素，并激活 “从选区减去”按钮，在花瓣选区上拖动鼠标，将花瓣选区减去。

2. 处理主体人物图像

（1）打开“素材”/“第 2 章”目录下的“照片 03.jpg”图像，这是一幅女孩的照片。

（2）使用 “多边形套索工具”，设置其“羽化”为 1 像素，将女孩图像选择，然后使用 “移动工具”将处理后的照片拖到本案例建立的文件中，图像生成图层 5，如图 2-31 所示。

（3）执行菜单栏中的【编辑】/【变换】/【水平反转】命令将照片水平反转，然后按键盘上的 Ctrl+J 快捷键将图层 5 复制为图层 5 副本层，在【图层】面板中设置图层 5 副本层的混合模式为“滤色”模式，图像效果如图 2-32 所示。

图 2-31　添加女孩图像

图 2-32　复制图像并设置混合模式

（4）按键盘上的 Ctrl+E 快捷键将图层 5 与图层 5 副本层合并为新的图层 5，执行菜单栏中的【图像】/【调整】/【色彩平衡】命令，在弹出的【色彩平衡】对话框中勾选“中间调”选项，然后设置“色阶”参数分别为 0、-40 和 50，其他设置默认。单击 确定 按钮对人物进行颜色调整。

（5）继续执行菜单栏中的【滤镜】/【模糊】/【表面模糊】命令，设置“半径”为 10 像素，“阈值”为 15 色阶，单击 确定 按钮对人物进行模糊处理，去除脸部的杂色。

（6）继续执行菜单栏中的【滤镜】/【锐化】/【智能锐化】命令，在打开的【智能锐化】对话框中设置“数量”为 100%、设置“半径”为 1 像素，勾选“更加精准”选项，其他设置默认，单击 确定 按钮对人物进行锐化处理，结果如图 2-33 所示。

小技巧

【表面模糊】命令只对图像表面进行模糊，而不会对图像边缘进行模糊。因此对人物皮肤进行美容处理非常有用，而【智能锐化】则可以通过设置“半径”和“阈值”来对图像进行锐化处理，比起【锐化】命令，【智能锐化】命令锐化效果更好控制，常用于对人物照片进行清晰化处理的操作。

（7）按键盘上的 Ctrl+T 快捷键，使用自由变换将女孩图像缩放到 70%，然后激活 “自由套索工具”，设置“羽化”为 50 像素，将女孩图像下方区域选取，按键盘上的 Ctrl+D 快捷键将其删除，结果如图 2-34 所示。

图 2-33　调整颜色、表面模糊和智能锐化效果

图 2-34　缩放大小和删除图像的效果

（8）打开“素材”/“第 2 章”目录下的“花 01.jpg”图像，这是一幅花的矢量图。

（9）依照前面选取图像的方法，使用 “魔棒工具”在图像白色背景上单击选择背景图像，然后执行【选择】/【反向】命令将选择区域反转以选取花图像，最后使用 “移动工具”将选取的花图像移动到如图 2-35 所示的女孩脸部位置，图像生成图层 6。

（10）在【图层】面板中设置图层 6 的图层混合模式为“柔光”模式，然后使用 “橡皮擦工具”将手位置的花图像擦除，效果如图 2-36 所示。

图 2-35　花图像的位置

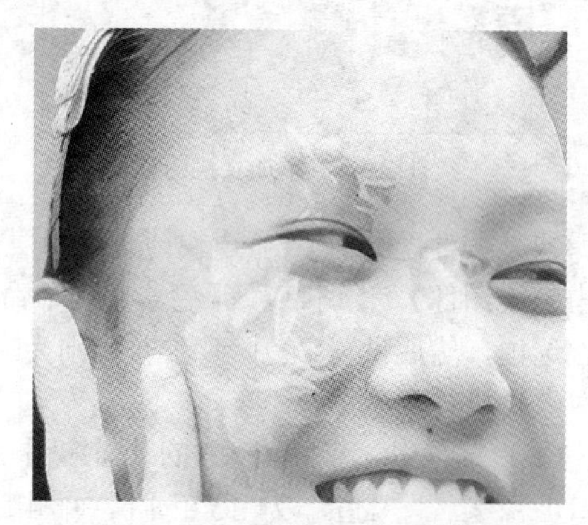

图 2-36　设置“柔光”模式后的效果

3. 处理另一幅人物图像

（1）打开“素材”/“第 2 章”目录下的“照片 04.jpg”图像，这是一幅女孩在海边留影的照片，照片颜色较暗，且女孩脸部的黑斑较多。

下面我们对照片进行处理，去除人物脸部的黑斑，同时使人物的皮肤更光滑白皙。

（2）打开【通道】面板，将鼠标指针移动到蓝色通道上，单击鼠标右键，选择【复制通道】命令，将蓝色通道复制为“蓝副本”通道。

小知识

在 Photoshop CS5 中，通道用于存储图像颜色信息，同时也可以通过通道来观察图像的颜色明度以及杂色。在此我们观察发现，只有在蓝色通道中人物面部的黑色斑点较多，因此我们复制蓝色通道，通过对蓝色通道进行处理，以减少人物面部的黑斑。

（3）执行菜单栏中的【滤镜】/【其他】/【高反差保留】命令，在打开的【高反差保留】对话框中设置“半径”为 10 像素，单击 确定 按钮，图像效果如图 2-37 所示。

小知识

【高反差保留】命令在有强烈颜色转变发生的地方按指定的半径保留边缘细节，并且不显示图像的其余部分（0.1 像素半径仅保留边缘像素）。此滤镜移去图像中的低频细节，效果与“高斯模糊”滤镜相反。

在使用“阈值”命令或将图像转换为位图模式之前，将“高反差”滤镜应用于连续色调的图像将很有帮助。此滤镜对于从扫描图像中取出的艺术线条和大的黑白区域非常有用。

（4）继续执行菜单栏中的【图像】/【计算】命令，在打开的【计算】对话框中设置“混合模式”为“强光”模式，其他设置默认。单击 确定 按钮，生成 Alpha1 通道，同时图像效果如图 2-38 所示。

图 2-37 【高反差保留】效果

图 2-38 【计算】效果

（5）按住 Ctrl 键并单击 Alpha1 通道载入其选区，单击 RGB 通道回到颜色通道，执行菜单栏中的【选择】/【反向】命令将选择区域反转。

（6）回到【图层】面板，单击【图层】面板下方的“创建新的填充或调整图层”按钮，选择【曲线】选项，添加一个曲线调整图层，同时打开【曲线】对话框。

（7）在【曲线】对话框的曲线右上方位置单击添加一个点，然后设置“输出”为 188、设置“输入”为 142，单击 确定 按钮，去除女孩脸部的黑斑，结果如图 2-39 所示。

（8）按键盘上的 Shift+Ctrl+Alt+E 快捷键盖印可见图层生成图层 1，再按键盘上的 Ctrl+J 快捷键将图层 1 复制为图层 1 副本层，并设置其混合模式为“滤色”模式，照片效果如图 2-40 所示。

图 2-39 【曲线】调整效果

图 2-40 “滤色”混合效果

(9) 再次按键盘上的 Shift+Ctrl+Alt+E 快捷键盖印可见图层生成图层 2，执行菜单栏中的【图像】/【调整】/【色彩平衡】命令，在弹出的【色彩平衡】对话框中勾选“中间调”选项，然后设置“色阶”参数分别为 50、-60 和 0，其他设置默认，单击 确定 按钮，对女孩照片进行颜色调整。

(10) 继续执行菜单栏中的【滤镜】/【锐化】/【智能锐化】命令，在打开的【智能锐化】对话框中设置“数量”为 150%、设置“半径”为 1 像素，勾选“更加精准”选项，其他设置默认，单击 确定 按钮，对人物进行锐化处理，处理后的女孩照片效果与原照片效果比较如图 2-41 所示。

原照片效果

处理后的照片效果

图 2-41 原照片与处理后的照片效果比较

(11) 使用“移动工具”将处理后的照片拖到本案例所建立文件中右边位置，然后使用“多边形套索工具”，设置其“羽化”为 1 像素，选择女孩图像。

(12) 执行【选择】/【反向】命令将选区反转，继续执行菜单栏中的【选择】/【修改】/【羽化】命令，设置“羽化半径”为 10 像素，单击 确定 按钮，对选区进行羽化。

（13）继续执行菜单栏上的【滤镜】/【模糊】/【径向模糊】命令，设置“数量”为 100，勾选“缩放”选项，单击确定按钮，对照片背景图像进行径向模糊处理，结果如图 2-42 所示。

（14）按键盘上的 Ctrl+D 快捷键取消选区，然后选择“自由套索工具”，设置“羽化”为 50 像素，选取径向模糊后的背景图像，将其有保留的删除，然后将其移动到图像右边的位置，如图 2-43 所示。

图 2-42 【径向模糊】效果

图 2-43　删除背景图像后的效果

4. 输入相关文字

（1）激活【工具箱】中的“横排文字工具”，选择“汉仪彩云体繁”的字体，设置字体颜色为黑色（R：0、G：0、B：0），字号大小为 30 点，在图像的右下方位置输入文字“成长的故事”，如图 2-44 所示。

（2）按键盘上的 Ctrl+J 快捷键将文字层复制为文字副本层，然后将文字副本层的文字颜色修改为白色（R：255、G：255、B：255）。

（3）激活使用“移动工具”，按键盘上向上和向左的方向键各 3 次，将文字副本层向上和向左各移动 3 像素，完成文字的处理，如图 2-45 所示。

图 2-44　输入文字

图 2-45　复制并移动文字位置

（4）在图像中输入拼音“chengzhangdegushi”，将其复制到合适位置，并设置混合模式为“柔光”模式，完成该图像效果的制作，结果如图 2-46 所示。

图 2-46　输入其他文字后的效果

（5）执行菜单栏中的【文件】/【存储为】命令，将该图像效果保存为“照片模板设计——成长的故事.psd”文件。

课堂实训 3：数码照片模板设计——大海的思念

实例说明

思念是一种情绪，思念也是一种回忆，无论何时何地，我们都会思念，思念故乡，思念亲人，思念某个值得我们回忆的地方。

这一节我们将继续运用 Photoshop CS5 强大的图像选取功能，设计制作如图 2-47 所示的“大海的思念”的照片模板，继续巩固 Photoshop CS5 选取图像以及编辑选区的相关知识，同时学习使用选区进行图像特效合成的技巧。

图 2-47　数码照片模板设计——大海的思念

操作步骤

1. 背景图像合成

（1）执行菜单栏中的【文件】/【新建】命令，新建“宽度”为 15 厘米、“高度”为 8.6 厘米，“分辨率”为 300 像素/英寸、“颜色模式”为 RGB 颜色的图像文件。

（2）打开“素材”/“第 2 章”目录下的“海边风景 01.jpg”图像，这是一幅海边的风景照片。

（3）激活【工具箱】中的“移动工具”，将“海边风景 01”照片拖到新建文件中，生成图层 1。

（4）按键盘上的 Ctrl+T 快捷键为其添加自由变换，然后在其【选项】栏中按下“保持长宽比”按钮，并设置“水平缩放比例”与“垂直缩放比例”为 45%，对图像进行变换操作，图像效果如图 2-48 所示。

（5）继续打开“素材”/“第 2 章”目录下的“海边风景.jpg”图像，这也是一幅海边的风景照片。

（6）激活【工具箱】中的“矩形选框工具”，设置其“羽化”为 0 像素，将海面部分图像选择，然后使用“移动工具”将选取的海面图像拖到新建文件下方位置，图像生成图层 2，效果如图 2-49 所示。

图 2-48　添加“海边风景 01”照片

图 2-49　添加海面图像

（7）在【图层】面板中设置图层 2 的图层混合模式为“线性光”模式，使其与背景照片进行融合，融合效果如图 2-50 所示。

小知识

图层混合模式是将两个图层颜色通过不同的方式进行混合以产生不同的颜色效果，这为图像合成提供了无比的便利，通过设置不同的图层混合模式，可以获得意想不到的图像效果。

（8）按住键盘上的 Ctrl 键并单击图层 2 载入其选区，然后新建图层 3。

（9）激活【工具箱】中的“渐变工具”按钮，打开【渐变编辑器】对话框，设置一个橙色（R：255、G：106、B：3）到黄色（R：255、G：192、B：0）再到浅黄色（R：255、G：140、B：3）的渐变色，以“线性渐变”方式在图层 3 上由左向右拖动鼠标，为图层 3 填充渐变色。设置图层 3 的混合模式为“叠加”模式，图像效果如图 2-51 所示。

图 2-50　设置“线性光”模式

图 2-51　填充渐变色并设置“叠加”模式

小知识

“渐变工具”包括 5 种渐变方式，分别是“线性渐变”、“径向渐变”、“角度渐变”、“对称渐变”和“菱形渐变”。设置好渐变色之后，可以选择这 5 种渐变方式中的任意一种，将产生不同的渐变色效果。

（10）按键盘上的 Shift+Ctrl+Alt+E 快捷键盖印图层生成图层 4，激活“矩形选框工具”，设置“羽化”为 50 像素，将图像下方的海面区域选择。

（11）执行菜单栏中的【图像】/【调整】/【色阶】命令，在打开的【色阶】对话框中设置“输入色阶”的参数分别为 35、1.0 和 178，单击 确定 按钮，对海面进行色阶调整，结果如图 2-52 所示。

（12）再次激活“矩形选框工具”，设置“羽化”为 50 像素，将图像上方的天空区域选择，单击鼠标右键，选择快捷菜单中的【通过拷贝的图层】命令，将其复制到图层 5。

（13）执行菜单栏中的【编辑】/【变换】/【垂直反转】命令将图层 5 中的图像垂直反转，然后将其向下移动到海面位置，并在【图层】面板中设置其图层混合模式为“颜色减淡”模式，图像效果如图 2-53 所示。

图 2-52 【色阶】处理海面后的效果

图 2-53　复制图像并设置“颜色减淡”模式

（14）打开“素材”/“第 2 章”目录下的“海鸥.psd”图像，这也是一幅海鸥的图像文件，使用“移动工具”将海鸥图像拖到当前图像中，图像生成图层 6。

（15）按键盘上的 Ctrl+T 快捷键，使用自由变换调整海鸥图像的大小，然后单击【图层】面板下方的“添加图层样式”按钮，在弹出的下拉菜单中选择【投影】命令。

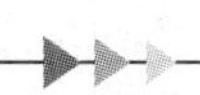

（16）在【图层样式】对话框中的“结构”选项，设置“混合模式”为“正常”，设置投影的颜色为黄色（R：248、G：187、B：0），设置“距离”为3像素、“扩展”与“大小”为0，其他设置默认，单击确定按钮，为海鸥图像添加投影，效果如图2-54所示。

图2-54　添加海鸥图像的效果

（17）按键盘上的Shift+Ctrl+Alt+E快捷键盖印图层生成图层7，完成图像背景效果的合成。

2. 处理1号人物照片

（1）打开“素材”/“第2章”目录下的“照片05.jpg”图像，这是一幅女孩的海滩合影照片。

（2）使用“多边形套索工具”，设置其“羽化”为1像素，将女孩图像和脚下的礁石选择，然后使用“移动工具”将处理后的照片拖到当前图像中，图像生成图层8。

（3）按键盘上的Ctrl+T快捷键，在其【选项栏】中单击“保持长宽比”按钮，设置“水平缩放比例”与“垂直缩放比例”均为35%，然后将其移动到如图2-55所示的图像右边位置。

（4）使用“多边形套索工具”，设置其“羽化”为15像，在女孩脚下的礁石周围创建选区，然后将其删除，结果如图2-56所示。

图2-55　女孩图像的位置

图2-56　选择并删除礁石

（5）执行菜单栏中的【滤镜】/【模糊】/【表面模糊】命令，设置“半径”为 10 像素，“阈值”为 10 色阶，单击 确定 按钮，对女孩进行表面模糊处理。

（6）按键盘上的 Ctrl+J 快捷键将图层 7 复制为图层 7 副本层，设置其图层混合模式为“线性光”模式，图像效果如图 2-57 所示。

（7）按键盘上的 Ctrl+E 快捷键将图层 7 与图层 7 副本层合并为新的图层 7，执行菜单栏中的【滤镜】/【锐化】/【智能锐化】命令，设置“数量”为 500%，“半径”为 0.4 像素，勾选“更加精准”选项，单击 确定 按钮，对女孩进行锐化处理，效果如图 2-58 所示。

图 2-57　复制图层并设置线性光模式

图 2-58　合并图层并锐化

3. 处理 2 号人物照片

（1）打开“素材”/“第 2 章”目录下的“照片 06.jpg”图像，这是一幅女孩的照片。

（2）使用“多边形套索工具”，设置其“羽化”为 1 像素，将女孩图像选择，使用“移动工具”将其拖到当前图像左边，图像生成图层 9，如图 2-59 所示。

图 2-59　添加 2 号人物图像

（3）执行菜单栏中的【滤镜】/【模糊】/【表面模糊】命令，设置“半径”为 10 像素，“阈值”为 15 色阶，单击 确定 按钮，对人物进行模糊处理，去除脸部的杂色。

小技巧

【表面模糊】命令只对图像表面继续模糊，而不会对图像边缘进行模糊，因此对人物皮肤进行美容处理非常有用，而【智能锐化】则可以通过设置“半径”和“阈值”来对图像进行锐化处理，比起【锐化】命令，【智能锐化】命令锐化效果更好控制，常用于对人物照片进行清晰化处理。

（4）按键盘上的 Ctrl+J 快捷键将图层 9 复制为图层 9 副本层，设置图层 9 副本层的混合模式为“滤色”模式，图像效果如图 2-60 所示。

图 2-60　复制图层并设置“滤色”混合模式

（5）按键盘上的 Ctrl+E 快捷键将图层 9 与图层 9 副本层合并为新的图层 9，执行菜单栏中的【图像】/【调整】/【色阶】命令，在打开的【色阶】对话框中设置“输入色阶”各参数分别为 118、1.0 和 245，单击确定按钮，对人物进行层次处理，结果如图 2-61 所示。

图 2-61　处理人物颜色层次

（6）执行菜单栏中的【滤镜】/【锐化】/【智能锐化】命令，在打开的【智能锐化】对话框中设置“数量”为 100%、设置“半径”为 1 像素，勾选“更加精准”选项，其他设置默认，单击确定按钮，对人物进行锐化处理，完成 2 号人物照片的处理。

4. 制作其他照片效果

（1）打开“素材”/“第 2 章”目录下的“照片 07.jpg”～“照片 09.jpg”3 幅照片，使用“移动工具”将这 3 幅照片拖到当前图像中，图像生成图层 10、图层 11 和图层 12。

（2）确保当前使用工具为“移动工具”，按住键盘上的 Ctrl 键的同时分别单击这 3 个图层将其激活。

（3）单击“移动工具”选项栏中的“垂直居中对齐”和“水平居中分布”按钮，以调整这 3 幅图像在水平方向对齐，并调整其间距，然后将其移动到图像左上方位置，如图 2-62 所示。

图 2-62　对齐 3 幅照片并调整位置

小技巧

在 Photoshop CS5 中，可以使用“移动工具”选项栏中的相关功能，对图层在水平、垂直方向对齐，同时还可以对图层进行均匀分布操作，需要注意的是，不管是对齐图层还是均匀分布图层，都必须将图层激活，使其处于编辑状态。另外，在均匀分布图层时，需要至少激活 3 个以上的图层，该功能才可以执行。

（4）按键盘上的 Ctrl+E 快捷键将这 3 个图层合并为图层 10，执行菜单栏中的【图像】/【调整】/【色相/饱和度】命令，在打开的【色相/饱和度】对话框中设置“饱和度”为 60，单击 确定 按钮，对照片进行颜色饱和度调整。

（5）继续执行菜单栏中的【滤镜】/【锐化】/【智能锐化】命令，在打开的【智能锐化】对话框中设置“数量”为 100%、设置“半径”为 1 像素，勾选“更加精准”选项，其他设置默认，单击 确定 按钮，对照片进行锐化处理，以调整其清晰度，效果如图 2-63 所示。

图 2-63　调整照片颜色和清晰度

（6）按住键盘上的 Ctrl 键的同时单击图层 10，载入这 3 幅照片的选区，执行菜单栏中

的【选择】/【修改】/【平滑】命令，在打开的【平滑选区】对话框中设置“取样半径”为 10 像素，单击 确定 按钮，对选区进行平滑处理。

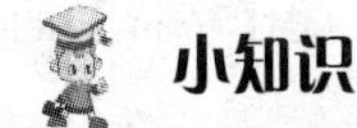

小知识

在 Photoshop CS5 中，可以通过【选择】菜单栏下的【平滑】命令对选区进行平滑处理，使比较尖锐的选区变得平滑，例如可以使矩形选区具有平滑的圆角效果。需要注意的是，如果对矩形选区设置一定的羽化效果，同样可以使矩形选区具有看似圆滑的圆角。但是，这种平滑的圆角效果是通过对选区进行羽化产生的，与通过【平滑】命令所产生的圆角有本质的区别。

（7）继续执行菜单栏中的【选择】/【反向】命令将选区反转，然后按键盘上的 Delete 键删除，效果如图 2-64 所示。

图 2-64　反选并删除后的效果

（8）再次执行【反选】命令将选择区反转，然后执行菜单栏中的【选择】/【修改】/【扩展】命令，在打开的【扩展选区】对话框设置“扩展量”为 10 像素，单击 确定 按钮，对选区进行扩展处理。

（9）执行菜单栏中的【编辑】/【描边】命令，在打开的【描边】对话框设置“宽度”为 2 像素，设置描边颜色为白色（R：255、G：255、B：255），单击 确定 按钮，对选区进行描边，效果如图 2-65 所示。

图 2-65　扩展选区和描边选区的效果

（10）按键盘上的 Ctrl+D 快捷键取消选区，完成对照片的处理操作。

5. 输入相关文字

（1）激活【工具箱】中的 T “横排文字工具”，选择一种“汉仪彩云体繁”的字体，设置字体颜色为白色（R：255、G：255、B：255），字号大小为 10，在照片下方位置输入文字内容“大海的思念”。

（2）在图像单击鼠标右键，选择快捷菜单中的【编辑文字】命令，使输入的文字处于编辑状态。打开【字符】面板，设置文字的“水平缩放比例”为 335%，关闭【字符】面板，结果如图 2-66 所示。

图 2-66　输入文字并编辑效果

（3）继续在文字下方输入拼音内容“DAHAIDESINIAN”，完成该照片模板的制作，最终效果如图 2-67 所示。

图 2-67　输入其他文字后的效果

（4）执行菜单栏中的【文件】/【存储为】命令，将该图像效果保存为“照片模板设计——大海的思念.psd”文件。

课堂实训 4：数码照片模板设计——梦的预言

实例说明

每一个人都会做梦，美好的梦境总能带给我们一种愉悦的心情。这一节我们继续通过制作如图 2-68 所示“梦的预言”的照片模板实例，继续学习 Photoshop CS5 中选择图像的方法以及使用选区制作图像特殊效果的技巧。

图 2-68　梦的预言

操作步骤

1. 制作背景图像

（1）执行菜单栏中的【文件】/【新建】命令，在打开的【新建】对话框中设置“宽度”为 15 厘米、“高度”为 8 厘米、“分辨率”为 300 像素/英寸、“颜色模式”为“RGB 颜色”、“背景内容”为白色的图像文件。

（2）设置前景色为红色（R：255、G：52、B：120），背景色为紫红色（R：255、G：85、B：226）。

小知识

Photoshop CS5 提供了多种设置颜色的方式，直接单击【工具箱】中的前景色或背景色按钮，打开【拾色器】对话框，在该对话框中可以设置前景色或背景色，除此之外，执行【窗口】/【色板】或【窗口】/【颜色】命令，将打开【色板】和【颜色】对话框，在这两个面板中，都可以设置前景色或背景色。将鼠标指针移动到【色板】面板中的色样上单击鼠标，可设置前景色，按住 Alt 键单击色样即可设置背景色；在【颜色】面板上激活前景色按钮，然后拖动色带下的滑块，可设置前景色，激活背景色按钮，拖动色带下的滑块，即可设置背景色。如果双击前景色按钮或背景色按钮，可打开【拾色器】对话框，在【拾色器】对话框中可以设置前景色或背景色。

（3）激活【工具箱】中的“渐变工具”按钮，打开【渐变编辑器】对话框，选择系统默认的“前景到背景”渐变色，在其【选项】栏中单击“径向渐变”按钮，同时勾选“反选”选项，然后将鼠标指针移动到背景层三分之二的位置按住鼠标左键并向左水平拖动鼠标，松开鼠标添加渐变色，效果如图 2-69 所示。

小知识

渐变色是由一种颜色过渡到另一种颜色，这种颜色的变化具有很强的视觉冲击力和明显的传动效果，一般适合填充背景颜色。在 Photoshop CS5 中，系统预设了多种渐变颜色，用户可以直接选择这些预设的颜色，或者自定义渐变颜色。另外，渐变色有 5 种渐变方式，分别是“线性渐变”、“径向渐变”、“角度渐变”、“对称渐变”以及“菱形渐变”，当设置好渐变色后，在其【选项】栏中单击相关按钮，选择不同的渐变方式，各渐变方式将产生不同的颜色效果。

（4）打开“素材”/“第 2 章”目录下的“背景 01.jpg”图像，这是一幅红绸布的图像文件，使用“移动工具”将其拖到当前文件中，图像生成图层 1。

（5）按键盘上的 Ctrl+T 快捷键为图层 1 添加自由变换，然后使用自由变换调整红绸图像大小，使其与背景大小匹配，最后设置其图层混合模式为“颜色减淡”模式，为背景图像增加机理，效果如图 2-70 所示。

图 2-69　填充渐变色

图 2-70　制作的背景机理效果

（6）新建图层 2，设置前景色为白色（R：255、G：255、B：255），激活“画笔工具”，为其选择一个较大的画笔，设置画笔“硬度”为 0%，并在其【选项】栏设置“不透明度”为 20%，在图层 2 靠右的位置拖动鼠标填充前景色，结果如图 2-71 所示。

小知识

在 Photoshop CS5 中，“画笔工具”使用前景色进行绘图，在使用“画笔工具”绘图时，需要首先设置前景色作为绘图颜色，还需要根据绘画效果为“画笔工具”设置相关的画笔笔尖、绘画模式、不透明度以及流量等。这些设置都可以在其【选项】栏完成，当设置画笔笔尖时，除了在其【选项】栏选择画笔，同时进行一般的设置之外，还可以打开【画笔】面板进行更多的设置。通过设置画笔笔尖参数，可以获得意想不到的绘画效果。

（7）执行菜单栏中的【滤镜】/【模糊】/【径向模糊】命令，在打开的【径向模糊】对话框设置“数量”为 100，“模糊方式”为“缩放”，然后在“中心模糊”设置框的右侧中间位置单击确定模糊中心，单击 确定 按钮进行模糊处理。

（8）设置图层 2 的混合模式为“溶解”模式，然后按键盘上的 Ctrl+Shift+Alt+E 快捷键盖印图层生成图层 3，依照第 7 步的操作继续执行【径向模糊】滤镜，效果如图 2-72 所示。

图 2-71　填充前景色

图 2-72　【径向模糊】效果

2. 制作透明玻璃心

（1）新建图层 4，然后激活“钢笔工具”，在图层 4 中绘制一个心形路径，然后在图像中单击鼠标右键，选择快捷菜单中的【建立选区】命令，在打开的【建立选区】对话框中设置“羽化半径”为 0 像素，单击 确定 按钮将路径转换为选区。

小提示

在 Photoshop CS5 中，路径与选区这二者之间可以相互转换，以方便对其进行编辑。需要说明的是，在将路径转换为选区时，可以设置羽化效果。当设置了羽化效果后，此时的选区就具有了羽化功能。如果不需要选区有羽化功能，可以在转换时设置其“羽化半径”为 0 像素即可。

（2）设置前景色为白色（R：255、G：255、B：255），激活 “画笔工具”，为其选择一种合适的画笔，设置画笔“硬度”为 0%，其他设置默认，在心形选区外沿选区拖动鼠标填充颜色，如图 2-73 所示。

（3）新建图层 5，重新设置一个较小的画笔，在选区内沿心形边缘单击绘制一些色点，然后执行【滤镜】/【模糊】/【径向模糊】命令，在打开的【径向模糊】对话框中设置“数量”为 20，“模糊方式”为“旋转”，在“中心模糊”设置框的中间位置单击确定模糊中心，单击 确定 按钮进行模糊处理，效果如图 2-74 所示。

图 2-73　在选区外单击填充颜色

图 2-74　绘制色点并径向模糊

（4）按键盘上的 Ctrl+D 快捷键取消选区，再按键盘上的 Ctrl+E 快捷键将图层 4 与图层 5 合并为新的图层 4，然后按键盘上的 Ctrl+J 快捷键两次将图层 4 复制为图层 4 副本层和图层 4 副本 2 层。

（5）按键盘上的 Ctrl+T 快捷键，分别使用自由变换调整图层 4、图层 4 副本层与图层 4 副本 2 层的大小、方向和位置，结果如图 2-75 所示。

3. 丰富背景效果

（1）将图层 4、图层 4 副本层和图层 4 副本 2 层合并为新的图层 4，新建图层 5，然后激活 “钢笔工具”，在图层 5 中绘制一条路径。

（2）设置前景色为白色（R：255、G：255、B：255），激活 “画笔工具”，设置其画笔大小为 10 像素，画笔“硬度”为 0%，打开【画笔】面板，进入“画笔笔尖形状”选项，设置“间距”为 70%，其他设置默认。

（3）勾选“形状动态”选项，进入其设置面板，设置“大小抖动”为 100%，在“控制”列表选择“关”选项，并设置“最小直径”为 0%。

（4）勾选“散布”选项，设置“散布”为 197%，在“控制”列表选择“渐隐”选项，并设置其参数为 300，设置“数量”为 1，其他设置默认。

（5）打开【路径】面板，按住 Alt 键的同时单击【路径】面板下方的“描边路径”按钮，在打开的【描边路径】对话框中选择“工具”为“画笔”，勾选“模拟压力”选项，单击 确定 按钮，描边路径，效果如图 2-76 所示。

图 2-75 透明心形的位置

图 2-76 描边路径的效果

（6）在【路径】面板空白位置单击隐藏路径，然后按键盘上的 Ctrl+J 快捷键将图层 5 多次复制，使用自由变换分别调整各图层的方向和位置，其结果如图 2-77 所示。

（7）将复制的图层 5 连同其副本层合并为新的图层 5，然后新建图层 6。

（8）再次打开【画笔】面板，进入“形状动态”选项，在“控制”列表选择“渐隐”选项，并设置其参数为 300；进入“散布”选项，修改“散布”为 820%，其他设置默认。

（9）激活“画笔工具”，使用默认画笔以及设置，在图层 6 合适位置拖动鼠标，绘制一些色点，以丰富背景，结果如图 2-78 所示。

图 2-77 复制图层 5 并调整方向和位置

图 2-78 绘制色点

（10）新建图层 7，重新为“画笔工具”选择 192 号笔尖，然后在【画笔】面板进行相关设置，在图层 7 合适位置拖动鼠标进行绘制，结果如图 2-79 所示。

小提示

192 号笔尖参数的设置，可以参阅前面的笔尖设置进行操作，在此不再详细讲解。

4. 处理配陪衬人物图像

（1）将制作完成的效果与背景层合并为背景层，然后打开“素材”/“第 2 章”目录下的“照片 01.jpg”文件。

（2）激活【工具箱】中的“多边形套索工具”，设置其“羽化”为 1 像素，将照片中

的女孩图像选择，使用“移动工具”将选择的图像拖到当前图像左边位置，图像生成图层 1，效果如图 2-80 所示。

图 2-79　绘制其他颜色

图 2-80　添加的人物图像

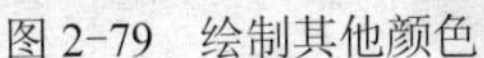

小提示

在选取人物图像时，设置一定的“羽化”值，可以使选择的图像边缘较柔和。否则，选取的人物边缘太生硬，会影响图像整体效果。

由于该人物图像颜色较暗，且人物皮肤也较粗糙，下面我们首先对人物进行处理，使其人物皮肤更加光滑嫩白，更显人物年轻靓丽的风采。

（3）按键盘上的 Ctrl+J 快捷键将图层 1 复制为图层 1 副本层，然后设置图层 1 副本层的混合模式为“滤色”模式，以提高人物的亮度，效果如图 2-81 所示。

（4）按键盘上的 Ctrl+E 快捷键将图层 1 与图层 1 副本层合并为新的图层 1，执行菜单栏中的【滤镜】/【模糊】/【表面模糊】命令，在打开的【表面模糊】对话框中设置“半径”为 10 像素，“阈值”为 15 色阶，单击 确定 按钮，对人物进行表面模糊处理，效果如图 2-82 所示。

图 2-81 “滤色”模式效果

图 2-82 【表面模糊】效果

（5）执行菜单栏中的【滤镜】/【锐化】/【智能锐化】命令，在打开的【智能锐化】对话框中设置“数量”为 100%，设置“半径”为 1.0 像素，勾选“更加精准”选项，单击 确定 按钮，对人物进行清晰处理，效果如图 2-83 所示。

（6）综合运用“加深工具”、“减淡工具”以及“海绵工具”，为其选择一个合适大小的画笔，在人物眉毛、眼眶、鼻梁、脸颊等位置拖动鼠标，对人物脸部五官的高光、阴影以及色调进行处理，以增加人物体感，效果如图 2-84 所示。

图 2-83 【智能锐化】效果

图 2-84 调整人物的明暗以及色调

小提示

“加深工具”、“减淡工具”以及“海绵工具”是一组图像编辑工具，主要用于对图像局部进行编辑。例如调整图像颜色，亮度等。有关“加深工具”、“减淡工具”以及“海绵工具”的具体应用，我们将在后面章节中通过精彩实例进行讲解。

（7）激活【工具箱】中的“自由套索工具”，设置其“羽化”为 60 像素，将人物下方图像选择，按键盘中的 Delete 键将其删除，效果如图 2-85 所示。

（8）按键盘上的 Ctrl+D 快捷键取消选区，然后在【图层】面板设置图层 1 的图层混合模式为“明度”模式，人物图像效果如图 2-86 所示。

图 2-85 选择图像并删除

图 2-86 设置混合模式并调整亮度对比度

（9）打开“素材”/“第 2 章”目录下的“照片 10.jpg”文件，依照前面的操作方法，将该照片中的人物拖到当前图像中，图像生成图层 2。

（10）依照前面第（3）步～第（8）步的操作对该人物图像进行相关处理，并将其放在图像右下方位置，完成陪衬人物的处理，效果如图 2-87 所示。

图 2-87　处理完成的陪衬人物效果

5. 处理主体人物图像

（1）打开“素材”/“第 2 章”目录下的“照片 11.jpg”文件，依照前面的操作方法，将该照片中的人物选择并拖动到当前图像中间位置作为主体人物，图像生成图层 3，如图 2-88 所示。

图 2-88 主体人物图像的位置

（2）将图像以实际像素显示，执行菜单栏中的【滤镜】/【模糊】/【表面模糊】命令，在打开的【表面模糊】对话框设置“半径”为 10 像素，“阈值”为 15 色阶，单击 确定 按钮，对人物进行表面模糊处理，效果如图 2-89 所示。

小技巧

在 Photoshop CS5 中，系统往往是以屏幕大小来显示图像的，这样方便用户查看图像全貌，但在处理图像细节时，需要将图像以实际像素或局部放大来显示，以方便对图像细部进行精细处理。将图像以实际像素显示的方式有很多，最常用的方式是在图像左下角的图像显示比例框中输入 100%并按键盘中的 Enter 键，这样就可以将图像以实际像素进行显示，之后，按住键盘上的空格键，此时鼠标指针将显示小推手图标，拖动鼠标移动图像，以查看图像局部细节。

（3）按键盘上的 Ctrl+J 快捷键将图层 3 复制为图层 3 副本层，然后设置其图层混合模式为“滤色”模式，以提高人物的亮度，效果如图 2-90 所示。

图 2-89 【表面模糊】效果

图 2-90 “滤色”模式效果

（4）按键盘上的 Ctrl+E 快捷键将图层 3 与图层 3 副本层合并为新的图层 3，再次按键盘上的 Ctrl+J 快捷键将图层 3 复制为图层 3 副本层，然后将图层 3 副本层的混合模式设置为“滤色”，“不透明度”设置为 50%，再次提高人物的亮度，人物效果如图 2-91 所示。

（5）再次按键盘上的 Ctrl+E 快捷键将图层 3 与图层 3 副本层合并为新的图层 3，然后激活【工具箱】中的“加深工具”、“减淡工具”以及“海绵工具”，为其选择一个合适大小的画笔，在人物眉毛、眼眶、鼻梁、脸颊等位置拖动鼠标，对人物脸部五官的高光、阴影以及色调进行处理，以增加人物体感，效果如图 2-92 所示。

图 2-91 “滤色”混合模式效果

图 2-92 调整人物的明暗层次及色调

（6）执行菜单栏中的【滤镜】/【锐化】/【智能锐化】命令，在打开的【智能锐化】对话框设置“数量”为 100%，设置“半径”为 1.0 像素，勾选“更加精准”选项，单击 确定 按钮，对人物图像进行清晰处理。

（7）单击【图层】面板下方的 fx “添加图层样式”按钮，选择下拉列表中的【外发光】命令，在打开的【图层样式】对话框中的“外发光”参数设置框的“图案”选项下设置“大小”为 90 像素，其他设置默认，为人物添加外发光，完成主体人物的处理，效果如图 2-93 所示。

图 2-93　处理完成的主体人物效果

6. 添加鸽子图像并输入文字

（1）打开“素材”/“第 2 章”目录下的“鸽子.jpg”文件，依照前面的操作方法，将鸽子图像选择并移动到当前图像右上方位置，图像生成图层 4。

（2）执行菜单栏中的【编辑】/【变换】/【水平反转】命令将其水平反转，然后按键盘上的 Ctrl+J 快捷键将其复制为图层 4 副本层。

（3）激活下方的鸽子图层，执行菜单栏中的【滤镜】/【模糊】/【动感模糊】命令，在打开的【动感模糊】对话框中设置“角度”为 65°，“距离”为 120 像素，单击 确定 按钮，对鸽子图像进行动感模糊处理，效果如图 2-94 所示。

图 2-94 添加鸽子图像

（4）将鸽子图像合并，并将其复制两个，使用自由变换调整大小，将其移动到合适位置，最后在图像中输入相关文字，完成该图像效果的制作，结果如图 2-95 所示。

小提示

文字的输入比较简单，由于篇幅所限，在此不再详细讲解，读者可以参阅文字效果，自己尝试操作。

图 2-95　图像最终效果

（5）最后执行【文件】/【保存】命令，将该图像保存为“数码照片模板设计——梦的预言.psd”文件。

总结与回顾

本章通过 4 个精彩案例的操作，详细讲解了 Photoshop CS5 选取图像的各种方法以及编辑选区的相关知识、技巧，内容不仅包括常用选择工具的使用方法，同时还讲解了对于特殊图像的选取方法和技巧以及利用选区进行图像特效制作的相关技巧。

需要特别注意的是，在选取图像时，要根据具体情况，针对不同的图像选区，充分运用选区的相加、相减、相交功能以及“羽化”功能来选取图像，只有灵活操作，才能获得满意的选取结果。

课后实训

图 2-96　“纤纤手护肤洗手液”广告设计

选取图像是 Photoshop CS5 图像设计的主要操作，Photoshop CS5 提供了多种选取图像的方法和技巧，请运用已经掌握的选取图像的相关知识，设计制作如图 2-96 所示的“纤纤手护肤洗手液”的广告作品。

操作提示

（1）打开“素材”/“第 2 章”目录下的“背景.jpg”和“水珠.jpg”素材文件，将“水珠.jpg”拖动到“背景.jpg”文件中，设置其混合模式为“强光”模式。

（2）在“水珠”图层上方添加【色相/饱和度】的色彩调整图层调整图像颜色，然后打开“素材”/“第 2 章”目录下的“背景 01.jpg”素材文件，将其拖到当前文件中，设置其

混合模式为“正片叠底”模式。

（3）继续打开“素材”/“第 2 章”目录下的“花 03.jpg”的素材文件，使用选择工具将花图像选取，并拖动到当前图像右下角位置，并设置其混合模式为“强光”模式。

（4）继续打开“素材”/“第 2 章”目录下的“洗手液.jpg”的素材文件，使用选择工具将其图像选取，并拖动到当前图像的左上角位置并调整大小。

（5）继续打开“素材”/“第 2 章”目录下的“洗手液 01.jpg”的素材文件，使用选择工具将其图像选取，并拖动到当前图像右下角位置并调整大小。

（6）将“洗手液 01.jpg”图像复制，然后执行【色相/饱和度】命令调整其颜色，然后将其移动到右边位置。

（7）继续打开“素材”/“第 2 章”目录下的“手.jpg”素材文件，使用选择工具将其图像选取，并拖到当前图像中。

（8）为手图层添加图层蒙版，使用图层蒙版对手图像进行处理，然后将其移动到洗手液图像下方位置。

（9）组合使用文字工具在图像中输入相关文字，完成该广告设计的制作。

课后习题

1. 填空题

1）在 Photoshop CS5 中，除了常用的选择工具之外，新增的选取工具是（　　　　）。

2）要在一幅图像中创建多个选区，则需要单击选择工具【选项】栏中的（　　　　）按钮。

3）在 Photoshop CS5 中，除了使用常用的选择工具选取图像之外，还可以使用（　　　　）选取图像。

2. 选择题

1）对于【通过拷贝的图层】和【通过剪切的图层】命令，描述正确的是（　　）。

A. 【通过拷贝的图层】命令与【通过剪切的图层】命令都可以将选取的图像以复制的方式粘贴到新图层，而不会破坏原图像

B. 【通过拷贝的图层】命令可以将选取的图像以复制的方式粘贴到新图层，而不会破坏原图像。【通过剪切的图层】命令是将选取的图像以剪切的方式粘贴到新图层，同时会破坏原图像

C. 【通过拷贝的图层】命令可以将选取的图像以复制的方式粘贴到新图层，同时会破坏原图像，而【通过剪切的图层】命令是将选取的图像以剪切的方式粘贴到新图层，不会破坏原图像

D. 【通过拷贝的图层】命令可以将选取的图像以复制的方式粘贴到当前图层，而不会破坏原图像，而【通过剪切的图层】命令是将选取的图像以剪切的方式粘贴到当前图层，同时会破坏原图像

2）有 A 和 B 两个圆角矩形选区，分别向两个选区填充颜色后的效果如下图所示，其原因是（　　）。

A选区

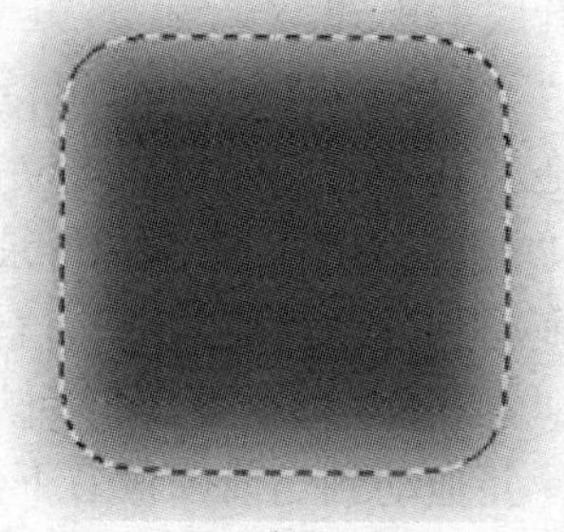

B选区

A．A选区填充了单色，而B选区填充了渐变色

B．A选区的羽化值为0像素，而B选区的羽化值为非0像素

C．A选区和B选区的羽化值均为0像素，只是B选区填充的颜色太少

D．A选区和B选区的羽化值都非0像素，只是A选区是创建选区前设置了羽化值，而B选区是创建了选区后设置了羽化值

3）关于“与选区相交”和“添加到选区”两个选区的运算功能，描述正确的是（　）。

A．“与选区相交”功能可以保留两个选区相交的公共部分的选区，而删除不相交的其他区域，而“添加到选区”可以使创建的选区与原选区同时存在，生成新的选区

B．“与选区相交”功能必须是两个选区相交后，可以保留两个选区相交的公共部分的选区，删除不相交的其他区域，而“添加到选区”可以使创建的选区与原选区同时存在，生成新的选区

C．不管两个选区是否有相交，“与选区相交”功能都可以保留两个选区相交的公共部分的选区，而删除不相交的其他区域，而“添加到新选区”则必须是两个选区相交后，可以使创建的选区与原选区同时存在，生成新的选区

D．要实现“与选区相交”和“添加到新选区”两个命令，选区的羽化值必须是非0

3．简答题

简单描述在Photoshop CS5中选取图像的几种方法以及各自的优缺点。

第3章

图像的修饰技术

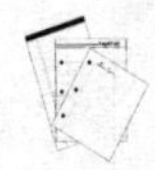

内容概述

Photoshop CS5 提供了强大的图像修饰与合成技术，例如，去除照片中人物的红眼、修饰照片残损面、增强照片颜色以及为照片人物美容等。运用这些技术，可以使我们的图像修饰与处理变得更加方便、简单。

这一章我们将通过多个精彩案例操作，带领大家全面、系统地了解和掌握 Photoshop CS5 图像修饰工具的应用方法以及使用这些工具和技术进行图像修饰的全过程。

课堂实训 1：照片人物美容——戴帽子的浓妆美眉

实例说明

爱美是人类的天性，尤其对于女孩子来说更为注重自己的容貌，即使先天容貌不够出众，也要通过后天的化妆来弥补不足，以使自己有一张美丽、青春的面孔。

这一节我们将运用 Photoshop CS5 强大的图像修饰功能，对如图 3-1 中左图所示的女孩照片进行修饰处理，使其皮肤更加白皙，最后再为其进行化妆，以弥补女孩容貌的其他不足，如图 3-1 中右图所示。通过该实例操作，掌握使用 Photoshop CS5 的图像修饰工具，对照片进行修饰的相关技巧。

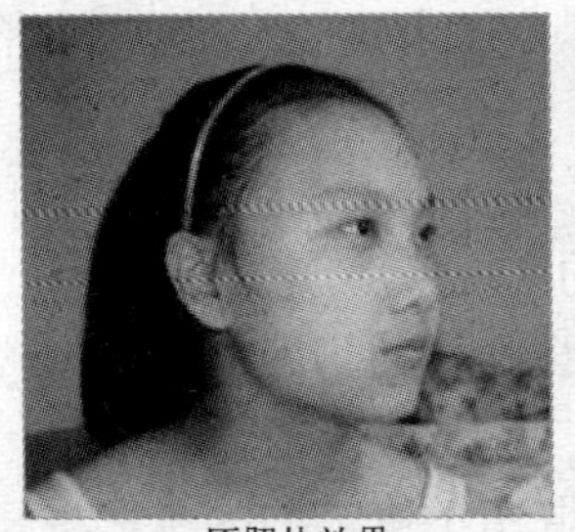

原照片效果

处理后的照片效果

图 3-1　戴帽子的浓妆美眉

操作步骤

1. 设置照片画布

（1）打开"素材"/"第 3 章"目录下的"照片 01.tif"图像，这是一幅美眉的照片，如图 3-2 所示。

（2）执行菜单栏中的【图像】/【画布大小】命令，在打开的【图像大小】对话框中的"新建大小"选项设置"宽度"和"高度"均为 120.02 厘米，取消"相对"选项，并在"定位"下激活左下角的定位块，以定位画布的扩展范围。

（3）在"画布扩展颜色"选项设置背景颜色为白色，单击 确定 按钮，图像效果如图 3-3 所示。

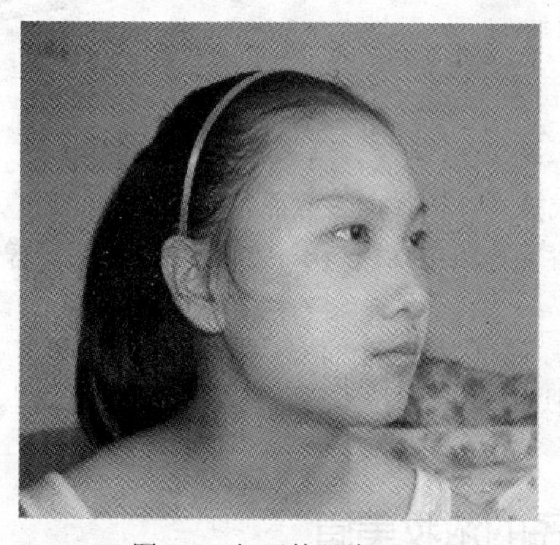

图 3-2　打开的照片

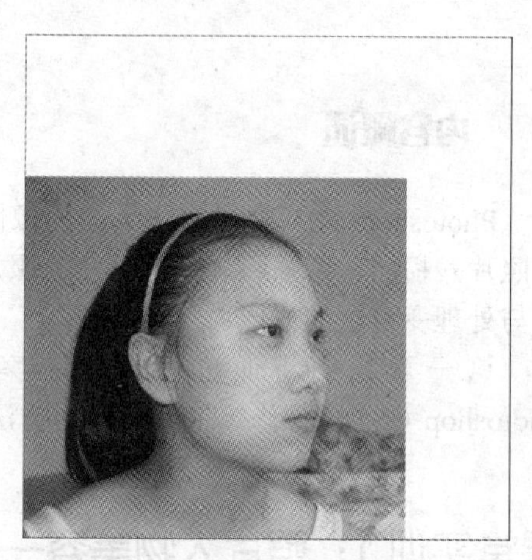

图 3-3　扩展画布后的效果

（4）激活【工具箱】中的"多边形套索工具"，设置其"羽化"值为 1 像素，沿美眉周围创建选区，将美眉选择。

（5）在图像中单击鼠标右键，选择快捷菜单中的【通过剪切的图层】命令，将美眉照片剪切到图层 1。

（6）设置前景色为白色（R：255、G：255、B：255），激活背景层，按键盘上的 Alt+Delete 快捷键向背景层添加白色，然后按键盘上的 Ctrl+D 快捷键取消选区。

2. 去掉美眉脸上凌乱的大面积头发

（1）激活图层 1，同时激活【工具箱】中的"抓手工具"，在照片上单击鼠标右键，选择【实际像素】命令将照片按照实际像素显示，便于我们对图像进行精细修饰。

下面首先将美眉脸上凌乱的头发去掉。

（2）激活【工具箱】中的"修补工具"，在其【选项】栏勾选"目标"选项，在脸颊如图 3-4 所示的位置拖动鼠标，选取用于修饰的区域。

（3）将鼠标指针移动到选区内拖动鼠标，将其拖动到脸颊头发位置松开鼠标，将脸颊上凌乱的头发覆盖，结果如图 3-5 所示。

（4）使用相同的方法，继续在脸颊位置选取用于修饰的区域，将其拖到要修饰的头发位置松开鼠标，对脸颊大面积的头发进行修饰，其过程如图 3-6～图 3-9 所示。

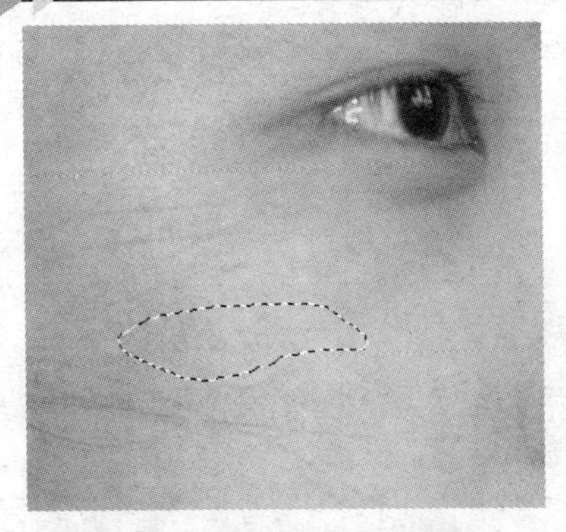

图 3-4　选取用于修饰的区域

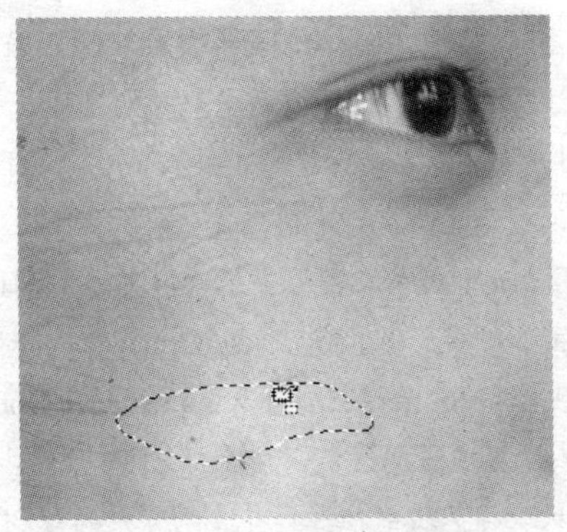

图 3-5　修饰结果

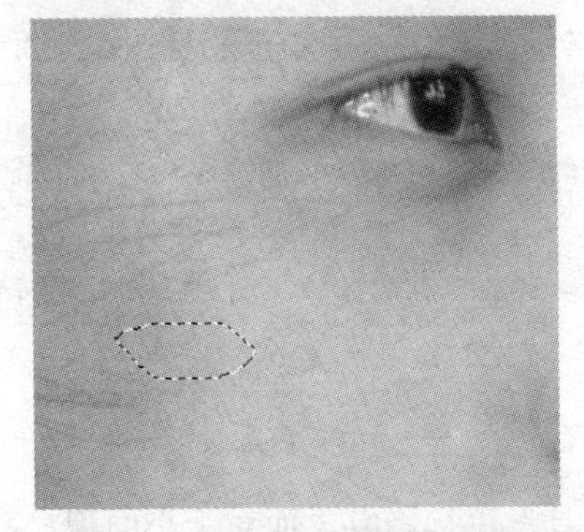

图 3-6　选取用于修饰的区域

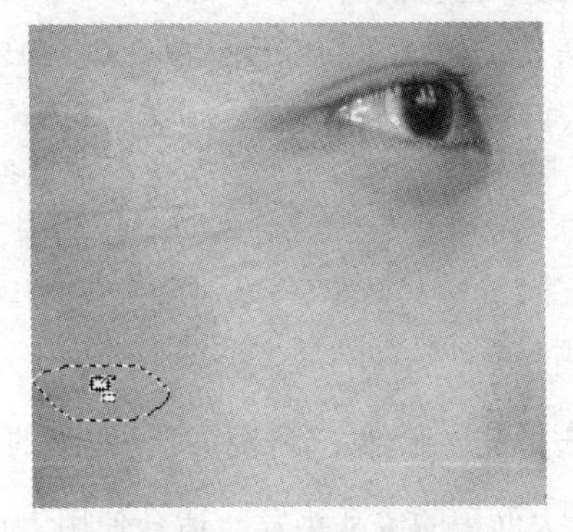

图 3-7　修饰结果

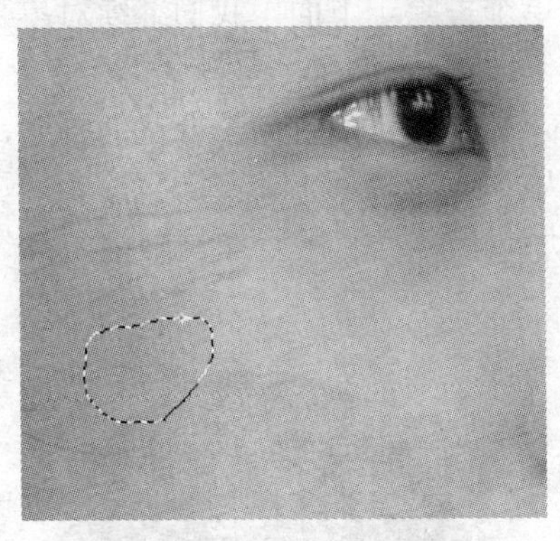

图 3-8　选取用于修饰的区域

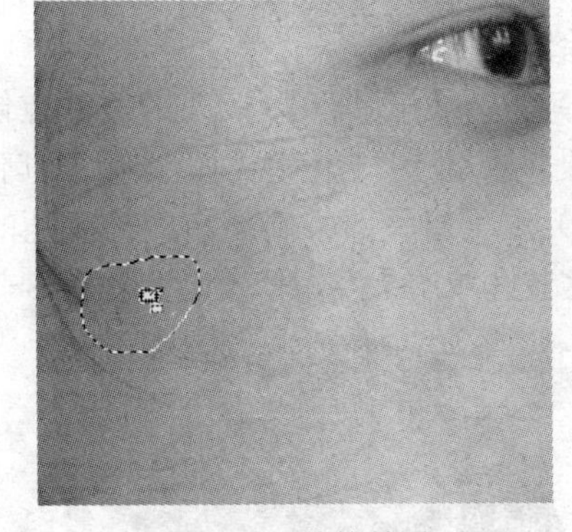

图 3-9　修饰结果

（5）使用相同的方法继续对脸部大面积的凌乱头发进行修饰，结果如图 3-10 所示。

小知识

“修补工具”是一种功能超强的图像修补工具，主要用于对图像残损面进行修补，通过使用“修补工具”，可以用其他区域或图案中的像素来修复选中的区域。像修复画笔工具一样，“修补工具”会将样本像素的纹理、光照和阴影与源像素进行匹配。用户还可以使用修补工具来仿制图像的隔离区域。“修补工具”可处理 8 位/通道或 16 位/通道的图像。

使用“修补工具”的操作方法如下。

1. 选择修补工具 。
2. 执行下列操作之一。

➢ 在图像中拖动以选择想要修复的区域，并在选项栏中选择“源”。
➢ 在图像中拖动，选择要从中取样的区域，并在选项栏中选择“目标”。

注：用户也可以在选择修补工具之前建立选区。

3. 要调整选区，执行下列操作之一。

➢ 按住 Shift 键并在图像中拖动，可添加到现有选区。
➢ 按住 Alt 键（Windows）或 Option 键（Mac OS）并在图像中拖动，可从现有选区中减去一部分。
➢ 按住 Alt+Shift 快捷键（Windows）或 Option+Shift 快捷键（Mac OS）并在图像中拖动，可选择与现有选区交迭的区域。

4. 要从取样区域中抽出具有透明背景的纹理，请选择“透明”。如果要将目标区域全部替换为取样区域，请取消选择此选项。

“透明”选项适用于具有清晰分明的纹理的纯色背景或渐变背景（如一只小鸟在蓝天中翱翔）。

5. 将鼠标指针定位在选区内，并执行下列操作之一。

➢ 如果在选项栏中选中了“源”，请将选区边框拖动到想要从中进行取样的区域。松开鼠标时，原来选中的区域被使用样本像素进行修补。
➢ 如果在选项栏中选定了“目标”，请将选区边界拖动到要修补的区域。松开鼠标时，将使用样本像素修补新选定的区域。

3. 去掉美眉脸部、颈部和耳轮凌乱的发丝

对于大面积的凌乱头发，适合使用“修补工具”进行修复，而对于小面积，甚至单个的发丝，则适合使用“污点修复画笔工具”来单个去除。下面，我们继续对单个发丝进行去除。

（1）激活【工具箱】中的“污点修复画笔工具”，为其设置一个合适的画笔，并在其【选项】栏勾选“内容识别”选项，其他设置默认。

（2）沿美眉脸部、颈部和耳轮凌乱的发丝拖动鼠标，“污点修复画笔工具”会自动去掉这些区域的头发，修复结果如图 3-11 所示。

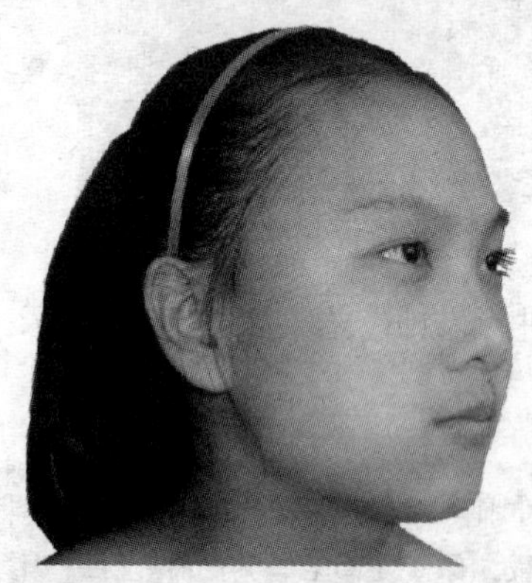

图 3-10 去除脸部大面积发丝后的效果

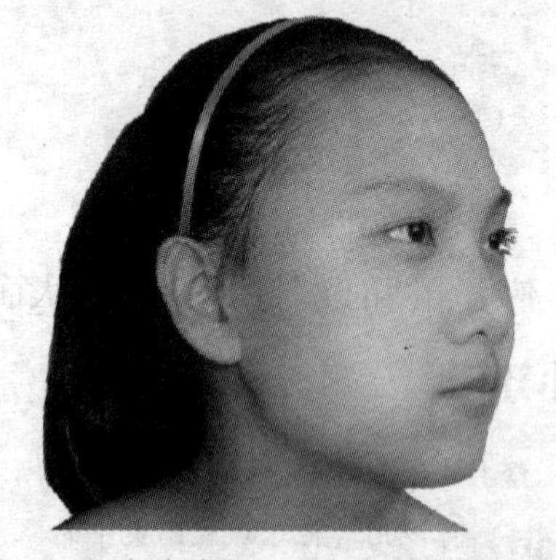

图 3-11 去除脸部、颈部和耳轮发丝后的效果

小知识

“污点修复画笔工具”可以快速移去照片中的污点和其他不理想部分。“污点修复画笔工具”的工作方式与修复画笔类似，它使用图像或图案中的样本像素进行绘画，并将样本像素的纹理、光照、透

明度和阴影与所修复的像素相匹配。与修复画笔不同，污点修复画笔不要求用户指定样本点。污点修复画笔将自动从所修饰区域的周围取样。

如果需要修饰大片区域或需要更大程度地控制来源取样，用户可以使用修复画笔而不是污点修复画笔。

“污点修复画笔工具”的操作方法如下。

1. 选择工具箱中的“污点修复画笔工具”。如有必要，单击修复画笔工具、修补工具或红眼工具以显示隐藏的工具并进行选择。

2. 在【选项】栏中选取一种画笔大小。比要修复的区域稍大一点的画笔最为适合，这样用户只需单击一次即可覆盖整个区域。

3. 从【选项】栏的“模式”菜单中选取混合模式。选择“替换”可以在使用柔边画笔时，保留画笔描边边缘处的杂色、胶片颗粒和纹理。

4. 在选项栏中选取一种“类型”选项。

- “近似匹配”：使用选区边缘周围的像素，找到要用作修补的区域。
- “创建纹理”：使用选区中的像素创建纹理。如果纹理不起作用，请尝试再次拖过该区域。
- “内容识别”：比较附近的图像内容，不留痕迹地填充选区，同时保留让图像栩栩如生的关键细节，如阴影和对象边缘。

要为“内容识别”选项创建更大或更精确的选区，请执行【编辑】/【填充】命令。（参阅用图案或图像内容填充选区。）

5. 如果在选项栏中选择“对所有图层取样”，可从所有可见图层中对数据进行取样。如果取消选择“对所有图层取样”，则只从现用图层中取样。

6. 单击要修复的区域，或单击并拖动以修复较大区域中的不理想部分。

4. 为美眉添加一顶好看的帽子

（1）打开“素材”“第 3 章”目录下的“帽子.psd”文件，这是一顶女式帽子图像。

（2）使用“移动工具”将图层 1 中的帽子图像拖到女孩头部位置，生成图层 2，结果如图 3-12 所示。

（3）激活【工具箱】中的“仿制图章工具”，在【选项】栏为其选择一个合适的画笔，同时勾选“对齐样本”选项，按住键盘上的 Alt 键的同时，在如图 3-13 所示的帽子位置单击取样。

图 3-12　添加帽子

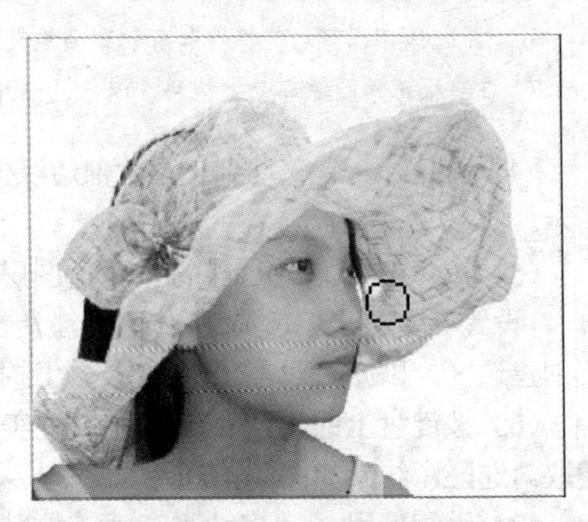

图 3-13　取样位置

小知识

“仿制图章工具”将图像的一部分绘制到同一图像的另一部分或绘制到具有相同颜色模式的任何打开的文档的另一部分。用户也可以将一个图层的一部分绘制到另一个图层。“仿制图章工具”对于复制对象或移去图像中的缺陷很有用。

要使用“仿制图章工具”，在要从其中复制（仿制）像素的区域上设置一个取样点，并在另一个区域上绘制。要在每次停止并重新开始绘画时使用最新的取样点进行绘制，请选择“对齐”选项。取消选择“对齐”选项将从初始取样点开始绘制，而与停止并重新开始绘制的次数无关。另外，可以对“仿制图章工具”使用任意的画笔笔尖，这将使用户能够准确控制仿制区域的大小。也可以使用不透明度和流量设置以控制对仿制区域应用绘制的方式。

使用“仿制图章工具”修改图像的操作方法如下。

1. 选择“仿制图章工具”。
2. 在【选项】栏中选择画笔笔尖并为混合模式、不透明度和流量设置画笔选项。
3. 要指定如何对齐样本像素以及如何对文档中的图层数据取样，请在【选项】栏中设置以下任意选项。

➢ “对齐”：连续对像素进行取样，即使松开鼠标按钮，也不会丢失当前取样点。如果取消选择“对齐”，则会在每次停止并重新开始绘制时使用初始取样点中的样本像素。

➢ “样本”：从指定的图层中进行数据取样。要从现用图层及其下方的可见图层中取样，请选择“当前和下方图层”。要仅从现用图层中取样，请选择“当前图层”。要从所有可见图层中取样，请选择“所有图层”。要从调整图层以外的所有可见图层中取样，请选择“所有图层”，然后单击“取样”弹出式菜单右侧的“忽略调整图层”图标。

4. 可通过将鼠标指针放置在任意打开的图像中，然后按住 Alt 键（Windows）或 Option 键（Mac OS）并单击来设置取样点。

5.（可选）在“仿制源”面板中，单击“仿制源”按钮，并设置其他取样点。

最多可以设置 5 个不同的取样源。“仿制源”面板将存储样本源，直到关闭文档。

6.（可选）在“仿制源”面板中执行下列任意操作。

➢ 要缩放或旋转所仿制的源，请输入 W（宽度）或 H（高度）的值，或输入旋转角度 。

➢ 要反转源的方向（适用于类似眼睛的镜像功能），请单击“水平翻转” 或“垂直翻转” 按钮。

➢ 要显示仿制的源的叠加，请选择“显示叠加”并指定叠加选项。

另外，选择“已剪切”将叠加剪切到画笔大小。

7. 在要校正的图像部分上拖移，以修复照片。

（4）将鼠标指针移动到美眉脸部边缘位置单击鼠标，对帽子图像进行修复，结果图 3-14 所示。

（5）按住键盘上的 Ctrl 键，单击图层 1 载入美眉的选区，然后激活“多边形套索工具”，设置其“羽化”值为 0 像素，激活“从选区中减去”按钮，在如图 3-15 所示的位置创建选区，以减去对帽子其他区域的选择。

（6）按键盘上的 Delete 键删除挡住美眉脸部的帽子图像，然后按键盘上的 Ctrl+D 快捷键取消选区，结果如图 3-16 所示。

（7）继续使用“多边形套索工具”，设置其“羽化”值为 0 像素，将帽子左侧多出的美眉头发沿帽子边缘选择并删除，结果如图 3-17 所示。

图 3-14　修饰帽子的效果

图 3-15　减去选区的操作

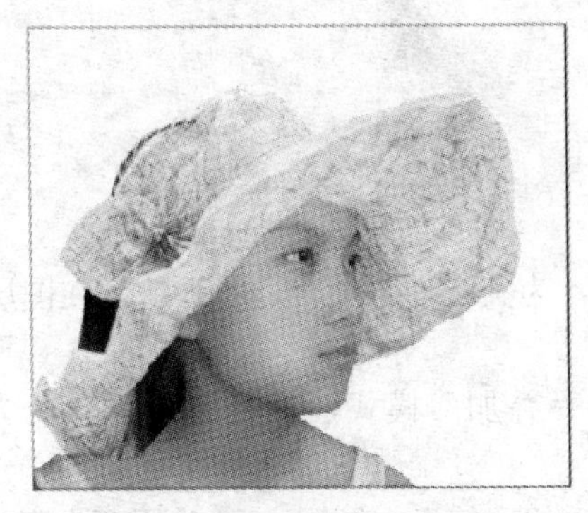

图 3-16　删除帽子图像

图 3-17　删除头发

（8）将图层 2 暂时隐藏，继续使用 “多边形套索工具”，设置其“羽化”值为 0 像素，沿美眉左肩部和颈部创建选区，如图 3-18 所示。

（9）显示被隐藏的图层 2 并将其激活，按键盘上的 Delete 键，再次删除挡住美眉颈部和肩部的帽子图像，结果如图 3-19 所示。

图 3-18　沿颈部和肩部创建选区

图 3-19　删除帽子图像

5．为美眉美容并上彩妆

（1）取消选区，激活图层 1，按键盘上的 Ctrl+J 快捷键将图层 1 复制为图层 1 副本层，然后设置其图层混合模式为“滤色”模式，效果如图 3-20 所示。

（2）将背景层以图层 2 暂时关闭，激活图层 2 副本层，按键盘上的 Ctrl+Shift+Alt+E 快捷键盖印图层生成图层 3，然后在图层 3 上方新建图层 4，并设置图层 4 的混合模式为“线

性光”模式，设置“不透明度”为70%。

（3）设置前景色为灰红色（R：234、G：136、B：151），激活“画笔工具”，为其选择一种合适的画笔，在图层4上沿美眉脸部拖动鼠标填充前景色，结果如图3-21所示。

图3-20　设置“滤色”混合模式

图3-21　填充灰红色

（4）激活【工具箱】中的“橡皮擦工具”，为其选择一个合适的画笔，在图层4中将美眉两只眼睛、眼睫毛和眉毛位置的颜色擦除。

（5）新建图层5，设置其图层混合模式为“叠加”模式，然后设置前景色为深绿色（R：75、G：153、B：2）。

（6）激活“画笔工具”，为其选择一种合适的画笔，在图层5上美眉两个眼睛上眼皮位置拖动鼠标填充前景色，结果如图3-22所示。

（7）新建图层6，并设置其混合模式为“叠加”模式，然后设置前景色为深红色（R：194、G：1、B：78）。

（8）激活“画笔工具”，为其选择一种合适的画笔，在图层6上美眉两个眼睛上眼帘位置拖动鼠标填充前景色，结果如图3-23所示。

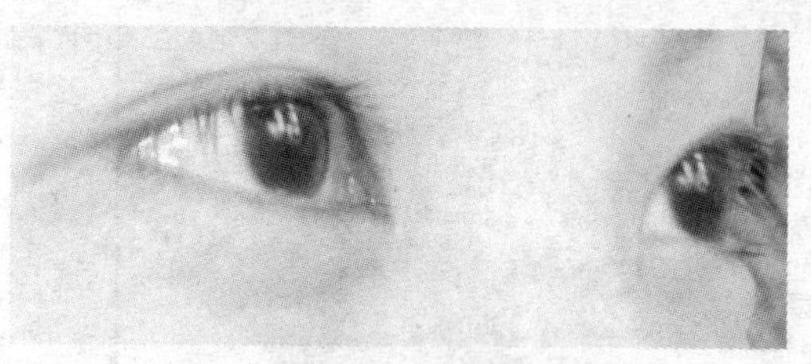
图3-22　为眼皮上彩

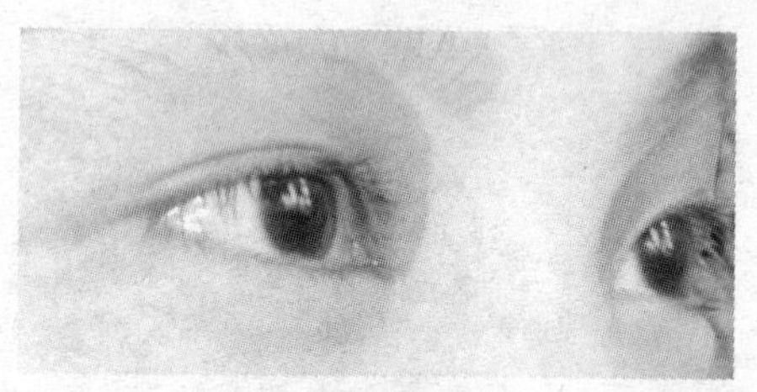
图3-23　为眼帘上彩

（9）将图层6复制为图层6副本层，设置混合模式为“溶解”模式，设置其“不透明度”为20%，并勾选【图层】面板中的“锁定透明像素”按钮。

（10）设置前景色为白色（R：255、G：255、B：255），按键盘上的Alt+Delete快捷键向图层6副本层中填充白色，效果如图3-24所示。

（11）新建图层7，并设置其混合模式为“颜色加深”模式，设置“不透明度”为50%，然后设置前景色为绿色（R：20、G：159、B：16），激活“画笔工具”，为其选择一种合适的画笔，在图层7上美眉两个眼睛下眼帘位置拖动鼠标填充前景色，结果如图3-25所示。

（12）激活【工具箱】中的“橡皮擦工具”，为其选择一个合适的画笔，并设置其“不透明度”为30%，在图层7中的颜色下边缘拖动鼠标，对其进行擦除，结果如图3-26所示。

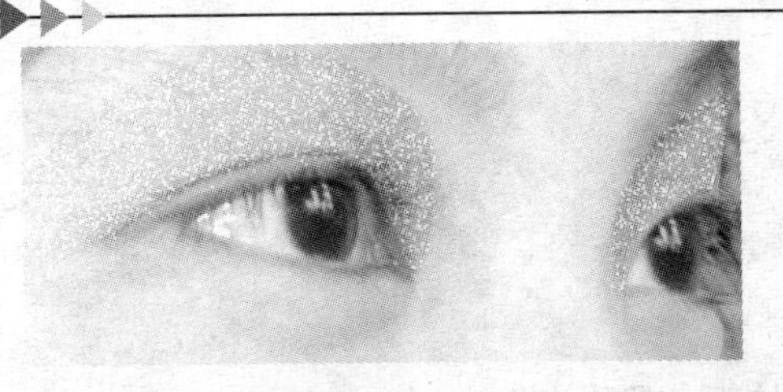

图 3-24　复制图层 6 副本层的效果

图 3-25　为下眼帘上彩

图 3-26　擦除颜色后的效果

6. 画眼线、制作眼睫毛、修眉并上唇彩

（1）设置前景色为黑色（R：0、G：0、B：0），新建图层 8，然后激活"钢笔工具"，在上眼线位置创建路径。

（2）激活"画笔工具"，为其选择一种合适的画笔，然后打开【路径】面板，按住 Alt 键的同时单击【路径】面板下方的"描边路径"按钮，在打开的【描边路径】对话框勾选"模拟压力"选项，单击确定按钮描边路径。

小知识

在 Photoshop CS5 中，当使用画笔描边路径时，一般使用前景色进行描边。另外，在【描边路径】对话框中勾选"模拟压力"选项后，会使描边的两端出现虚实效果，使描边效果更真实。

（3）继续在做眼睛下眼线位置创建路径并描边路径，处理后的眼睛效果与原眼睛效果比较如图 3-27 所示。

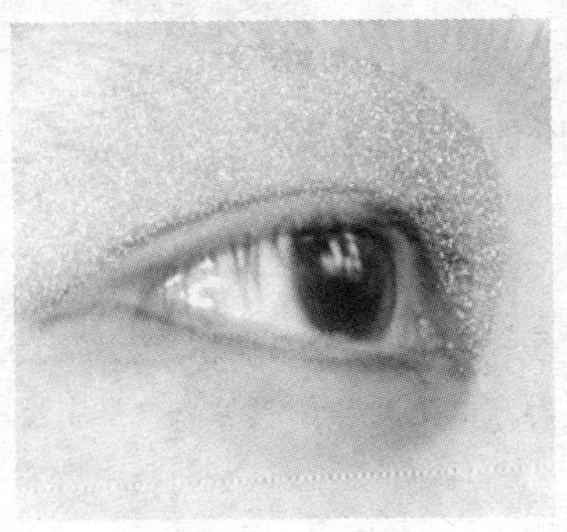

未画眼线的眼睛效果

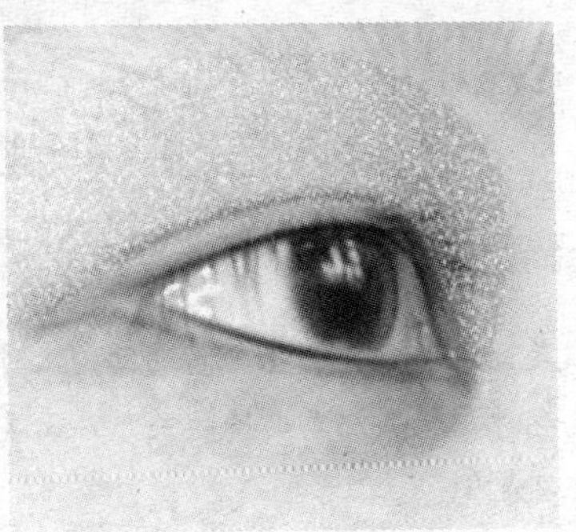

画眼线后的眼睛效果

图 3-27　处理眼线的效果比较

（4）使用相同的方法对另一只眼睛进行处理，处理效果如图 3-28 所示。

图 3-28 画眼线后的照片效果

（5）新建图层 9，继续使用 “钢笔工具”，在上眼睫毛位置创建路径。

（6）激活 “画笔工具”，设置画笔笔尖为 4 像素，“硬度” 为 0%，依照第 2 步的操作描边路径，结果如图 3-29 所示。

（7）对图层 9 进行多次复制，然后使用自由变换调整其方向和位置，并将其移动到上眼睫毛位置，完成上眼睫毛的制作，效果如图 3-30 所示。

图 3-29 描边路径制作眼睫毛

图 3-30 复制眼睫毛的效果

（8）继续将图层 9 复制，然后使用自由变换调整其位置和方向，并将其移动到下眼睫毛位置，制作出下眼睫毛。

（9）依照相同的方法，制作出另一只眼睛的眼睫毛，完成眼睫毛的制作，最终效果如图 3-31 所示。

图 3-31 制作的眼睫毛效果

小提示

在复制眼睫毛后，要注意根据眼睛的结构，对每一根眼睫毛进行调整其方向、位置和大小。尤其是在制作右眼的眼睫毛时要特别注意其透视关系，必要时可以使用 “橡皮擦工具” 擦除多余部分，要以真实、符合透视原理为准。

下面，我们来修眉。

（10）将图层 4、图层 6 和图层 6 副本层暂时隐藏，激活图层 3，依照前面去除脸部凌乱头发的的操作方法，使用 “修补工具” 对两对眉毛进行修饰，去掉凌乱的眉毛，使其更整齐、漂亮，效果如图 3-32 所示。

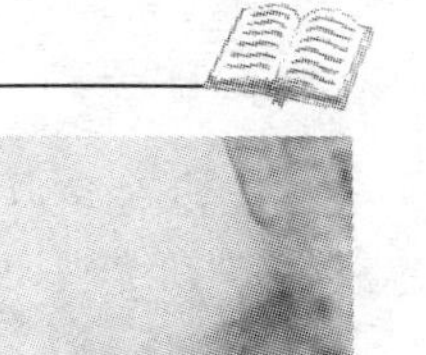

修饰前的眉毛　　修饰后的眉毛

图 3-32　修饰前与修饰后的眉毛效果比较

（11）新建图层 10，继续使用“钢笔工具”，在左眼眉毛位置创建路径，然后激活“画笔工具”，设置其画笔笔尖为 35 像素，“硬度”为 0%，依照第 2 步的操作描边路径，对眉毛进行描眉。

（12）将图层 10 复制为图层 10 副本层，执行菜单栏中的【编辑】/【变换】/【水平翻转】命令将其水平翻转，然后使用自由变换调整其角度，并将其移动到右眉毛位置。

图 3-33　修饰后的眉毛效果

（13）显示被隐藏的其他图层，观察修饰后的眉毛，效果如图 3-33 所示。

下面我们为美眉上唇彩。

（14）新建图层 11，并设置其混合模式为“叠加”模式。

（15）设置前景色为红色（R：255、G：0、B：0），激活“画笔工具”，为其选择一种合适的画笔，在图层 11 美眉下嘴唇位置拖动鼠标填充前景色，为下嘴唇上唇彩。

（16）新建图层 12，设置其混合模式为“柔光”模式，继续在上嘴唇上填充前景色，为上嘴唇上唇彩，上唇彩后的效果与未上唇彩的效果比较，如图 3-34 所示。

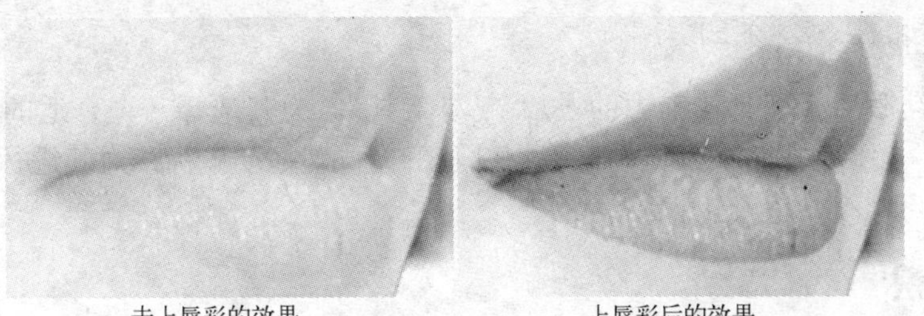

未上唇彩的效果　　上唇彩后的效果

图 3-34　未上唇彩与上唇彩后的效果比较

7．整体效果的调整

下面，我们对美眉整体效果进行调整，使其层次感更强，效果更好。

（1）将图层 6 与图层 6 副本合并为新的图层 6，激活“橡皮擦工具”，为其选择一种合适的画笔，并设置其“不透明度”为 30%，在图层 6 美眉眼影边缘拖动鼠标进行擦除，使其具有虚实过渡的效果，结果如图 3-35 所示。

（2）将图层 4 与图层 3 合并为新的图层 3，激活【工具箱】中的“加深工具”，为其选择一个合适的画笔，并设置其“曝光度”为 25%，在眼影上由内眼角向外眼角拖动鼠标，对其进行颜色加深处理，效果如图 3-36 所示。

图 3-35　擦除眼影边缘

图 3-36　处理眼影效果

小知识

“加深工具”基于用于调节照片特定区域的曝光度的传统摄影技术，可用于使图像区域变暗。摄影师可增加曝光度以使照片中的某些区域变暗（加深）。用“加深工具”在某个区域上方绘制的次数越多，该区域就会变得越暗。

“加深工具”的操作方法如下。

1. 选择“加深工具”。
2. 在选项栏中选取画笔笔尖并设置画笔选项。
3. 在选项栏中，从“范围”菜单选择下列选项之一。
- 中间调：更改灰色的中间范围。
- 阴影：更改暗区域。
- 高光：更改亮区域。
4. 为“加深工具”指定曝光。
5. 单击“喷枪”按钮，将画笔用作喷枪。或者在“画笔”面板中选择“喷枪”选项。
6. 选择“保护色调”选项以最小化阴影和高光中的修剪。该选项还可以防止颜色发生色相偏移。
7. 在要变暗的图像部分上拖动鼠标。

（3）继续激活【工具箱】中的“减淡工具”，为其选择一个合适的画笔，并设置其“曝光度”为 50%，在鼻梁、鼻翼、脸颊以及下巴位置拖动鼠标，对其进行高光处理，结果如图 3-37 所示。

小知识

“减淡工具”基于用于调节照片特定区域的曝光度的传统摄影技术，可用于使图像区域变亮。摄影师可遮挡光线以使照片中的某个区域变亮（减淡），用“减淡工具”在某个区域上方绘制的次数越多，该区域就会变得越亮。

“减淡工具”的操作方法如下。

1. 选择“减淡工具”。
2. 在选项栏中选取画笔笔尖并设置画笔选项。
3. 在选项栏中，从“范围”菜单选择下列选项之一。
- 中间调：更改灰色的中间范围。
- 阴影：更改暗区域。
- 高光：更改亮区域。
4. 为“减淡工具”指定曝光。

5. 单击“喷枪”按钮，将画笔用作喷枪。或者在“画笔”面板中选择“喷枪”选项。

6. 选择“保护色调”选项以最小化阴影和高光中的修剪。该选项还可以防止颜色发生色相偏移。

7. 在要变亮的图像部分上拖动鼠标。

（4）打开“素材”/“第 3 章”目录下的“花 01.jpg”文件，将其拖动到当前文件中，图像生成图层 12。

（5）使用自由变换调整画 01 图像的大小，并将其移动到美眉脸颊位置，然后设置图层 12 的混合模式为“点光”模式，效果如图 3-38 所示。

图 3-37　添加高光效果

图 3-38　添加画 01 图像

（6）激活图层 2 帽子层，执行菜单栏中的【滤镜】/【锐化】/【智能锐化】命令，在打开的【智能锐化】对话框中设置“数量”为 500%、设置“半径”为 2.5 像素，勾选“更加精准”选项，单击 确定 按钮，对帽子进行锐化处理。

（7）打开“素材”/“第 3 章”目录下的“背景.psd”文件，将其拖到当前文件中，放在背景层上方，图像生成图层 13。

（8）执行菜单栏中的【图像】/【调整】/【亮度/对比度】命令，设置“亮度”为-50，单击 确定 按钮，对背景进行亮度对比度处理。

（9）至此，照片效果处理完毕，其原照片效果与处理后的照片效果比较如图 3-39 所示。

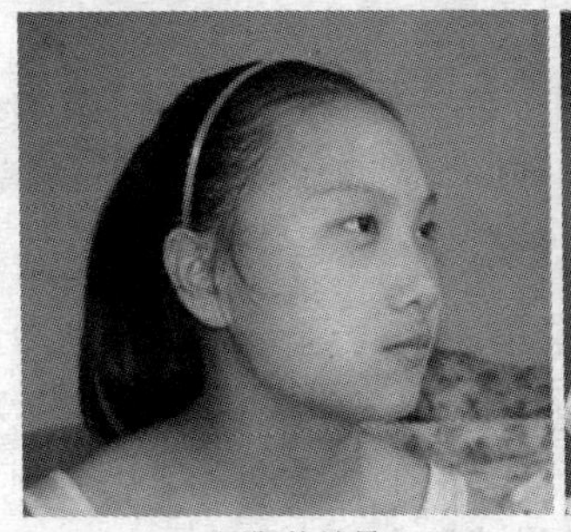

原照片效果

处理后的照片效果

图 3-39　原照片与处理后的照片效果比较

（10）最后执行【文件】/【保存】命令，将该图像保存为“数码照片人物美容——戴帽子的浓妆美眉.psd”文件。

课堂实训 2：照片人物处理——回到童年

实例说明

每一个人都有童年，随着岁月的流逝，童年渐渐成为了我们心中各自不同的一种酸甜苦辣的记忆，但我们依然怀念童年，怀念那无忧无虑、天真烂漫的童年时光。

这一节我们将继续运用 Photoshop CS5 强大的图像修饰工具，结合其他图像处理功能，对如图 3-40 中左图所示的人物照片进行处理，将其打造成如图 3-40 中右图所示的童年照片效果。通过该实例操作，巩固和掌握 Photoshop CS5 中图像修饰工具以及相关命令的使用方法和运用技巧。

原照片人物效果　　处理后的照片人物效果

图 3-40　照片人物处理——回到童年

操作步骤

1. 发型设计

（1）打开“素材”/“第 3 章”目录下的“照片 02.jpg”图像，这是一幅中年男子的照片，如图 3-40 中左图所示。

（2）激活【工具箱】中的“钢笔工具”，在人物头发上创建路径，如图 3-41 所示。

小技巧

在人物头部创建好路径后，可以对路径进行调整，确保路径是沿发根，即人物头骨形状来创建的路径，否则最后的处理结果可能会使人物变形，影响人物整体结构和比例。另外，有关路径的相关知识，请注意参阅本书第 8 章相关实例的详细讲解，在此不再赘述。

（3）在图像中单击鼠标右键，选择快捷菜单中的【建立选区】命令，在弹出的【建立选区】对话框设置“羽化”为 0 像素，单击 确定 按钮，将路径转换为选区。

（4）激活【工具箱】中的“仿制图章工具”，在其【选项】栏为其选择一个大小合适的画笔，同时勾选“对齐样本”选项，然后按住键盘上的 Alt 键，在如图 3-42 所示的背景上单击取样。

（5）松开 Alt 键，沿选区内拖动鼠标，使用样本填充选区，将选区内的人物头发覆盖，最后按键盘上的 Ctrl+D 快捷键取消选区，效果如图 3-43 所示。

（6）激活【工具箱】中的“修补工具”，在其【选项】栏勾选“目标”选项，在人物发际如图 3-43 所示的位置拖动鼠标，选取用于修饰的区域。

图 3-41　创建路径

图 3-42　单击取样

（7）将鼠标指针移动到选区内拖动鼠标，将其拖动到发际周围头发位置松开鼠标，对人物头部进行修复，如图 3-44 所示。

图 3-43　选取用于修饰的区域

图 3-44　修饰结果

（8）使用相同的方法，继续在发际周围选取用于修饰的头皮区域，将其拖动到要修饰的头发位置松开鼠标，对头部大面积的头发进行修饰，其过程如图 3-45～图 3-50 所示。

图 3-45　选取用于修饰的区域

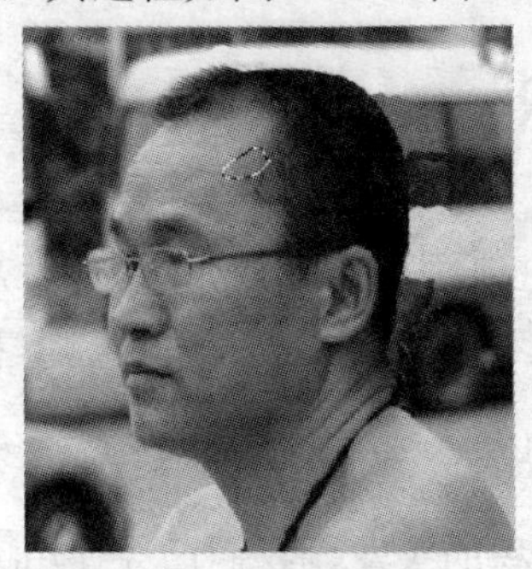

图 3-46　修饰结果

图 3-47　选取用于修饰的区域

图 3-48　修饰结果

图 3-49　选取用于修饰的区域

图 3-50　修饰结果

（9）重复使用相同的方法，继续对人物头部大面积的头发进行修饰，使其显现出头皮，结果如图 3-51 所示。

（10）继续在脸颊位置选取图像，将其拖动到眼镜腿的位置，将眼镜腿覆盖，结果如图 3-52 所示。

图 3-51　修饰头发后的效果

图 3-52　取消眼镜腿后的效果

小知识

“修补工具”主要是通过使用其他区域或图案中的像素来修复选中的区域。与修复画笔工具一样，“修补工具”会将样本像素的纹理、光照和阴影与源像素进行匹配。因此，在选取用于修复的图像时，要尽量在已经修复的图像边缘选取，这样修复后的区域才能与已经修复的区域相融合。

2. 修饰头发

对于大面积的头发，我们已经使用“修补工具”进行了修复，下面继续使用“修复画笔工具”对头发再次进行修饰。

（1）使用“钢笔工具”沿人物外部轮廓创建路径，并将其转换为选区，然后执行【图层】/【新建】/【通过剪切的图层】命令，将人物剪切到图层 1。

（2）激活【工具箱】中的“修复画笔工具”，为其选择一个合适大小的画笔，并在其【选项】栏中勾选“取样”选项，其他设置默认。

小知识

“修复画笔工具”可用于校正瑕疵，使它们消失在周围的图像中。与仿制工具一样，使用“修复画笔工具”可以利用图像或图案中的样本像素来绘画。另外，“修复画笔工具”还可将样本像素的纹理、光照、透明度和阴影与所修复的像素进行匹配。从而使修复后的像素不留痕迹地融入图像的其余部分。

“修复画笔工具”的使用方法如下。

1. 选择“修复画笔工具”。

2. 单击选项栏中的画笔样本，并在弹出面板中设置“画笔”选项。

- 模式：指定混合模式。选择“替换”可以在使用柔边画笔时，保留画笔描边的边缘处的杂色、胶片颗粒和纹理。
- 源：指定用于修复像素的源。“取样”可以使用当前图像的像素，而“图案”可以使用某个图案的像素。如果选择了“图案”，请从“图案”弹出面板中选择一个图案。
- 对齐：连续对像素进行取样，即使松开鼠标，也不会丢失当前取样点。如果取消选择“对齐”，则会在每次停止并重新开始绘制时使用初始取样点中的样本像素。
- 样本：从指定的图层中进行数据取样。要从现用图层及其下方的可见图层中取样，请选择“当前和下方图层”。要仅从现用图层中取样，请选择“当前图层”。要从所有可见图层中取样，请选择“所有图层”。要从调整图层以外的所有可见图层中取样，请选择“所有图层”，然后单击“取样”弹出式菜单右侧的“忽略调整图层”图标。

注：如果使用压敏的数字化绘图板，请从“大小”菜单选取一个选项，以便在描边的过程中改变修复画笔的大小。选取“钢笔压力”根据钢笔压力而变化。选取“喷枪轮”根据钢笔拇指轮的位置而变化。如果不想改变大小，请选择“关”选项。

3. 可通过将指针定位在图像区域的上方，然后按住 Alt 键（Windows）或 Option 键（Mac OS）并单击来设置取样点。如果要从一幅图像中取样并应用到另一图像，则这两个图像的颜色模式必须相同，除非其中一幅图像处于灰度模式。

4.（可选）在“仿制源”面板中，单击“仿制源”按钮，并设置其他取样点。最多可以设置 5 个不同的取样源。“仿制源”面板将记住样本源，直到用户关闭所编辑的文档。

5.（可选）在“仿制源”面板中，单击“仿制源”按钮以选择所需的样本源。

6.（可选）在“仿制源”面板中执行下列任意操作。

- 要缩放或旋转所仿制的源，请输入 W（宽度）或 H（高度）的值，或输入旋转角度 。
- 要显示仿制的源的叠加，请选择“显示叠加”并指定叠加选项。

7. 在图像中拖移。每次松开鼠标按钮时，取样的像素都会与现有像素混合。如果要修复的区域边缘有强烈的对比度，则在使用“修复画笔工具”之前，要先建立一个选区。选区应该比要修复的区域大，但是要精确地遵从对比像素的边界。当用修复画笔工具绘画时，该选区将防止颜色从外部渗入。

按住键盘上的 Alt 键的同时，在人物如图 3-53 所示的位置单击取样，然后沿人物发际依次在头部头发位置单击，对没有清理干净的头发进行清理，使其透出头皮的青色效果，结果如图 3-54 所示。

图 3-53　取样

图 3-54　对头发进行清理

小技巧

在清理头部边缘的头发时，要设置较小的画笔，然后单击【图层】面板中的“锁定透明像素”按钮，沿头部边缘慢慢进行修复，以放置外部的颜色渗入。

3. 去除眼镜

下面我们来去除眼镜。该操作比较复杂，大家需要有足够的耐心与韧性，慢慢一点点将眼镜去掉，同时不能破坏人物眼睛。

（1）将照片以实际像素显示，以便于我们的照片进行精细编辑。

（2）激活【工具箱】中的“修补工具”，在其【选项】栏勾选“目标”选项，在眼角上方如图3-55所示的位置选取用于修复的图像。

（3）将鼠标指针移动到选区内，按住鼠标将其拖动到如图 3-56 所示的眼镜腿位置松开鼠标，将眼镜腿覆盖，并对人物脸颊进行修复。

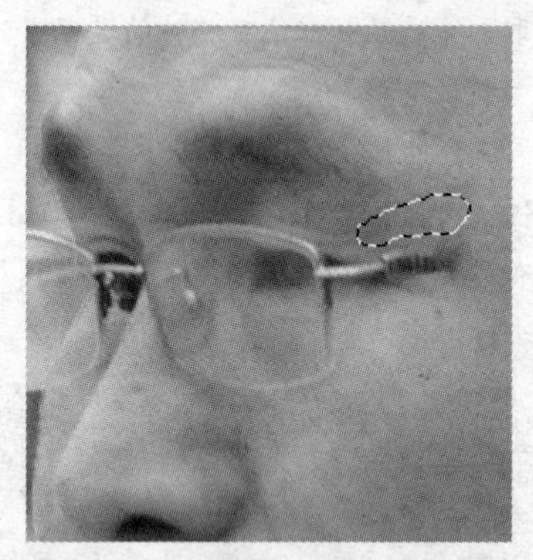

图3-55　选取用于修复的图像

图3-56　移动图像到要修复的区域

（4）激活【工具箱】中的“污点修复画笔工具”，为其选择一个合适大小的画笔，并在其【选项】栏勾选“内容识别”选项，然后沿右眼镜框拖动鼠标，如图3-57所示。

（5）松开鼠标后，“污点修复画笔工具”会自动使用工具周围的图像将眼镜框覆盖，结果如图3-58所示。

图3-57　沿眼镜框拖动鼠标

图3-58　松开鼠标去掉眼镜框

（6）使用相同的方法，继续使用“污点修复画笔工具”对大面积的眼镜框进行去除，去除后的结果如图3-59所示。

（7）综合运用 “污点修复画笔工具”、 “修补工具”、 “修复画笔工具” 以及 “仿制图章工具” 对眼睛位置的镜框进行清除，清除后的效果如图 3-60 所示。

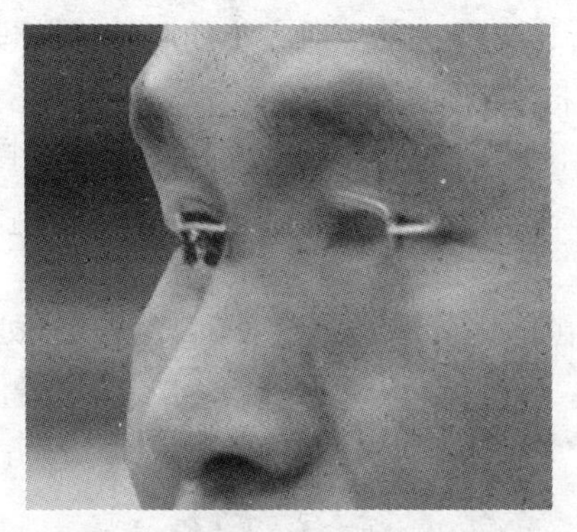

图 3-59　去掉残余眼镜框后的效果

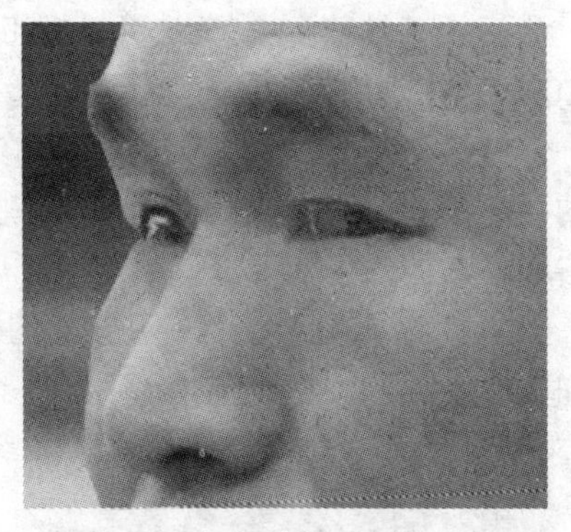

图 3-60　清除所有眼镜框后的效果

小技巧

在清除残余眼镜框时，一定要仔细，同时要有耐心，要充分发挥 “污点修复画笔工具”、 “修补工具”、 “修复画笔工具” 以及 “仿制图章工具” 的各自优势，对不同的区域选择不同的工具，同时根据具体情况设置不同的画笔以及选项，切不可操之过急。

4．光滑皮肤

这一节我们继续来光滑皮肤，使其展现儿童细腻、光滑的皮肤效果。

（1）将背景层暂时隐藏，按键盘上的 Ctrl+J 快捷键将图层 1 复制为图层 1 副本层，并在【图层】面板设置图层 1 副本层的混合模式为“滤色”模式，以增强人物肤色的亮度，效果如图 3-61 所示。

（2）按键盘上的 Ctrl+Shift+Alt+E 快捷键盖印图层生成图层 2，执行菜单栏中的【滤镜】/【模糊】/【表面模糊】命令，在打开的【表面模糊】对话框中设置“半径”为 10 像素，设置“阈值”为 10 色阶，单击 确定 按钮，对皮肤进行模糊处理，使其皮肤更加光滑细腻，效果如图 3-62 所示。

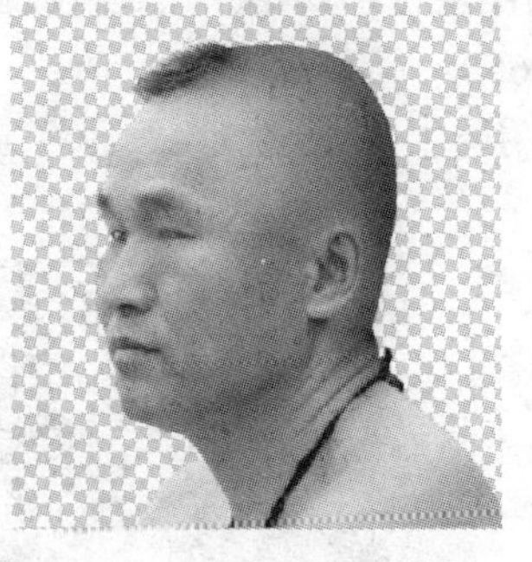

图 3-61　“滤色”模式效果

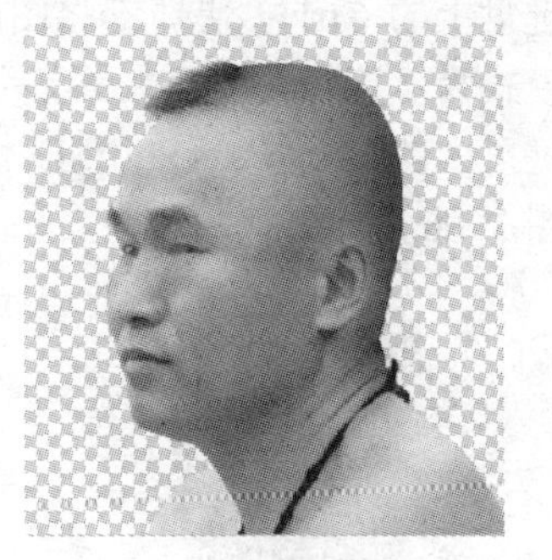

图 3-62 【表面模糊】效果

小技巧

通过使用【表面模糊】滤镜，可以将大面积的皮肤进行模糊，使其展现细腻光滑的皮肤效果。但是，

对于小范围的皮肤，我们可以使用“模糊工具”进行模糊，在使用“模糊工具”时，要根据模糊范围大小，设置合适的画笔和“强度”值进行模糊，直到满意为止。

（3）激活【工具箱】中的“模糊工具”，为其选择一个合适大小的画笔，并设置“强度”为100%，在额头以及眼角鱼尾纹位置拖动，将其皱纹取消。

（4）继续激活【工具箱】中的“修复画笔工具”，在其【选项】栏中为其选择一个合适大小的画笔，并勾选“取样”选项。在按住键盘上的 Alt 键的同时，在人物颧骨较亮的皮肤上单击取样，如图 3-63 所示。

（5）松开鼠标，然后在脸部皮肤较粗糙和黝黑的地方单击鼠标，对皮肤进行处理，处理结果如图 3-64 所示。

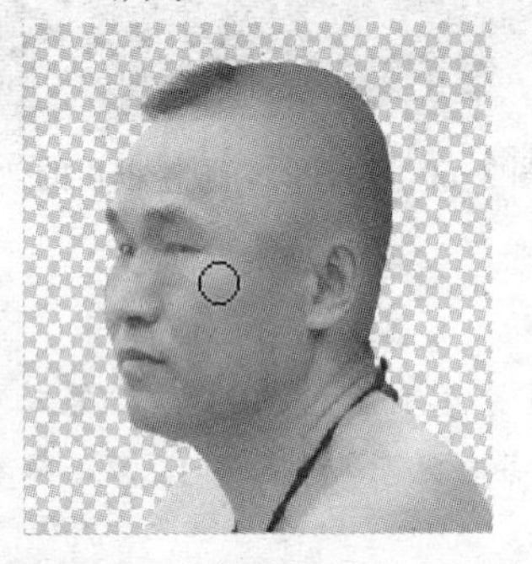

图 3-63　在颧骨位置单击取样

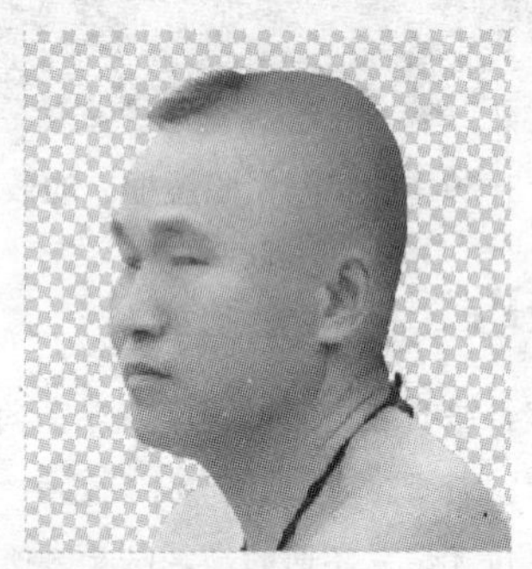

图 3-64　修复脸部皮肤后的效果

小提示

在进行皮肤的修复时，一定要随时取样，并根据修复的面积大小，随时调整画笔的大小。另外，在修复鼻翼、眼角以及鼻梁等较小区域时，一定要仔细，有耐心，要注意人物头骨结构的变化，必要时可以使用“修补工具”、“模糊工具”以及其他图像修复工具配合修复，切不可操之过急。

5. 修饰眼睛

由于眼镜镜片的遮光作用，使得眼睛比较模糊，下面我们来修饰眼睛。在修饰眼睛时，一定要注意原眼睛大小、形状和结构，切不可随心所欲的去修饰。

（1）按键盘上的 Ctrl+J 快捷键将图层 2 复制为图层 2 副本层，然后设置图层 2 副本层的图层混合模式为“正片叠底”模式，效果如图 3-65 所示。

（2）按键盘上的 Ctrl+Alt+Shift+E 快捷键盖印图层生成图层 3，然后将眼睛区域放大显示，效果如图 3-66 所示。

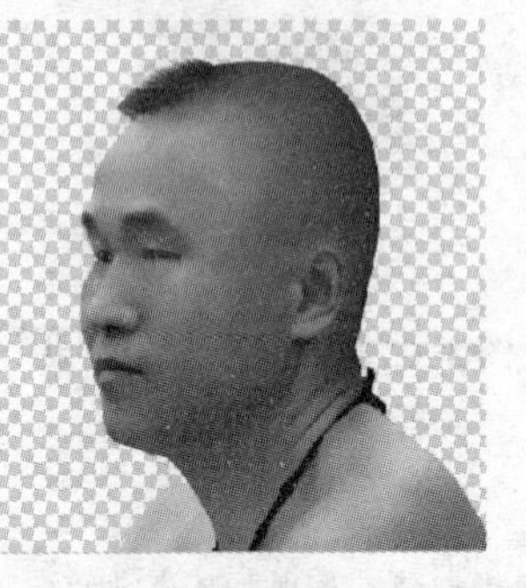

图 3-65　复制图层并设置“正片叠底”模式

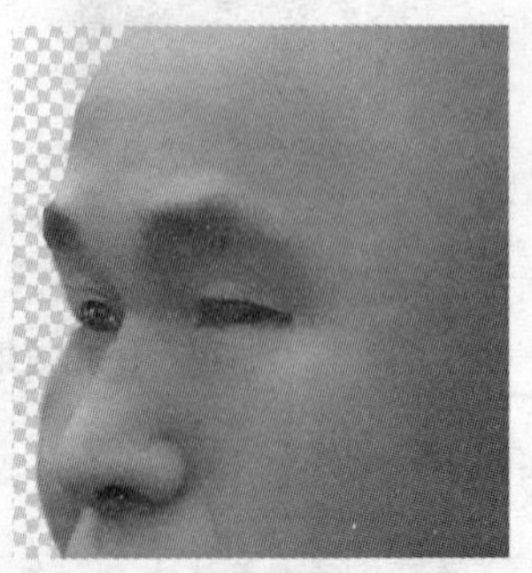

图 3-66　放大眼睛区域

（3）继续将眼睛放大显示，激活【工具箱】中的 “颜色减淡”工具，设置其画笔大小为 5 像素，设置“曝光度”为 10%左右，在右眼睛的左、右眼角位置拖动鼠标，提高眼角的亮度，结果如图 3-67 所示。

（4）设置前景色为白色（R：255、G：255、B：255），激活【工具箱】中的 “画笔工具”，设置其画笔为 1 像素，“硬度”为 100%，“不透明度”为 30%，在眼珠位置绘制出眼白和眼珠高光，效果如图 3-68 所示。

图 3-67　提高眼角亮度

图 3-68　绘制眼白和高光

（5）激活【工具箱】中的 “模糊工具”，设置其画笔大小为 5 像素，设置其“强度”为 100%，在眼白位置单击对其进行模糊，然后激活【工具箱】中的 “涂抹工具”，设置其画笔大小为 5 像素，设置其“强度”为 20%，将眼白向眼角位置涂抹，结果如图 3-69 所示。

（6）继续使用 “模糊工具”，选择合适的画笔，设置“强度”为 20% 左右，在眼睛周围进行模糊处理，完成对眼睛的修复，结果如图 3-70 所示。

图 3-69　模糊眼白和高光

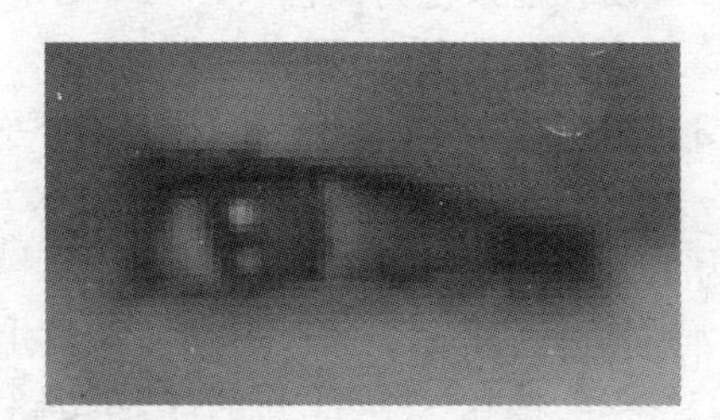

图 3-70　模糊眼睛周围区域

（7）使用相同的方法对左边的眼睛进行修复，修复后的眼睛效果如图 3-71 所示。

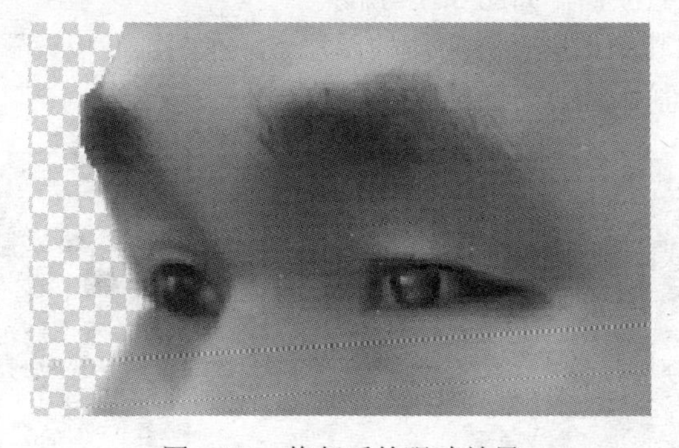

图 3-71　修复后的眼睛效果

（8）将图层 3 复制为图层 3 副本，设置图层 3 副本层的混合模式为“滤色”模式，人物效果如图 3-72 所示。

（9）按键盘上的 Ctrl+Alt+Shift+E 快捷键盖印图层生成图层 4，执行菜单栏中的【滤镜】/【模糊】/【表面模糊】命令，在打开的【表面模糊】对话框设置“半径”为 10 像素，设置“阈值”为 10 色阶，单击 确定 按钮，对皮肤进行模糊处理，使皮肤更加光滑细腻，如图 3-73 所示。

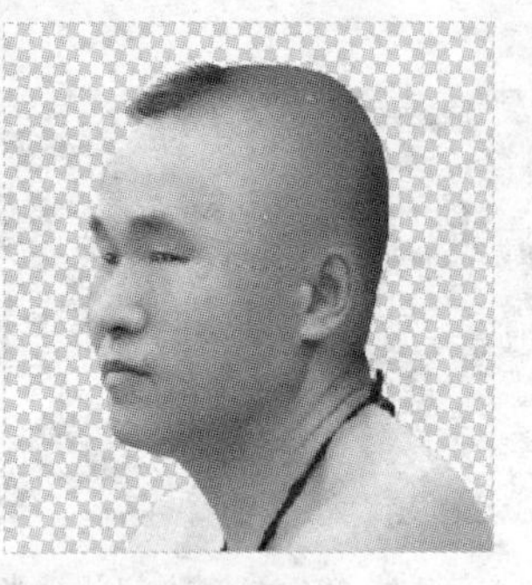

图 3-72 设置“滤色”模式

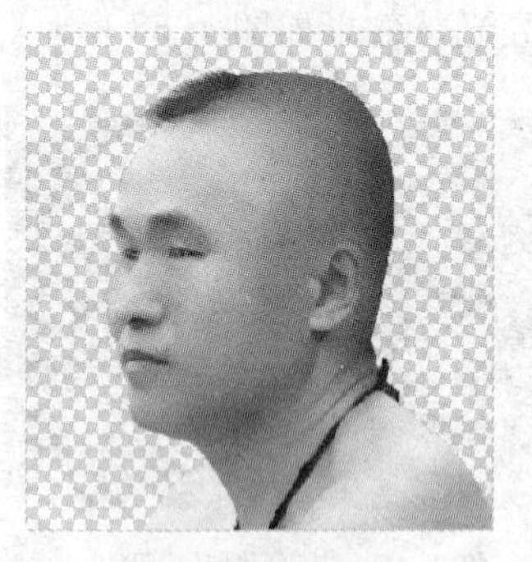

图 3-73 【表面模糊】后的效果

6．修饰眉毛以及人物整体效果调整

（1）在图层 4 上方新建图层 5，使用“钢笔工具”在右眉毛位置沿眉毛走势绘制一条路径。

（2）设置前景色为黑色（R：0、G：0、B：0），激活【工具箱】中的“画笔工具”，设置其画笔为 1 像素，“硬度”为 100%，其他设置默认。

（3）单击“画笔工具”【选项】栏中的按钮，在打开的【画笔】对话框勾选“形状动态”选项，然后在“控制”列表选择“渐隐”选项，并设置其参数为 20，设置“最小直径”为 15%，其他设置默认。

（4）打开【路径】面板，按住键盘上的 Alt 键的同时，单击【路径】面板下方的“描边路径”按钮，在打开的【描边路径】对话框勾选“模拟压力”选项，然后单击 确定 按钮描绘路径，描绘出一根眉毛。

（5）多次按键盘上的 Ctrl+J 快捷键将绘制的眉毛复制，并使用自由变换调整每根眉毛的方向，将其放置在眉毛位置，如图 3-74 所示。

（6）将图层 5 连同其副本层合并为新的图层 5，在图层面板设置其图层混合模式为“柔光”模式，完成眉毛的制作，效果如图 3-75 所示。

图 3-74 复制的眉毛效果

图 3-75 设置“柔光”模式后的眉毛效果

小提示

在复制眉毛时，要对每一根眉毛进行方向的调整，在调整方向时一定要仔细，有耐心，要注意眉毛本身的走势以及疏密关系，必要时可以对个别眉毛进行大小调整，总之调整后的眉毛要符合原人物眉毛的结构。

（7）使用相同的方法制作出另一条眉毛，完成眉毛的修复，结果如图 3-76 所示。

（8）按键盘上的 Ctrl+Alt+Shift+E 快捷键盖印图层生成图层 6，执行菜单栏中的【滤镜】/【锐化】/【智能锐化】命令，在打开的【智能锐化】对话框设置“数量”为 500%，设置“半径”为 0.6 像素，同时勾选“更加精准”选项，单击 确定 按钮对人物进行清晰化处理，效果如图 3-77 所示。

（9）综合运用“模糊工具”、“涂抹工具”、“颜色减淡”、“橡皮擦工具”等各种图像修饰工具再次对人物进行最后的修饰。

（10）按键盘上的 Ctrl+J 快捷键将图层 6 复制为图层 6 副本层，设置图层 6 副本层的混合模式为“柔光”模式，然后按键盘上的 Ctrl+Alt+Shift+E 快捷键盖印图层生成图层 7，完成照片的处理。

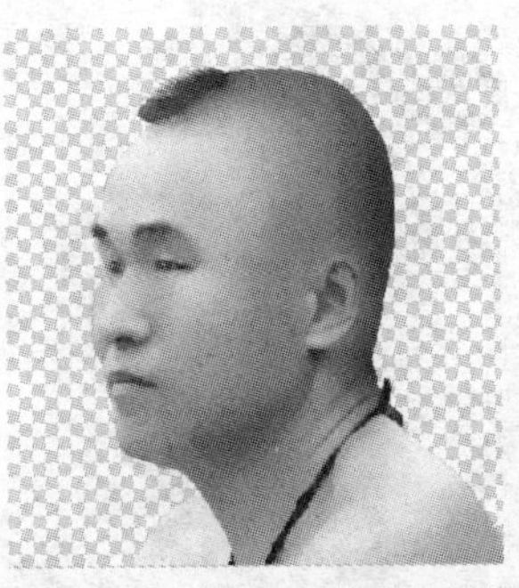

图 3-76　修复后的眉毛效果

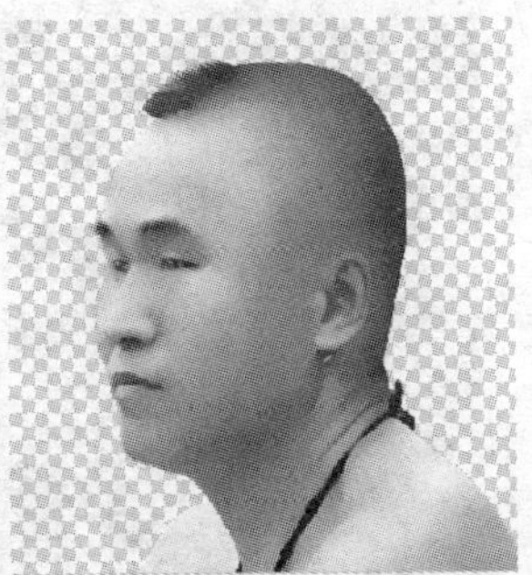

图 3-77　【智能锐化】后的人物效果

（11）执行菜单栏中的【滤镜】/【锐化】/【智能锐化】命令，在打开的【智能锐化】对话框中设置“数量”为 500%，设置“半径”为 0.6 像素，同时勾选“更加精准”选项，单击 确定 按钮对人物进行清晰化处理。

（12）至此，照片效果处理完毕，处理前与处理后的照片效果比较，如图 3-78 所示。

原照片人物效果

处理后的照片人物效果

图 3-78　原照片人物与处理后的照片人物效果比较

（13）最后执行【文件】/【保存】命令，将该图像保存为“数码照片人物处理——回到童年.psd”文件。

课堂实训 3：照片人物修饰——昔日风采

实例说明

岁月无情！随着时间的流逝，再漂亮的女人都会被无情的岁月带走昔日美丽的容颜，要想容颜永驻，没有什么良药比照片更管用了。

这一节我们将继续运用 Photoshop CS5 强大的图像修饰和处理功能，结合其他图像处理命令，对如图 3-79 中左图所示的女人的照片进行处理，将其打造成如图 3-79 中右图所示的女人昔日风采的照片效果。通过该实例操作，巩固和掌握 Photoshop CS5 中图像修饰工具的应用方法以及修饰图像的相关技巧。

原照片人物效果

处理后的照片人物效果

图 3-79　照片人物处理——昔日风采

操作步骤

1．处理头发

（1）打开“素材”/“第 3 章”目录下的“照片 03.jpg”图像，这是一幅年轻少妇的照片，如图 3-80 所示。

下面我们首先对少妇额头的照片进行修饰，去掉额头凌乱的头发。

（2）按键盘上的 Ctrl+J 快捷键将背景层复制为背景副本层，执行菜单栏中的【图像】/【调整】/【色阶】命令，在打开的【色阶】对话框设置“输入色阶”的值分别为 0、1.0 和 220，设置“输出色阶”的值分别为 50 和 255，单击 确定 按钮调整照片的色阶，效果如图 3-81 所示。

（3）激活【工具箱】中的“修复画笔工具”，为其选择一个合适大小的画笔，并在其【选项】栏勾选“取样”选项，其他设置默认。

图 3-80 打开的照片

图 3-81 调整【色阶】后的效果

（4）按住键盘上的 Alt 键的同时，在人物如图 3-82 所示的额头位置单击取样，然后在人物额头头发上依次单击，将额头凌乱的头发去除，结果如图 3-83 所示。

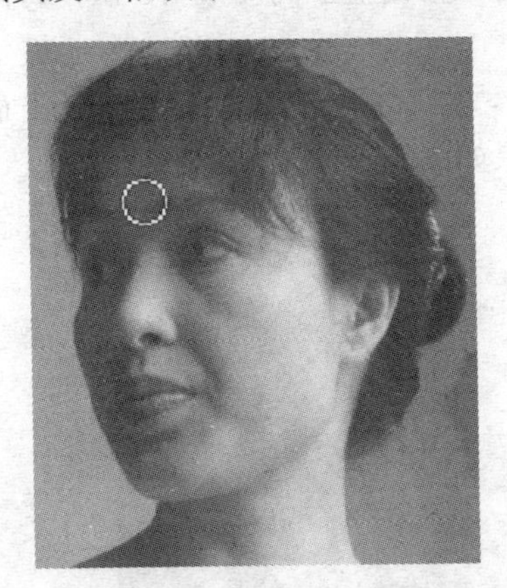

图 3-82 在额头取样

图 3-83 去除额头凌乱的头发

小提示

使用“修复画笔工具”去除额头头发时，会发现靠近头发的额头皮肤会变得脏且颜色灰暗，这是由于没有创建选区，“修复画笔工具”出现画笔笔触溢出的情况，对于这种情况，将在后面的操作中进行处理，在此我们只管去除那些凌乱的头发即可。

（5）激活【工具箱】中的“模糊工具”，设置其“强度”为 100%，并为其选择一个合适大小的画笔，沿头发走势拖动鼠标，对头发进行模糊处理，结果如图 3-84 所示。

（6）激活【工具箱】中的“钢笔工具”，在人物右侧的头发上创建路径，然后新建图层 1，设置前景色为深灰色（R：51、G：51、B：51）。

（7）激活【工具箱】中的“画笔工具”，设置其画笔为 2 像素，“硬度”为 0%，“不透明度”为 100%，然后打开【画笔】面板，勾选“形状动态”选项，并在“控制”列表选择“渐隐”，设置参数为 150，其他设置默认。

（8）打开【画笔】面板，单击【路径】面板下方的“描边路径”按钮，对路径进行描绘，效果如图 3-85 所示。

图 3-84　模糊头发

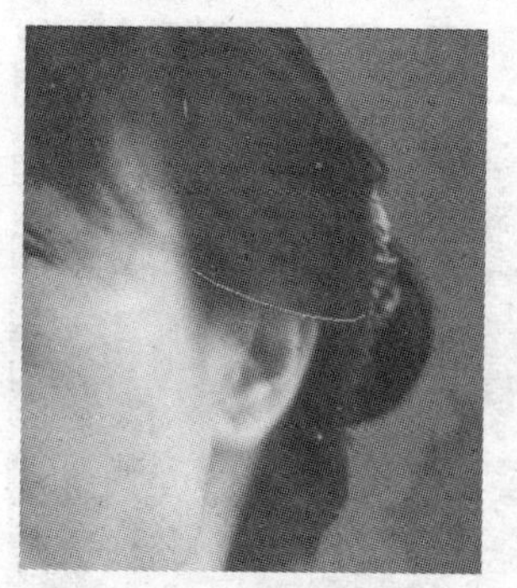

图 3-85　描边路径

（9）按键盘上的 Ctrl+J 快捷键，将图层 1 复制为图层 1 副本层，按键盘上的 Ctrl+T 快捷键为图层 1 副本层添加自由变换，在其【选项】栏设置角度为 1.5°，然后按键盘上向上的方向键 2 次，将其向上移动 2 个像素，按键盘上的 Enter 键确认。

（10）按住键盘上的 Alt+Shift+Ctrl 快捷键的同时，按键盘上的 T 键 10 次，将图层 1 副本层进行变换复制，效果如图 3-86 所示。

（11）将复制的图层 1 副本层全部合并为图层 1，然后将其再次复制为图层 1 副本层，并使用自由变换和变形工具调整其位置和形态，结果如图 3-87 所示。

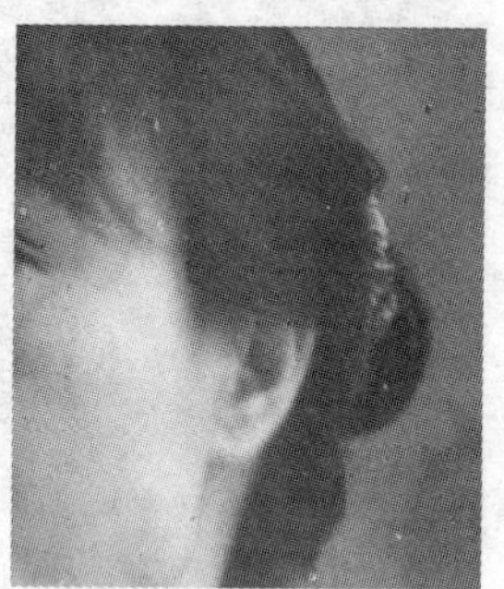

图 3-86　复制图层 1 的效果

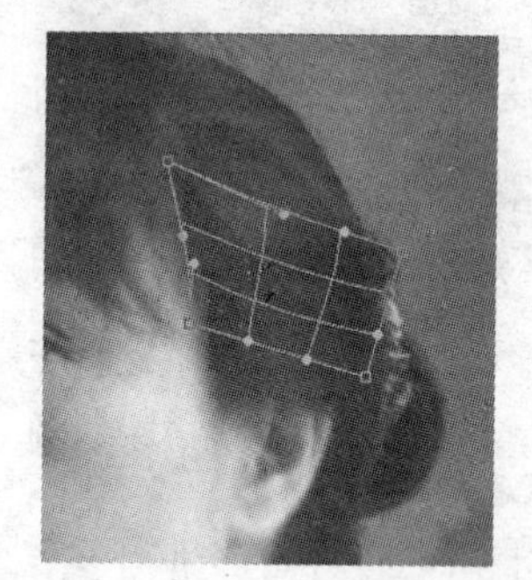

图 3-87　复制并变换图像的效果

（12）使用相同的方法，继续将头发复制并进行变换操作，使其完全覆盖主人物头部，效果如图 3-88 所示。

（13）将复制的图层 1 副本层全部合并为图层 1，并暂时将其隐藏，然后激活背景副本层。

（14）激活【工具箱】中的“加深工具”和“减淡工具”，为其选择一个合适大小的画笔，在人物头发位置拖动，处理头发的阴影及高光效果，如图 3-89 所示。

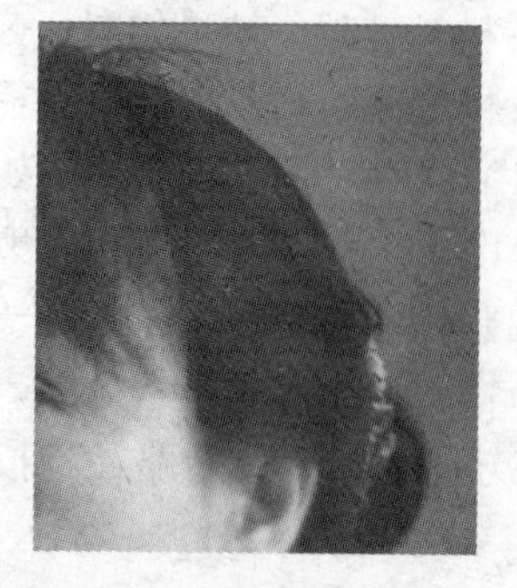

图 3-88　复制的头发效果

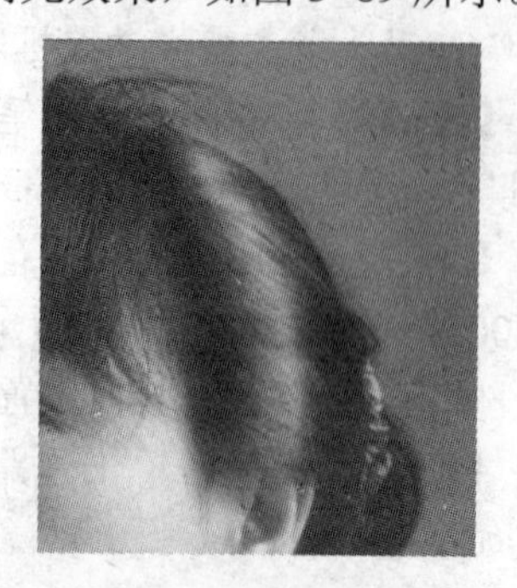

图 3-89　处理高光及阴影

（15）取消对图层 1 的隐藏，激活【工具箱】中的“橡皮擦工具”，对图层 1 中超出发际的头发进行擦除，结果如图 3-90 所示。

（16）使用相同的方法继续制作出其他头发效果，并使用“橡皮擦工具”、“加深工具”和“减淡工具”对制作的头发进行修饰，结果如图 3-91 所示。

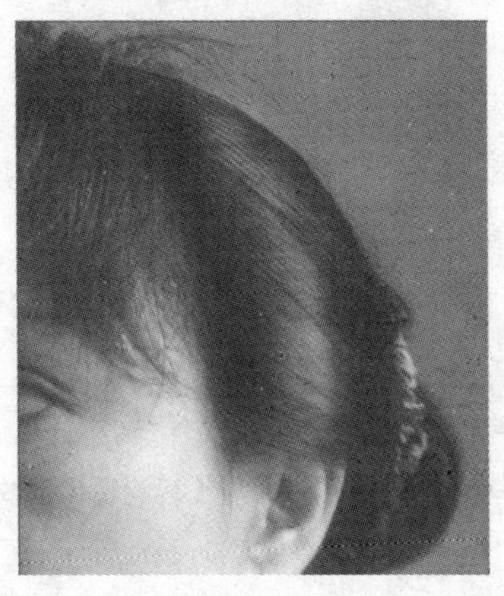

图 3-90　取消对图层 1 的隐藏后的效果

图 3-91　修饰其他头发后的人物效果

小技巧

在制作其他头发时，路径的绘制要根据头发的走势进行绘制，在描边路径时，画笔也要根据头发的走势和效果来进行相应的设置。另外，在制作头发高光时，除了直接调整人物头部的阴影和高光外，还需要调整制作的头发的高光和阴影，只有两者的阴影完全相融合，才能达到真实的效果。

（17）激活【工具箱】中的“仿制图章工具”，在其【选项】栏中选择一个合适的画笔，同时勾选“对齐样本”选项，按住键盘上的 Alt 键的同时，在照片背景上单击鼠标进行取样。

（18）在背景上杂乱的头发上单击，使用背景将这些杂乱的头发进行清除，清除后的效果如图 3-92 所示。

小知识

“仿制图章工具”可以将图像的一部分绘制到同一图像的另一部分或绘制到具有相同颜色模式的任何打开的文档的另一部分。在使用该工具修复杂乱头发时，一定要注意画笔大小的设置，同时要注意人物头骨结构变化，要保证在修复杂乱头发时不能影响人物头部结构的变化。

2. 处理皮肤

下面我们继续处理人物的皮肤，使其皮肤细嫩白皙，使人物更加年轻。

（1）按键盘上的 Alt+Shift+Ctrl+E 快捷键盖印图层生成图层 2，然后按键盘上的 Ctrl+J 快捷键将图层 2 复制为图层 2 副本，设置图层 2 副本层的图层混合模式为“滤色”。

（2）再次按键盘上的 Alt+Shift+Ctrl+E 快捷键盖印图层生成图层 3，执行菜单栏中的【滤镜】/【锐化】/【智能锐化】命令，在打开的【智能锐化】对话框中设置“数量”为 100%，“半径”为 1 像素，单击 确定 按钮调整照片的清晰度，效果如图 3-93 所示。

（3）继续执行菜单栏中的【滤镜】/【模糊】/【表面模糊】命令，在打开的【表面模糊】对话框中设置“半径”为10像素，“阈值”为10色阶，单击 确定 按钮对照片进行模糊处理，以去除皮肤上大面积的雀斑，效果如图3-94所示。

图3-92 清除杂乱头发后的效果

图3-93 “滤色”模式与【智能锐化】效果

小提示

通过使用【表面模糊】滤镜，可以将大面积的皮肤进行模糊，使其展现细腻光滑的皮肤效果。对于小范围的皮肤，我们可以使用“模糊工具”进行模糊，在使用“模糊工具”时，要根据模糊范围大小，设置合适的画笔和“强度”值进行模糊，直到满意为止。

（4）激活【工具箱】中的“模糊工具”，为其选择一个合适大小的画笔，并设置“强度”为100%，在脸部粗糙的雀斑位置拖动，对其进行模糊处理，结果如图3-95所示。

图3-94 【表面模糊】效果

图3-95 “模糊工具”处理效果

小提示

使用“模糊工具”只能对较粗糙的雀斑进行模糊处理，但不能将其完全去除，这时可以使用“修补工具”来对其进行修复，以达到完全去除脸部雀斑的目的。

（5）继续激活【工具箱】中的“修补工具”，在其【选项】栏勾选“目标”选项，在脸部较为光滑的皮肤上拖动鼠标，选取用于修复的图像，如图3-96所示。

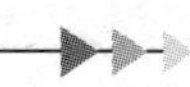

（6）将鼠标指针移动到选区内，将其拖动到脸部雀斑位置松开鼠标，对雀斑进行修复，效果如图 3-97 所示。

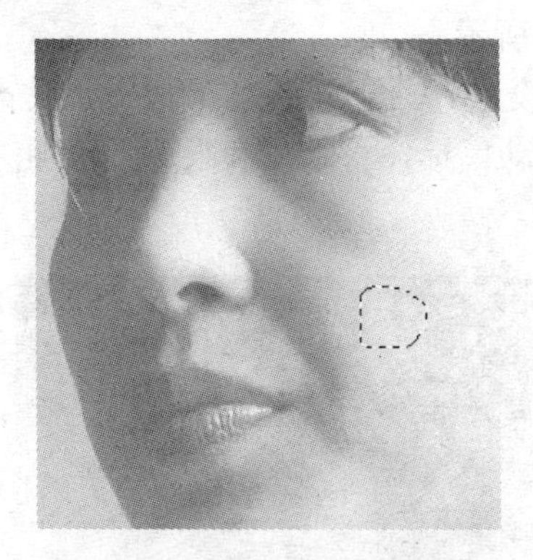

图 3-96　选取用于修复的图像

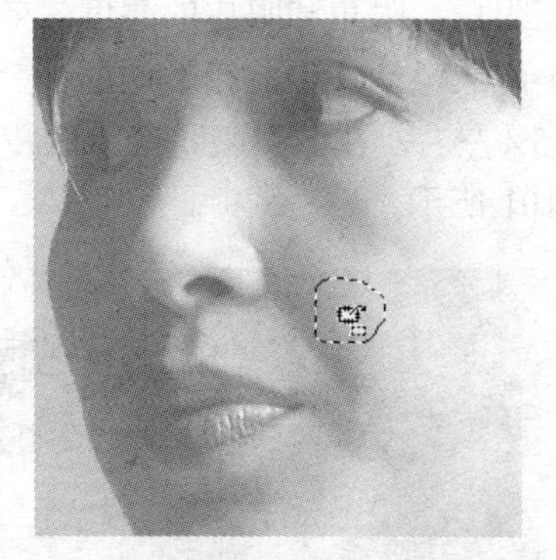

图 3-97　将图像拖到雀斑位置进行修复

（7）依照相同的方法，继续对脸部较暗的雀斑进行修复，修复后的效果如图 3-98 所示。

3．处理五官

下面我们继续处理人物五官，首先处理眉毛。

（1）新建图层 4，激活【工具箱】中的“钢笔工具”，在左、右眉毛位置沿眉毛走势绘制两条路径。

（2）激活【工具箱】中的“画笔工具”，设置其画笔为 8 像素，“硬度”为 100%，单击“画笔工具”【选项】栏中的按钮，在打开的【画笔】对话框勾选“形状动态”选项，并在“控制”列表选择“渐隐”选项，并设置其参数为 100，其他设置默认。

（3）打开【路径】面板，按住键盘上的 Alt 键的同时，单击【路径】面板下方的“描边路径”按钮，在打开的【描边路径】对话框勾选“模拟压力”选项，然后单击 确定 按钮描绘路径制作眉毛，如图 3-99 所示。

图 3-98　修复脸部雀斑后的效果

图 3-99　绘制的眉毛效果

（4）设置图层 4 的混合模式为“柔光”模式，设置“不透明度”为 70%，完成对眉毛的处理。

下面继续处理眼睛。

（5）将眼睛区域放大显示，激活【工具箱】中的“颜色减淡”工具，设置其画笔大小为 2 像素，设置“曝光度”为 10%左右，在两只眼睛的眼白、眼角以及眼皮位置拖动鼠标，提高眼白、眼角和眼皮的亮度，效果如图 3-100 所示。

（6）继续激活【工具箱】中的“加深工具”，设置其画笔大小为 3 像素，设置“曝光度”为 5%左右，在两只眼睛的上眼皮和黑眼珠上拖动鼠标，将眼皮和眼珠颜色加深，效果如图 3-101 所示。

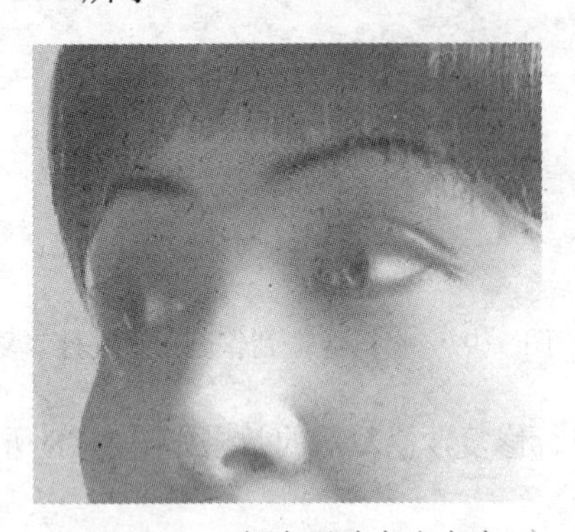
图 3-100　提高眼睛高光亮度

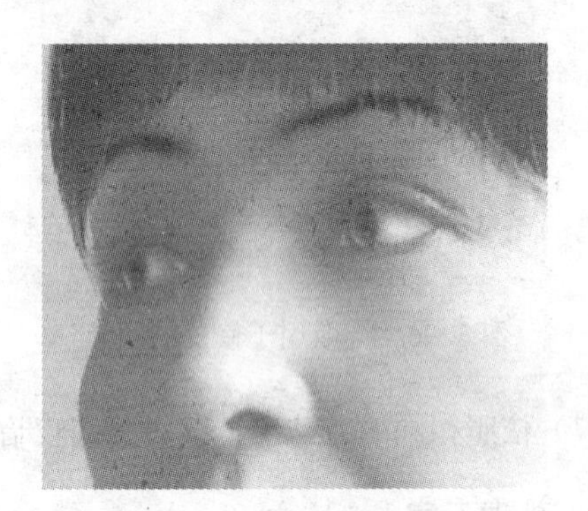
图 3-101　加深眼珠和眼皮颜色

小提示

在调整眼睛高光和加暗眼皮、眼珠亮度时，一定要把握好适度，眼睛高光过亮或暗色过暗，都会影响眼睛的真实效果。

下面我们制作眼睫毛。

（7）在图层 4 上方新建图层 5，使用“钢笔工具”在左眼睫毛位置沿眼睫毛走势绘制一条路径。

（8）设置前景色为黑色（R：0、G：0、B：0），激活【工具箱】中的“画笔工具”，设置其画笔为 1 像素，“硬度”为 100%，其他设置默认。

（9）单击“画笔工具”【选项】栏中的按钮，在打开的【画笔】对话框勾选“形状动态”选项，然后在“控制”列表选择“渐隐”选项，并设置其参数为 20，设置“最小直径”为 15%，其他设置默认。

（10）打开【路径】面板，按住键盘上的 Alt 键的同时，单击【路径】面板下方的“描边路径”按钮，在打开的【描边路径】对话框勾选“模拟压力”选项，然后单击 确定 按钮描绘路径，描绘出一根眼睫毛。

（11）多次按键盘上的 Ctrl+J 快捷键将绘制的图层 5 复制，并使用自由变换调整每根眼睫毛的方向，将其放置在眼睫毛位置，如图 3-102 所示。

（12）使用“画笔工具”，设置其画笔为 1 像素，“硬度”为 100%，画出两只眼睛的眼线，然后使用“模糊工具”对其进行模糊处理，最后使用“颜色减淡”对两只眼睛的高光再次进行加深，完成眼睛的处理，效果如图 3-103 所示。

下面继续调整嘴巴颜色。

（13）激活【工具箱】中的“加深工具”，设置其画笔大小为 3 像素，设置“曝光度”为 5%左右，在嘴唇的唇线上拖动鼠标，将唇线颜色，效果如图 3-104 所示。

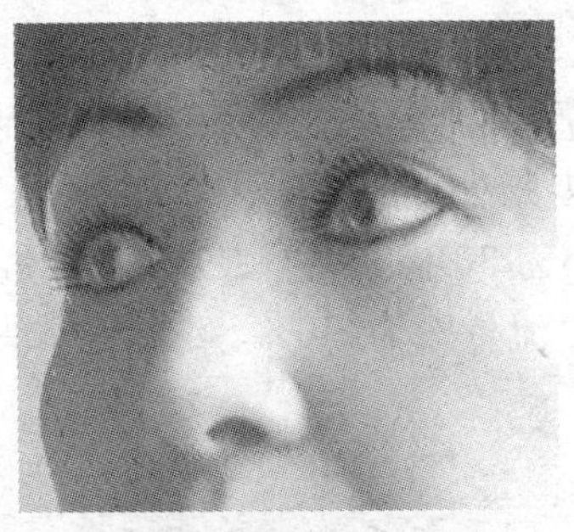

图 3-102　制作眼睫毛

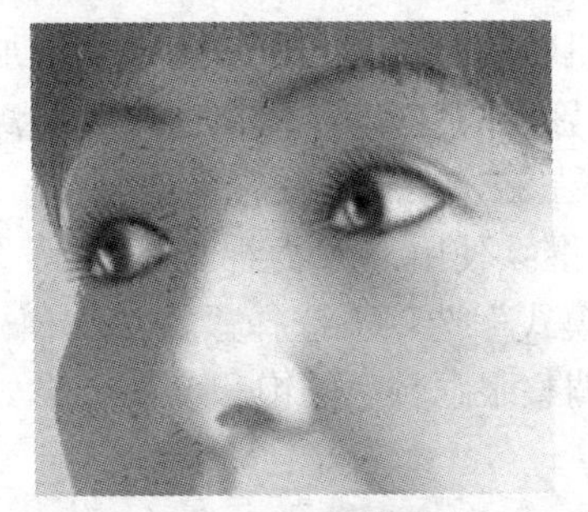

图 3-103　画眼线并调整高光

（14）激活【工具箱】中的“海绵工具”，设置其画笔大小为 25 像素，“硬度”为 0%，然后在其【选项】栏“模式”选项下选择“饱和”，设置“流量”为 30%，在人物嘴唇上拖动鼠标，以增加嘴唇的颜色饱和度，效果如图 3-105 所示。

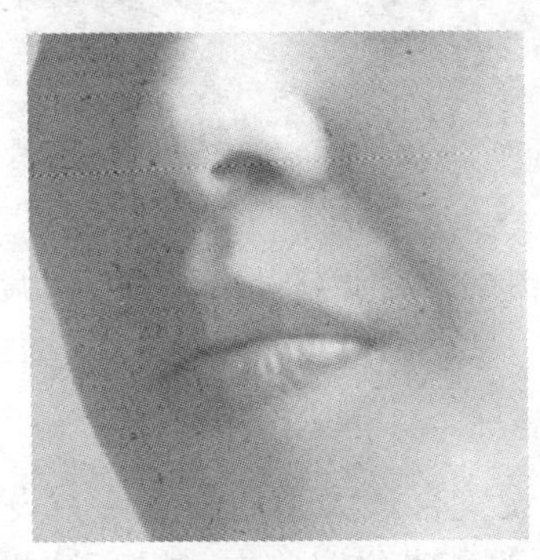

图 3-104　加深唇线颜色

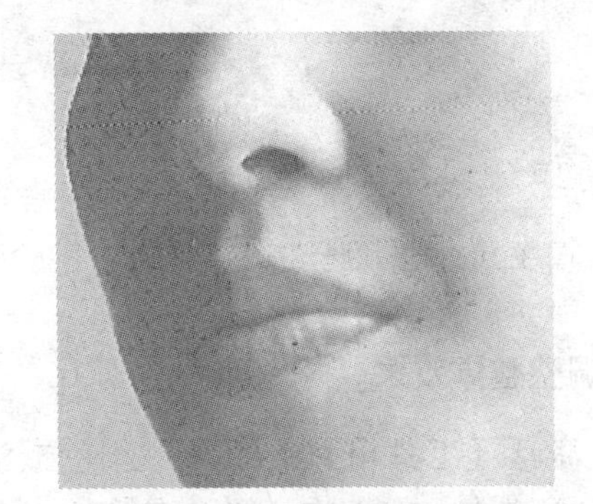

图 3-105　调整嘴唇颜色

小知识

“海绵工具”可精确地更改区域的色彩饱和度。当图像处于灰度模式时，该工具通过使灰阶远离或靠近中间灰色来增加或降低对比度。

“海绵工具”的操作方法如下。

1. 选择“海绵工具”。
2. 在【选项】栏中选取画笔笔尖并设置画笔选项。
3. 在选项栏中，从“模式”菜单选取更改颜色的方式。
   - “饱和”：增加颜色饱和度。
   - “降低饱和度”：减少颜色饱和度。
4. 为海绵工具指定流量。
5. 选择“自然饱和度”选项以最小化完全饱和色或不饱和色的修剪。
6. 在要修改的图像部分拖动。

在此要特别强调的是，使用“海绵工具”增加皮肤的颜色饱和度时一定要把握好量，也就是说要设置“流量”，“流量”值过大，则会使颜色饱和度过高，影响人物整体效果。

下面我们为人物加眼影与腮红，使其能与嘴唇颜色相呼应。

（15）继续使用“海绵工具”，设置其画笔大小为 90 像素，“硬度”为 0%，在其【选项】栏“模式”选项下选择“饱和”模式，并设置“流量”为 30%，在人物脸颊位置单击，增加肌肤的颜色饱和度，为人物增加淡淡的腮红，效果如图 3-106 所示。

（16）激活【工具箱】中的“加深工具”，设置其画笔大小为 25 像素，设置“曝光度”为 5%左右，在眼眶位置拖动鼠标，对眼眶进行变暗处理。

（17）继续使用“海绵工具”，设置其画笔大小为 30 像素，“硬度”为 0%，在其【选项】栏“模式”选项下选择“饱和”模式，并设置“流量”为 30%，继续在眼眶位置拖动鼠标，以调整眼眶颜色的饱和度，效果如图 3-107 所示。

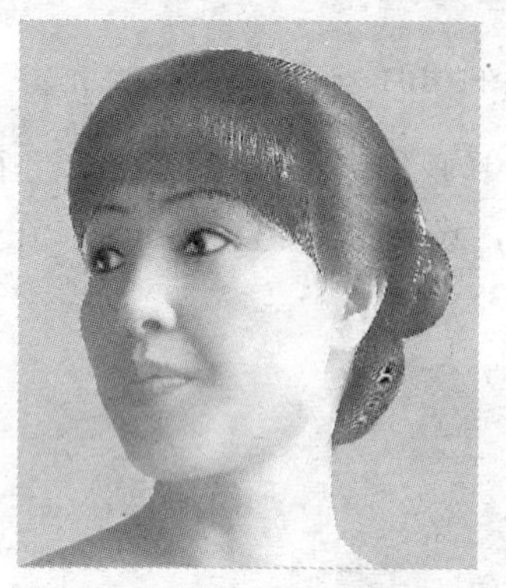

图 3-106　增加脸颊颜色饱和度

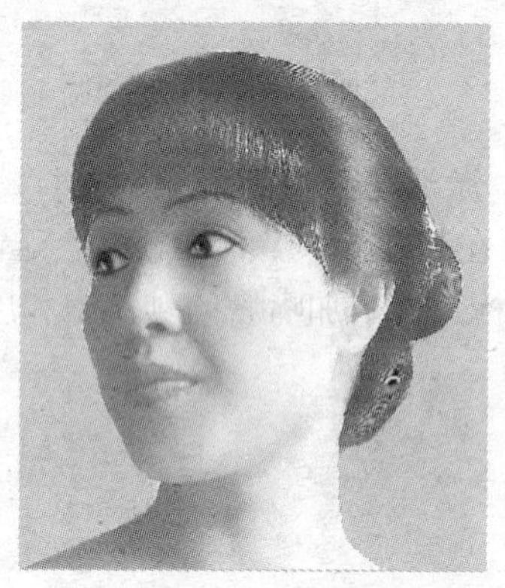

图 3-107　调整眼眶颜色的饱和度

4．调整整体效果

（1）激活【工具箱】中的“颜色减淡”，为其设置合适大小的画笔，并设置“曝光度”为 10%左右，在人物鼻梁、右脸颊、下巴以及额头高光位置单击，提高这些区域的亮度，以增强人物的体感。

（2）按键盘上的 Ctrl+Alt+Shift+E 快捷键盖印图层生成图层 7，执行菜单栏中的【滤镜】/【锐化】/【智能锐化】命令，在打开的【智能锐化】对话框设置“数量”为 100%，设置“半径”为 1 像素，同时勾选“更加精准”选项，单击 确定 按钮对人物进行清晰化处理。

（3）再次使用“模糊工具”，设置合适的画笔以及“强度”值，对其锐化后的人物脸部进行精细模糊处理，完成照片人物的处理，处理前与处理后的人物比较，如图 3-108 所示。

原照片人物效果

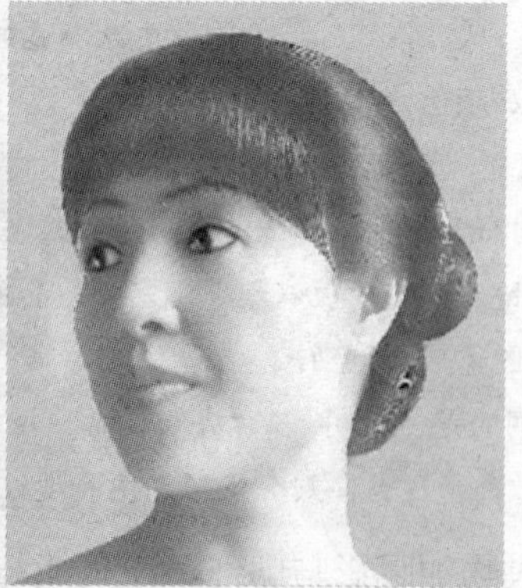

处理后的照片人物效果

图 3-108　处理前与处理后的照片人物效果比较

（4）最后执行【文件】/【保存】命令，将该图像保存为“数码照片人物处理—昔日风采.psd”文件。

总结与回顾

图像修饰与编辑工具是 Photoshop CS5 中重要的工具组，也是图像处理中不可缺少的操作工具，使用这些工具可以方便地进行残损图像的修复、图像颜色的校正、图像清晰处理等操作。本章通过多个精彩实例的制作，详细讲解了 Photoshop CS5 中图像修复与编辑工具在实际工作中的应用技巧，相信大家通过这一章实例的学习，一定能掌握这些工具的使用方法，并能将其应用到自己的工作实践中去。需要特别说明的是，没有哪一个工具是万能的，在实际的工作中，要针对不同的处理效果，选择合适的工具进行处理，只有充分发挥各工具的特长，才能运用好这些工具，圆满完成图像的修饰与编辑处理工作。

课后实训

Photoshop CS5 的图像修饰与合成功能是其他软件无法比拟的，请运用所掌握的图像修饰技术，对如图 3-109 所示的照片进行修饰，将其打造成如图 3-110 所示的照片效果。

图 3-109　打开的照片

图 3-110　处理后的照片

操作提示

（1）打开“素材”/“第 3 章”目录下的名为“照片 04.jpg”素材文件。

（2）使用“修补工具”对人物脸部凌乱的发丝进行修复。

（3）使用“仿制图章工具”对人物脸部雀斑进行修复。

（4）执行【滤镜】/【模糊】/【表面模糊】命令对照片进行模糊处理。

（5）使用“模糊工具”对人物脸部进行细部模糊处理。

（6）将背景复制为背景副本，设置背景副本层的混合模式为“滤色”模式，以提高照片亮度。

（7）盖印图层，使用“海绵工具”对人物嘴唇颜色进行加深，然后使用“减淡工具”在脸部高光位置单击，以提亮高光，使用“加深工具”在人物眉毛位置拖动，对眉毛加深。

（8）执行【图像】/【调整】/【色彩平衡】命令调整照片颜色，执行【图像】/【调整】/【亮度/对比度】命令调整照片对比度。

（9）执行【滤镜】/【锐化】/【智能锐化】命令对照片进行清晰处理，完成照片的处理操作。

课后习题

1. 填空题

1）"修复画笔工具"和"污点修复工具"都可以用于修复图像中的污点，在使用这两个工具修复图像污点时，需要按住Alt键取样的工具是（　　　）。

2）使用"海绵工具"可以降低或增加图像颜色饱和度，那么在编辑图像时，要增加图像颜色饱和度，需要在其【选项】栏的"模式"设选项选择（　　　）。

3）在Photoshop CS5众多的图像编辑工具组中，（　　　）工具专用于去除照片红眼。

2. 选择题

1）在使用"仿制图章工具"修复照片时，需要按住键盘上（　　　）键才能取样。

A. Ctrl键　　B. Shift键　　C. Alt键

2）使用"修补工具"修补照片时，操作正确的是（　　　）。

A. 选择"源"选项，选取要修补的区域，将其拖到用于修补的区域进行修补；选择"目标"选项，选去要修复的区域，将其拖到用于修复的区域进行修补

B. 选择"源"选项，选取要修补的区域，将其拖到用于修补的区域进行修补；选择"目标"选项，选去用于修复的区域，将其拖到要修复的区域进行修补

C. 选择"源"选项，选取用于修补的区域，将其拖到要修补的区域进行修补；选择"目标"选项，选去用于修复的区域，将其拖到要修复的区域进行修补

3）可以使用"颜色替换工具"替换颜色的图像只有（　　　）。

A. RGB和CMYK模式图像

B. 位图、索引和多通道模式的图像

C. CMYK 和位图模式的图像

3. 简答题

简单描述"修补工具"中"源"选项和"目标"选项的各自应用方法。

第4章

图像色彩校正技术

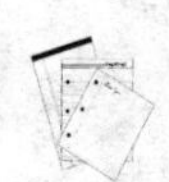

内容概述

Photoshop CS5 提供了强大的图像颜色校正功能，掌握这些功能的运用，是 Photoshop CS5 平面设计中必不可少的技能。这一章我们将通过多个精彩案例操作，带领大家全面、系统地学习并掌握 Photoshop CS5 图像色彩校正的正确运用技术。

课堂实训 1：使灰蒙蒙的照片展现亮丽色彩

实例说明

由于天气的原因，或者照相设备以及个人摄影技术的差异，往往会使我们所拍摄的照片出现颜色灰暗、模糊不清等问题，面对这样的照片，我们该怎么处理呢？

这一节我们将运用 Photoshop CS5 强大的图像颜色校正和处理功能，对如图 4-1 中左图所示灰蒙蒙的照片进行处理，使其展现亮丽的色彩，如图 4-1 中右图所示。通过该实例操作，掌握 Photoshop CS5 图像颜色校正和图像色彩处理的相关技巧。

图 4-1　照片处理效果比较

操作步骤

1. 调整照片亮度和清晰度

（1）打开“素材”/“第 4 章”目录下的“海边风景.jpg”图像文件，这是一幅灰蒙蒙的城市海边风景照片，如图 4-1 中左图所示。

（2）按键盘上的 F7 键打开【图层】面板，按键盘上的 Ctrl+J 快捷键，将背景层复制为图层 1，然后设置图层 1 的混合模式为“颜色加深”模式，图像效果如图 4-2 所示。

（3）单击【图层】面板下方的“添加图层蒙版”按钮，为图层 1 添加图层蒙版。

小知识

图层蒙版是一个图像编辑工具，当添加图层蒙版后，可以使用黑色、白色或灰色对蒙版进行编辑。使用黑色编辑蒙版时，可以清除图像。使用白色编辑蒙版时，可以恢复被清除的图像。另外，使用图层蒙版还可以恢复对图像的一些效果操作，如滤镜效果操作等。有关图层蒙版的应用，请参阅本书第 6 章相关实例的详细讲解。

（4）设置前景色为黑色（R：0、G：0、B：0），激活“画笔工具”，为其选择一个合适大小的画笔，设置画笔“硬度”为 0%。“不透明度”为 30%，其他设置默认。

（5）将鼠标指针移动到照片左边海岸边位置单击，然后按住键盘上的 Shift 键，将鼠标指针移动到照片右边海岸边位置再次单击，使用图层蒙版对海岸进行处理，使海岸恢复原来的颜色效果，如图 4-3 所示。

图 4-2 “颜色加深”模式效果

图 4-3 处理海岸效果

小技巧

设置“画笔工具”的“不透明度”为 30%，可以部分清除图像的“颜色加深”模式效果，使海岸与水面之间的颜色有一个自然过渡。

（6）重新设置“画笔工具”的“不透明度”为 60%，在水面位置拖动鼠标，将水面位置的“颜色加深”模式效果部分清除，使水面亮起来，结果如图 4-4 所示。

（7）按键盘上的 Ctrl+Shift+Alt+E 快捷键盖印图层生成图层 2，执行菜单栏中的【图

像】/【调整】/【阴影/高光】命令，打开【阴影/高光】对话框，勾选其下方的“显示更多选项”选项，以显示更多的设置。

小技巧

盖印图层是指将处理后的多个图层效果合并生成一个新图层，类似于合并图层命令，但比合并图层命令更实用。这样操作的好处是，如果操作失败，我们可以删除该图层，返回到原来的图层重新进行调整。

（8）在展开的更多选项中，在其“阴影”选项下设置“数量”为 30%、“色调宽度”为 55%、“半径”为 5 像素，以调整图像的阴影。

（9）继续在“高光”选项下设置“数量”为 5%、“色调宽度”为 50%、“半径”为 2500 像素，以调整图像的高光。

（10）继续在“调整”选项下设置“颜色校正”为+20、“中间调对比度”为+100，其他设置默认，单击 确定 按钮，调整后的照片效果如图 4-5 所示。

图 4-4　清除水面“颜色加深”效果

图 4-5　调整照片阴影和高光

小知识

【阴影/高光】命令适用于校正由强逆光而形成剪影的照片，或者校正由于太接近相机闪光灯而有些发白的焦点。在用其他方式采光的图像中，这种调整也可用于使阴影区域变亮。【阴影/高光】命令不是简单地使图像变亮或变暗，它基于阴影或高光中的周围像素（局部相邻像素）增亮或变暗。正因为如此，阴影和高光都有各自的控制选项。默认值设置为修复具有逆光问题的图像。另外，【阴影/高光】命令还有用于调整图像的整体对比度的“中间调对比度”滑块、“修剪黑色”选项和“修剪白色”选项，以及用于调整饱和度的“颜色校正”滑块。

2. 校正照片颜色和清晰度

（1）按键盘中的 Ctrl+J 快捷键，将图层 2 复制为图层 2 副本，然后执行菜单栏中的【图像】/【调整】/【匹配颜色】命令，在打开的【匹配颜色】对话框中的“图像选项”下勾选“中和”选项，设置“明亮度”和“颜色强度”均为 200，“渐隐”为 0，其他设置默认，单击 确定 按钮，照片效果如图 4-6 所示。

小知识

【匹配颜色】命令可匹配多个图像之间、多个图层之间或者多个选区之间的颜色。它还允许用户通过更改亮度和色彩范围以及中和色痕来调整图像中的颜色。【匹配颜色】命令仅适用于 RGB 模式的图像。当用户执行【匹配颜色】命令时，指针将变成吸管工具。在调整图像时，使用吸管工具可以在【信息】面板中查看颜色的像素值。此面板会在用户执行【匹配颜色】命令时向用户提供有关颜色值变化的反馈。另外，【匹配颜色】命令将一个图像（源图像）中的颜色与另一个图像（目标图像）中的颜色相匹配。当用户尝试使不同照片中的颜色保持一致，或者一个图像中的某些颜色（如肤色）必须与另一个图像中的颜色匹配时，【匹配颜色】命令非常有用。除了匹配两个图像之间的颜色以外，【匹配颜色】命令还可以匹配同一个图像中不同图层之间的颜色。

（2）继续执行菜单栏中的【滤镜】/【杂色】/【减少杂色】命令，在打开的【减少杂色】对话框中设置“强度”为 10、设置“保留细节”和“减少杂色”均为 100，设置“锐化细节”为 50，同时勾选“移去 JPEG 不自然感”选项，其他设置默认，单击 确定 按钮去除照片杂色，结果如图 4-7 所示。

图 4-6 【匹配颜色】调整效果

图 4-7 【减少杂色】调整效果

（3）按键盘中的 Ctrl+J 快捷键，将图层 2 副本复制为图层 2 副本 2，然后执行菜单栏中的【图像】/【调整】/【色彩平衡】命令，在打开的【色彩平衡】对话框勾选“中间调”选项，然后设置“青色”为–40、设置“洋红”为–35，设置“黄色”为 0，其他设置默认，单击 确定 按钮调整照片的色彩平衡，结果如图 4-8 所示。

（4）按键盘中的 Ctrl+J 快捷键，将图层 2 副本复制为图层 2 副本 3，然后执行菜单栏中的【图像】/【调整】/【曲线】命令，在打开的【曲线】对话框设置“输出”为 170、设置“输入”为 135，其他设置默认，单击 确定 按钮调整照片的亮度，结果如图 4-9 所示。

图 4-8 【色彩平衡】调整效果

图 4-9 【曲线】调整效果

小提示

在进行照片处理时，建议每处理一次就将其复制再进行下一步处理。这样做的好处是，如果某一步骤处理结果不理想，我们可以返回到原来的效果层继续进行调整。否则，如果想返回到原来的效果，将会很困难。

（5）照片效果处理完毕，执行【文件】/【保存】命令，将该图像保存为“使灰蒙蒙的照片展现亮丽色彩.psd”文件。

课堂实训 2：增加照片情趣——雪中情

实例说明

您有在大雪纷飞中留影的经历吗？那满眼雪白的世界以及纷纷扬扬飘落的雪花，是不是带给您无限的遐想呢？

这一节我们将继续运用 Photoshop CS5 强大的图像颜色校正和处理功能，结合其他图像处理功能，对如图 4-10 中左图所示的冬日海边人物合影照片进行处理，将其打造成如图 4-10 中右图所示的大雪纷飞的场景效果。通过该实例操作，掌握 Photoshop CS5 中复制图像、校正图像颜色及使用滤镜处理图像的相关技巧。

原照片效果

处理后的照片效果

图 4-10　处理前与处理后的照片效果比较

操作步骤

1. 复制图像并转换图像颜色模式

（1）打开“素材”/“第 4 章”目录下的“照片 01.jpg”图像文件，这是一幅冬日海边的人物合影照片，如图 4-10 中左图所示。

（2）执行菜单栏中的【图像】/【复制】命令，在打开的【复制图像】对话框中单击 确定 按钮，将该照片复制为“照片 01 副本”，以备后面使用。

（3）将“照片 01”作为当前操作对象，执行菜单栏中的【图像】/【模式】/【CMYK 颜色】命令，将图像颜色模式转换为 CMYK 颜色模式。

（4）执行菜单栏中的【窗口】/【通道】命令打开【通道】面板，分别在“洋红”和“黄色”通道前面单击眼睛图标将这两个通道隐藏，图像效果如图 4-11 所示。

（5）执行菜单栏中的【图像】/【调整】/【通道混合器】命令，在打开的【通道混合器】对话框中的“输出通道”下拉列表中选择“洋红”选项，并在“源通道”选项下调整“洋红”参数为 0%。

（6）在“输出通道”下拉列表中选择“黄色”选项，并在“源通道”选项下调整“黄色”参数为 0%，其他设置默认，完成对图像颜色的调整。

（7）执行菜单栏中的【图像】/【模式】/【RGBK 颜色】命令，将图像颜色模式还原为 RGB 颜色模式，完成对图像颜色模式的转换。

小知识

在 Photoshop CS5 中，通道是存储不同类型信息的灰度图像，颜色信息通道是在打开新图像时自动创建的。图像的颜色模式决定了所创建的颜色通道的数目。例如，RGB 图像的每种颜色（红色、绿色和蓝色）都有一个通道，并且还有一个用于编辑图像的复合通道；CMYK 颜色模式图像有青色、洋红、黄色和黑色 4 个通道以及一个用于编辑图像的复合通道 CMYK 颜色通道。通过转换图像颜色模式，然后编辑颜色通道，可以达到调整图像颜色的目的。

2. 制作地面雪效果

（1）按键盘中的 F7 键打开【图层】面板，再按键盘上的 Ctrl+J 快捷键，将背景层复制为图层 1。

（2）执行菜单栏中的【图像】/【调整】/【去色】命令，去除图像颜色，图像效果如图 4-12 所示。

图 4-11　隐藏洋红和黄色通道后的图像效果

图 4-12　去除图像颜色后的图像效果

小知识

【去色】命令将彩色图像转换为灰度图像，但图像的颜色模式保持不变。例如，它为 RGB 图像中的每个像素指定相等的红色、绿色和蓝色值。每个像素的明度值不改变。此命令与在【色相/饱和度】对话框中将“饱和度”设置为-100 的效果相同。

（3）继续执行菜单栏中的【图像】/【调整】/【色阶】命令，在打开的【色阶】对话框中分别设置“输入色阶”的各参数为 90、1.00 和 110，单击 确定 按钮，图像效果如图 4-13 所示。

小知识

【色阶】命令通过调整图像的阴影、中间调和高光的强度级别，从而校正图像的色调范围和颜色平衡。

（4）按键盘上的 Ctrl+Alt+Shift+~快捷键提取图像高光部分，然后执行菜单栏中的【选择】/【反向】命令将选区反转，再按键盘上的 Delete 键删除选取图像，图像效果如图 4-14 所示。

图 4-13　调整色阶后的图像效果

图 4-14　反选并删除后的效果

（5）激活【工具箱】中的“橡皮擦工具”，为其设置一个合适大小的画笔，将天空和海面位置的白色擦除，使其恢复原来的颜色，图像效果如图 4-15 所示。

3. 处理人物图像

（1）激活复制的名为“照片 01 副本”的图像文件，使用“移动工具”将该图像拖动到“照片 01”图像中，图像生成图层 2。

（2）执行菜单栏中的【图层】/【排列】/【后移一层】命令，将图层 2 移动到图层 1 的下方，图像效果如图 4-16 所示。

图 4-15　擦出天空和海面后的效果

图 4-16　将“照片 01 副本”后移一层的效果

（3）再次激活【工具箱】中的“橡皮擦工具”，为其设置一个合适大小的画笔，将图层 2 中除人物图像之外的其他部分全部擦除，图像效果如图 4-17 所示。

（4）执行菜单栏中的【图像】/【调整】/【色相/饱和度】命令，在打开的【色相/饱和度】对话框的“编辑”下拉列表中选择“红色”，然后调整其“饱和度”为 25，其他设置默认。

（5）继续在“编辑”下拉列表中选择“青色”，调整其“饱和度”为 80，在“编辑”下拉列表选择“蓝色”，调整其“饱和度”为 45，然后单击 确定 按钮调整人物衣服颜色，结果如图 4-18 所示。

图 4-17　擦除“照片 01 副本”图像的效果

图 4-18　调整人物衣服颜色

小知识

【色相/饱和度】命令可以调整图像中特定颜色分量的色相、饱和度和亮度，或者同时调整图像中的所有颜色。此命令尤其适用于微调 CMYK 图像中的颜色，以便它们处在输出设备的色域内。用户可以存储【色相/饱和度】对话框中的设置，并加载它们以供在其他图像中重复使用。

（6）激活背景层，执行菜单栏中的【图像】/【调整】/【色阶】命令，在打开的【色阶】对话框中设置“输出色阶”的参数分别为 30、1 和 255，单击 确定 按钮调整背景层的颜色，图像效果如图 4-19 所示。

4. 制作飘落的雪花效果

（1）在图层 1 上方新建图层 3，然后向图层 3 填充任意颜色。

（2）执行菜单栏中的【滤镜】/【杂色】/【添加杂色】命令，在打开的【添加杂色】对话框设置“数量”为 400%，单击 确定 按钮向图层 3 添加杂色，效果如图 4-20 所示。

图 4-19　调整背景颜色

图 4-20　添加杂色后的效果

小提示

【杂色】命令用于向图像像素中添加杂色，如果当前图像中没有像素，即当前图层为透明图层，则系统限制该命令的执行。因此，在向新建图层中添加杂色时，需要在图层中添加任意颜色，然后才能添加杂色。

（3）执行菜单栏中的【滤镜】/【像素化】/【点状化】命令，在打开的【点状化】对话框设置“单元格大小”为 30，单击 确定 按钮，结果如图 4-21 所示。

（4）激活【工具箱】中的“魔棒工具”，取消其【选项】栏中“连续”选项的勾选，在图像中单击白色颜色块将其选择，然后单击鼠标右键，在弹出的快捷菜单中选择【选择反向】命令反选，再按键盘中的 Delete 键删除选取图像，结果如图 4-22 所示。

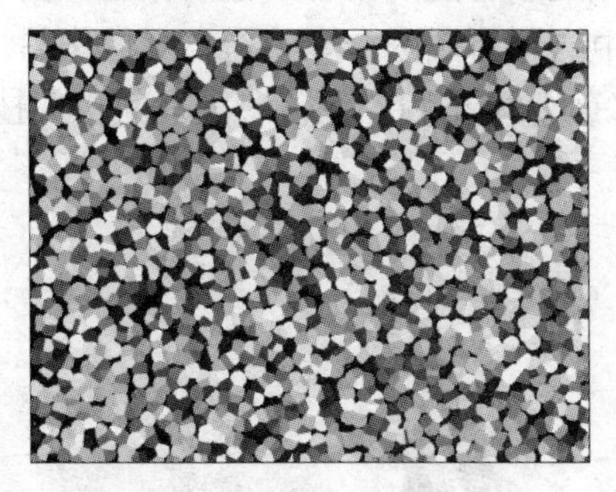

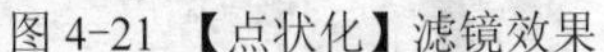

图 4-21 【点状化】滤镜效果

图 4-22　删除其他颜色后的效果

（5）按键盘上的 Ctrl+D 快捷键取消选区，执行菜单栏中的【滤镜】/【模糊】/【高斯模糊】命令，在打开的【高斯模糊】对话框中设置“半径”为 5 像素，单击 确定 按钮对图像进行模糊处理。

（6）按键盘中的 Ctrl+J 快捷键将图层 3 复制为图层 3 副本层，然后执行【滤镜】/【模糊】/【动感模糊】命令，在打开的【动感模糊】对话框中设置“角度”为 60°，设置“距离”为 85 像素，单击 确定 按钮对图像进行动感模糊处理，结果如图 4-23 所示。

（7）激活背景层，执行菜单栏中的【图像】/【调整】/【色相/饱和度】命令，在打开的【色相/饱和度】对话框中设置“饱和度”为-20，设置“亮度”为-10，单击 确定 按钮对背景层进行处理，图像效果如图 4-24 所示。

图 4-23　动感模糊效果

图 4-24　图像最终效果

（8）最后使用“橡皮擦工具”将人物脸部的雪花擦除，然后执行菜单栏中的【文件】/【存储为】命令，将该图像效果存储为“增加照片情趣——雪中情.psd”文件。

课堂实训 3：照片个性处理——制作淡彩线描自画像

实例说明

比起拍摄的照片，自画像更具有独特的个人魅力，尤其是淡彩线描自画像，以简洁流畅的线条和淡雅的色彩勾勒出的个人自画像的魅力更是其他绘画作品无法比拟的。如果您不具备画自画像的能力，那就请跟随我一起将自己的照片处理成一张魅力十足的自画像吧。

这一节我们将运用 Photoshop CS5 强大的图像处理功能，结合其他图像处理技巧，将如图 4-25 中左图所示的人物照片处理成如图 4-25 中右图所示的个人淡彩自画像作品。通过该实例操作，继续巩固和掌握 Photoshop CS5 中图像颜色校正和图像色彩处理的相关技巧。

原照片效果

制作的淡彩自画像效果

图 4-25 原照片与制作的淡彩自画像效果比较

操作步骤

1. 制作线描效果

（1）打开“素材”/“第 4 章”目录下的“照片 02.jpg”图像文件，这是一幅女孩的照片，如图 4-25 中左图所示。

（2）按键盘上的 F7 键打开【图层】面板，再按键盘上的 Ctrl+J 快捷键将背景层复制为背景副本层，然后执行菜单栏中的【图像】/【调整】/【去色】命令去除图像颜色，图像效果如图 4-26 所示。

小知识

【去色】命令将彩色图像转换为灰度图像，但图像的颜色模式保持不变。例如，它为 RGB 图像中的每个像素指定相等的红色、绿色和蓝色值。每个像素的明度值不改变。此命令与在【色相/饱和度】对话框中将“饱和度”设置为-100 的效果相同。

（3）继续按键盘上的 Ctrl+J 快捷键将背景副本层复制为背景副本 2 层，然后执行菜单栏中的【图像】/【调整】/【反相】命令，将图像反相，结果如图 4-27 所示。

（4）在【图层】面板设置背景副本 2 层的图层混合模式为“颜色减淡”模式，然后执行菜单栏中的【滤镜】/【其他】/【最小值】命令，在打开的【最小值】对话框中设置“半径”为 1 像素，单击 确定 按钮，图像效果如图 4-28 所示。

小知识

【最小值】滤镜有应用伸展的效果：展开黑色区域和收缩白色区域。与【中间值】滤镜一样，【最小

值】滤镜针对选区中的单个像素。在指定半径内，【最小值】滤镜用周围像素的最高或最低亮度值替换当前像素的亮度值。

图 4-26　去色后的图像效果

图 4-27　反相后的图像效果

2. 设置图层混合效果并添加颜色

将照片处理为线描效果后，发现照片人物的头发失去了原来的浓密的黑色效果，下面我们通过设置图层的混合效果，使照片人物的头发回复为黑色浓密的效果。

（1）确保当前图层为背景副本 2 层，单击【图层】面板下方的 fx. “添加图层样式”按钮，在打开的下拉菜单中选择【混合选项】命令，打开【图层样式】对话框。

（2）在【图层样式】对话框进入【混合选项：自定】面板，按住键盘上的 Alt 键的同时，将鼠标指针移动到“混合颜色带”选项下的“下一图层”色带下左边滑块的右边，向右拖动鼠标，将右边三角滑块向右拖动，混合图像的灰色，同时设置两个滑块的参数分别为 16 和 73，单击 确定 按钮，图像效果如图 4-29 所示。

图 4-28　设置最小值后的图像效果

图 4-29　设置混合参数后的图像效果

在为人物图像添彩时，我们同样使用复制背景并设置混合模式的方式和调整图像颜色的方式来完成。

（3）激活背景层，按键盘中的 Ctrl+J 快捷键将背景层再次复制为背景副本层。

（4）执行菜单栏中的【图层】/【排列】/【置为顶层】命令，将背景副本层放到最顶层，然后在【图层】面板设置其图层混合模式为“颜色”模式，图像效果如图 4-30 所示。

（5）按键盘上的 Shift+Ctrl+Alt+E 快捷键盖印图层生成图层 2，执行菜单栏中的【图像】/【调整】/【色彩平衡】命令，在弹出的【色彩平衡】对话框中设置参数分别为 100、−100 和 100，其他设置默认，单击确定按钮，图像效果如图 4-31 所示。

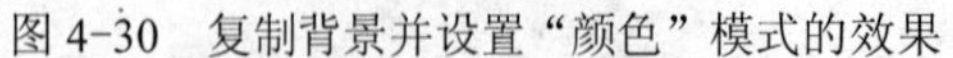
图 4-30　复制背景并设置“颜色”模式的效果

图 4-31 【色彩平衡】调整效果

下面我们执行【表面模糊】命令对人物脸部进行精细处理，使其光洁美丽。

（6）确保图层 2 为当前操作图层，执行菜单栏中的【滤镜】/【模糊】/【表面模糊】命令，在打开的【表面模糊】对话框中设置“半径”为 15 像素，“阈值”为 25 色阶，设置完成后单击确定按钮，图像效果如图 4-32 所示。

（7）再次执行菜单栏中的【滤镜】/【锐化】/【智能锐化】命令，勾选“基本”选项，然后设置其“数量”为 500%，“半径”为 0.5 像素，同时勾选“更加精准”选项，其他设置默认。

（8）单击确定按钮，结果如图 4-33 所示。

图 4-32 【表面模糊】处理效果

图 4-33 【智能锐化】处理效果

（9）下面再处理背景。激活【工具箱】中的“自由套索工具”，设置其“羽化”为 20 像素，沿人物图像外将背景选择。

（10）执行菜单栏中的【滤镜】/【画笔描边】/【成角的线条】命令，在打开的【成角的线条】对话框中设置“方向平衡”为 100，“描边长度”为 50，“锐化程度”为 10，单击确定按钮，对背景进行处理。

（11）按键盘上的 Ctrl+D 快捷键取消选区，照片处理完成，处理前与处理后的照片效果

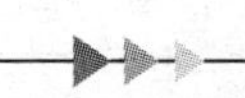

比较如图 4-34 所示。

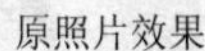

原照片效果

制作的淡彩自画像效果

图 4-34　处理前与处理后的照片效果比较

小知识

【成角的线条】滤镜命令使用对角描边重新绘制图像，用相反方向的线条来绘制亮区和暗区。

（12）取消选区，执行菜单栏中的【文件】/【存储为】命令，将该图像效果存储为“照片个性处理——制作淡彩线描自画像.psd”文件。

课堂实训 4：为素面人物照片美容和上彩妆

实例说明

想要将您的素面照片处理成一幅上了彩妆的照片吗？那就跟随我一起来实现自己的愿望吧！这一节我们将继续运用 Photoshop CS5 强大的图像颜色校正功能，结合其他图像处理技巧，对如图 4-35 中左图所示的人物照片进行美容和上彩妆，使其展现靓丽的彩妆效果，如图 4-35 中右图所示。通过该实例操作，继续巩固和掌握 Photoshop CS5 中图像颜色校正和图像色彩处理的相关技巧。

原照片效果

上彩妆后的照片效果

图 4-35　原照片与上彩妆后的照片效果比较

操作步骤

1. 调整并裁剪照片

（1）打开“素材”/“第 4 章”目录下的“照片 03.jpg”图像文件，这是一幅竖放的女孩的素面照片，如图 4-36 所示。

（2）执行菜单栏中的【图像】/【旋转画布】/【90°（顺时针）】命令，将照片进行 90°顺时针旋转，使其横放，结果如图 4-37 所示。

图 4-36　打开的照片

图 4-37　旋转画布后的照片效果

小知识

在 Photoshop CS5 中，在【图像】/【旋转画布】和【编辑】/【变换】菜单下都有一组用于旋转图像的命令，使用这些命令可以对图像进行 180°、90°（顺时针）、90°（逆时针）、任意角度、水平反转和垂直反转等操作。但是，需要注意的是，【图像】/【旋转画布】菜单下的相关命令用于对整个图像进行旋转，该组命令不可以作用于单个的图层。而【编辑】/【变换】菜单下的相关命令则主要用于对图层进行变换操作，不可以作用与整个图像。如果当前操作对象为背景层时，该命令不可用。

下面我们继续对照片进行裁剪，使其画面构图更加稳定、协调。

（3）激活【工具箱】中的“裁剪工具”，在照片上拖动创建裁剪区域，如图 4-38 所示。

（4）单击“裁剪工具”【选项】栏中的✔“提交裁剪操作”按钮，对照片进行裁剪，结果如图 4-39 所示。

图 4-38　选取裁剪区域

图 4-39　裁剪后的效果

小知识

裁剪是移去部分图像以形成突出或加强构图效果的过程。可以执行“裁剪工具”和【裁剪】命令裁剪图像。也可以执行【裁剪并修齐】以及【裁切】命令来裁切像素。当使用“裁剪工具”裁剪图像时，可在其【选项】栏中设置裁剪的宽度、高度以及分辨率，以重新取样。如果要裁剪图像而不重新取样，那么要确保【选项】栏中的“分辨率”文本框是空白的，可以单击“清除”按钮以快速清除所有文本框。如果要在裁剪过程中对图像进行重新取样，请在选项栏中输入高度、宽度和分辨率的值。除非用户提供了宽度或高度以及分辨率，否则裁剪工具将不会对图像重新取样。如果输入了高度和宽度尺寸并且想要快速交换值，请单击“高度和宽度互换”图标。另外，用户可以单击选项栏中裁剪工具图标旁边的三角形，以打开“工具预设”选取器并选择一个重新取样预设，如图4-40所示。

另外，如果要基于另一图像的尺寸和分辨率对一幅图像进行重新取样，请打开依据的那幅图像，选择裁剪工具，然后单击【选项】栏中的“前面的图像”按钮，这样，用户要裁剪的图像尺寸将使用依据的图像尺寸，无论裁剪框设置多大，其最终裁剪的尺寸都将是依据的图像尺寸。

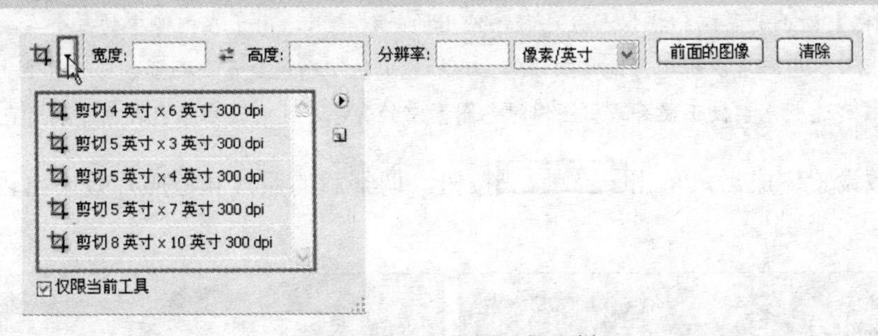

图4-40　打开预设重新取样

2. 调整照片色调、亮度和对比度

下面我们来调整照片的色调、亮度和对比度，使照片颜色更鲜艳，层次更分明，人物效果更突出。

（1）按键盘上的F7键打开【图层】面板，再按键盘上的Ctrl+J快捷键将背景层复制为背景副本层，然后执行菜单栏中的【图像】/【调整】/【可选颜色】命令，在打开的【可选颜色】对话框的“颜色”下拉列表分别调整红色、黄色、蓝色、中性灰及黑色，设置参数进行调整，其参数设置如图4-41所示。

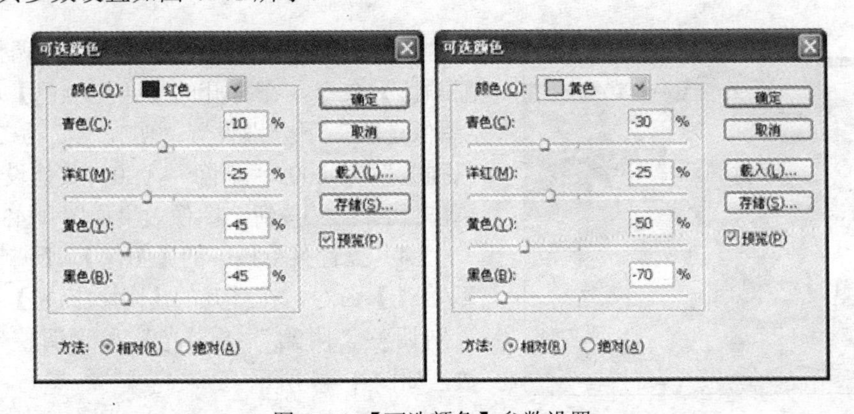

图4-41　【可选颜色】参数设置

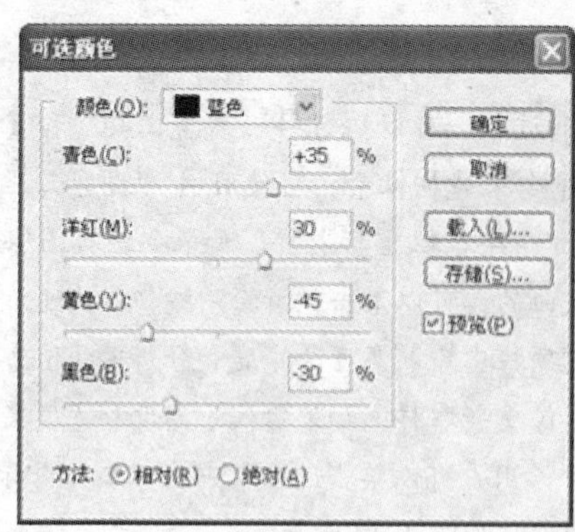

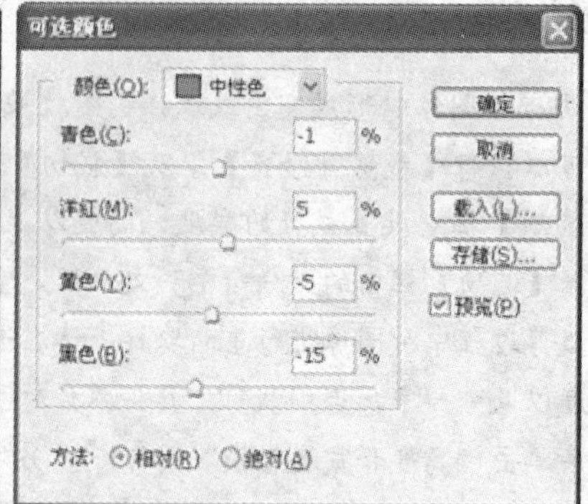

图 4-41 【可选颜色】参数设置（续）

小知识

【可选颜色】校正是高端扫描仪和分色程序使用的一种技术，用于在图像中的每个主要原色成分中更改印刷色的数量。用户可以有选择地修改任何主要颜色中的印刷色数量，而不会影响其他主要颜色。例如，可以使用【可选颜色】校正显著减少图像绿色图素中的青色，同时保留蓝色图素中的青色不变。

（2）参数设置完成后，单击 确定 按钮，调整后的照片和原照片效果比较如图 4-42 所示。

原照片效果

调整后的照片效果

图 4-42 原照片和调整后的照片效果比较

（3）执行菜单栏中的【图像】/【调整】/【匹配颜色】命令，在打开的【匹配颜色】对话框的“图像选项”下分别设置“明亮度”为 200、“颜色强度”为 200、“渐隐”为 0，其他设置默认，单击 确定 按钮，图像效果如图 4-43 所示。

（4）执行菜单栏中的【图像】/【调整】/【阴影/高光】命令，在打开的【阴影/高光】对话框中分别调整“阴影”、“高光”和“调整”选项参数，如图 4-44 所示。

图 4-43 调整【匹配颜色】效果

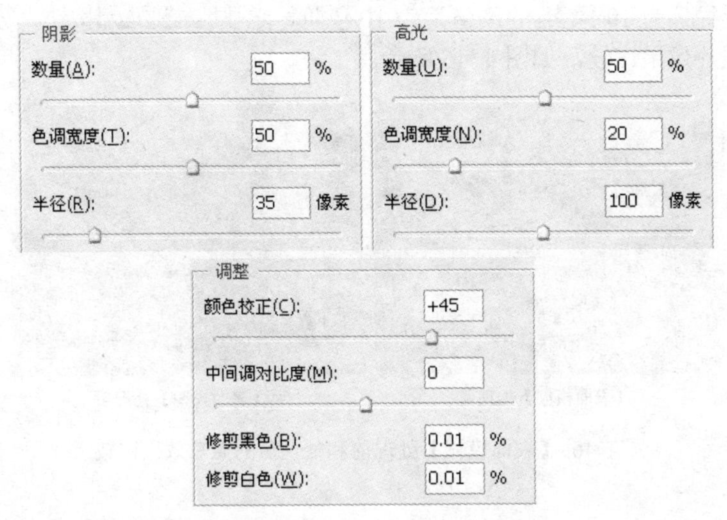

图 4-44 【阴影/高光】参数设置

小知识

【阴影/高光】命令适用于校正由强逆光而形成剪影的照片，或者校正由于太接近相机闪光灯而有些发白的焦点。在用其他方式采光的图像中，这种调整也可用于使阴影区域变亮。【阴影/高光】命令不是简单地使图像变亮或变暗，它基于阴影或高光中的周围像素（局部相邻像素）增亮或变暗。正因为如此，阴影和高光都有各自的控制选项。默认值设置为修复具有逆光问题的图像。【阴影/高光】命令还有“中间调对比度”滑块、“修剪黑色”选项和“修剪白色”选项，用于调整图像的整体对比度。

（5）单击 确定 按钮，调整后的照片效果如图 4-45 所示。

图 4-45 调整【阴影/高光】后的照片效果

3. 去除照片杂色并调整白嫩皮肤效果

对照片颜色和对比度调整后我们发现，照片中杂色太多，尤其使人物脸部出现了较多的杂点，使人物皮肤显得粗糙、不光滑。下面我们就来去除这些杂色。

（1）执行菜单栏中的【滤镜】/【模糊】/【表面模糊】命令，在打开的【表面模糊】对话框中设置“半径”为 10 像素、“阈值”为 10 色阶，单击确定按钮，处理后的照片效果和处理前的照片效果比较，如图 4-46 所示。

【表面模糊】处理前

【表面模糊】处理后

图 4-46 【表面模糊】处理前和处理后的照片效果比较

小知识

【表面模糊】命令在保留边缘的同时模糊图像。此滤镜用于创建特殊效果并消除杂色或粒度。“半径”选项指定模糊取样区域的大小。“阈值”选项控制相邻像素色调值与中心像素值相差多大时才能成为模糊的一部分，色调值差小于阈值的像素被排除在模糊之外。

（2）确保图层 1 为当前操作图层，按键盘上的 Ctrl+J 快捷键将图层 1 复制为图层 1 副本层，然后在【图层】面板设置其混合模式为“滤色”，以使皮肤白嫩，结果如图 4-47 中左图所示。

设置图层混合模式后，皮肤过于苍白，下面我们继续对皮肤颜色进行校正，使其皮肤红润嫩白。

（3）按键盘上的 Ctrl+Alt+Shift+E 快捷键盖印图层生成图层 2，然后执行菜单栏中的【图像】/【调整】/【色彩平衡】命令，在打开的【色彩平衡】对话框中勾选“中间调”选项，然后设置“青色”为 50、“洋红”为-35，其他设置默认，单击确定按钮，处理后的照片效果和处理前的照片效果比较，如图 4-47 中右图所示。

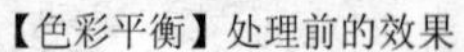

【色彩平衡】处理前的效果

【色彩平衡】处理后的效果

图 4-47 处理前和处理后的照片效果比较

4. 处理人物眼睛

俗话说：“眼睛是心灵的窗户”，对于一幅人物照片来说，皮肤再光滑白嫩，如果眼睛

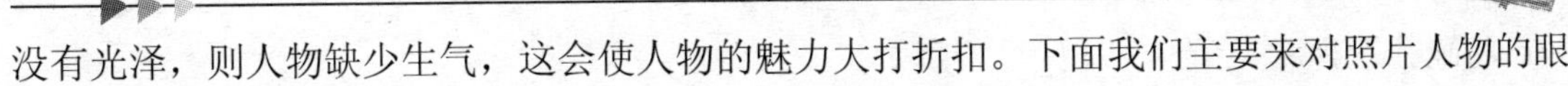

没有光泽，则人物缺少生气，这会使人物的魅力大打折扣。下面我们主要来对照片人物的眼睛进行处理。

（1）激活【工具箱】中的 “抓手工具”，在照片上单击鼠标右键，选择快捷菜单中的【实际像素】命令，将照片以实际像素进行显示。

（2）新建图层 3，激活【工具箱】中的 “钢笔工具”，在照片人物左边眼睛上眼皮位置创建两条路径，如图 4-48 中左图所示。

（3）激活【工具箱】中的 “画笔工具”，为其选择一个画笔，设置画笔大小为 1 像素，硬度为 100%，其他设置默认。

（4）按键盘上的 D 键设置前景色和背景色为系统默认颜色。

小提示

在 Photoshop CS5 中，系统默认的前景色为黑色（R：0、G：0、B：0），背景色为白色（R：255、G：255、B：255），按键盘上的 D 键，可以将前景色和背景色设置为系统默认颜色。

（5）执行菜单栏中的【窗口】/【路径】命令打开【路径】面板，单击【路径】面板下的 “用画笔描边路径”对路径进行描边，结果如图 4-48 中中图所示。

（6）隐藏路径，执行菜单栏中的【滤镜】/【模糊】/【高斯模糊】命令，在打开【高斯模糊】对话框中设置“半径”为 2 像素，单击 确定 按钮，处理后的眼睛效果如图 4-48 中右图所示。

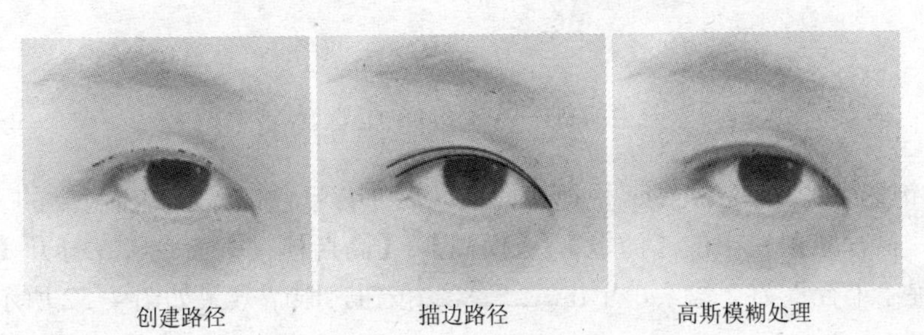

图 4-48　创建路径、描边路径和高斯模糊处理

（7）新建图层 4，使用相同的方法在右眼睛上眼皮位置创建路径、描边路径和高斯模糊处理，结果如图 4-49 所示。

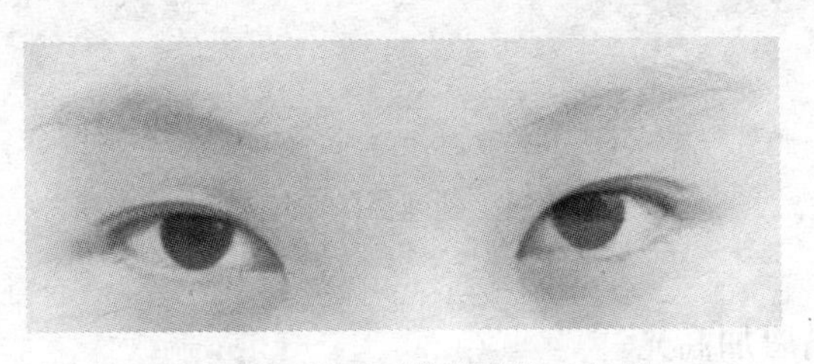

图 4-49　处理后的眼睛眼皮效果

下面继续对眼珠进行处理。

（8）新建图层 5，激活【工具箱】中的 “椭圆选框工具”，设置其“羽化”为 1 像素，同时激活其【选项】栏中的 “添加到选区”按钮，在人物眼睛瞳孔位置创建两个选

区，将瞳孔选择。

（9）按键盘上的 Alt+Delete 快捷键向选区填充前景色，结果如图 4-50 所示。

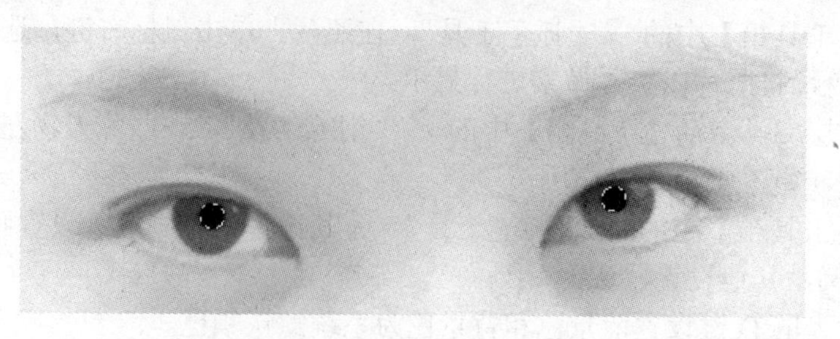

图 4-50　向选区填充黑色

（10）按键盘上的 Ctrl+D 快捷键取消选区，然后新建图层 6，激活【工具箱】中的“多边形套索工具”，设置其“羽化”为 1 像素，同时激活其【选项】栏中的“添加到选区”按钮，在人物眼睛瞳孔旁创建两个选区，如图 4-51 所示。

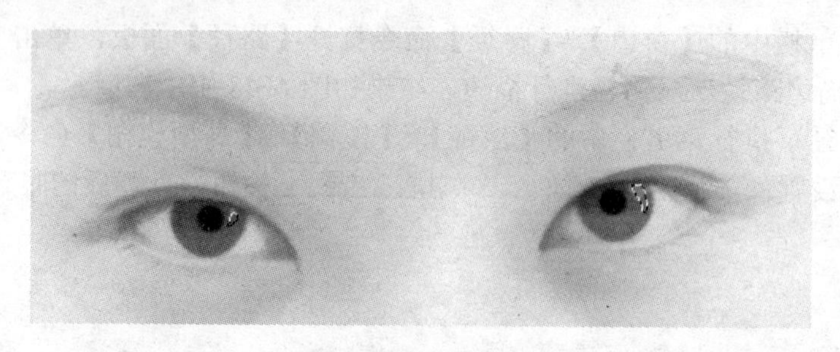

图 4-51　在瞳孔旁创建选区

（11）按键盘上的 Ctrl+Delete 快捷键向选区填充背景色，然后按键盘上的 Ctrl+D 快捷键取消选区，执行菜单栏中的【滤镜】/【模糊】/【高斯模糊】命令，在打开【高斯模糊】对话框中设置“半径”为 2 像素，单击 确定 按钮，眼睛效果如图 4-52 所示。

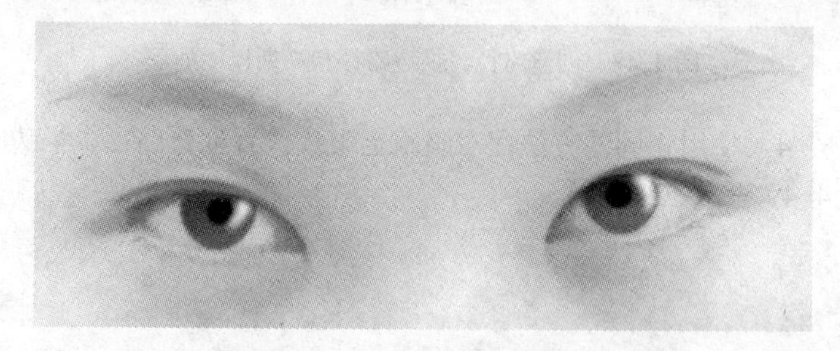

图 4-52　处理后的眼睛效果

5. 处理眉毛和为嘴唇加高光

（1）新建图层 7，激活【工具箱】中的“画笔工具”，为其选择一个画笔，设置画笔大小为 1 像素，硬度为 100%，其他设置默认。

（2）照片人物眉毛位置沿眉毛走向绘制眉毛，结果如图 4-53 所示。

（3）执行菜单栏中的【滤镜】/【模糊】/【高斯模糊】命令，在打开【高斯模糊】对话

框中设置“半径”为 8.0 像素，单击 确定 按钮，对绘制的眉毛进行模糊处理，结果如图 4-54 所示。

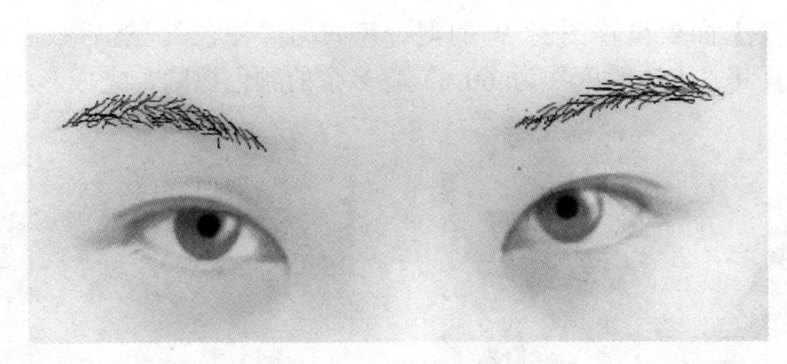

图 4-53　绘制眉毛

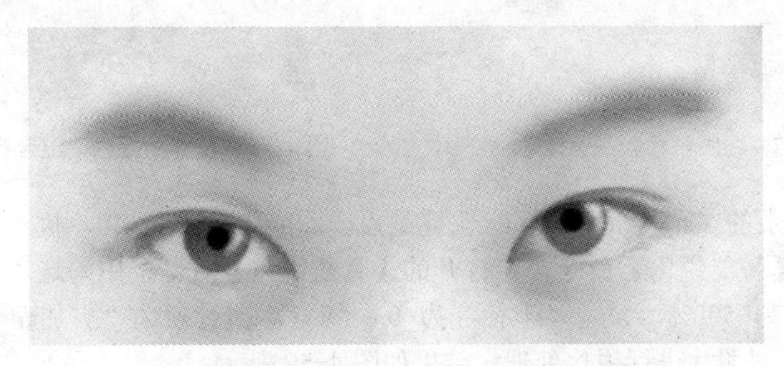

图 4-54　高斯模糊后的效果

（4）新建图层 8，设置前景色为白色（D：255、G：255、B：255），使用 “画笔工具”在下嘴唇上绘制白色，如图 4-55 所示。

（5）执行菜单栏中的【滤镜】/【模糊】/【高斯模糊】命令，在打开【高斯模糊】对话框中设置“半径”为 4.0 像素，单击 确定 按钮，对白色进行模糊处理，处理后的嘴唇效果如图 4-56 所示。

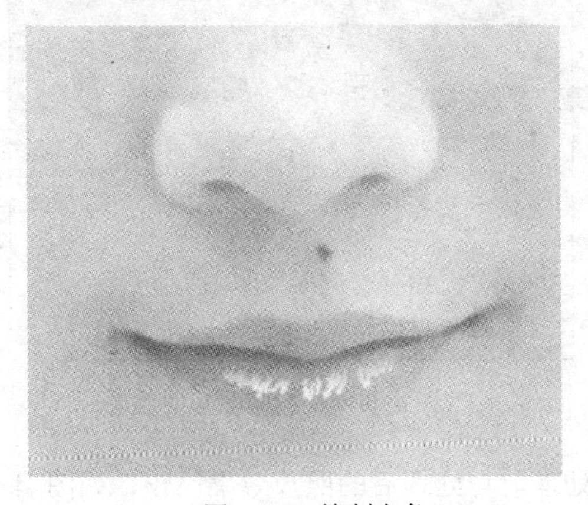

图 4-55　绘制白色

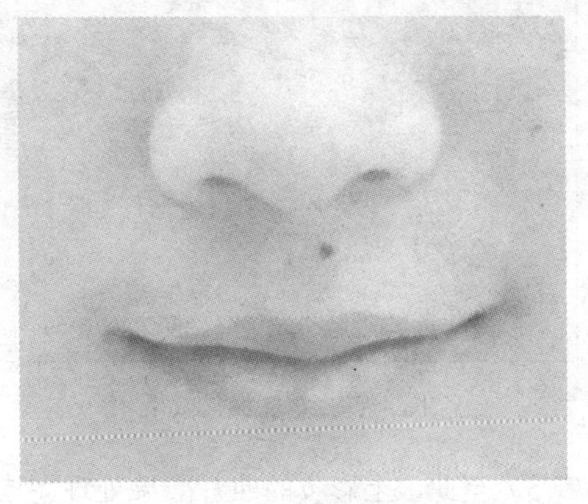

图 4-56　高斯模糊处理

6. 为女孩上彩妆和处理背景

（1）新建图层 9，设置前景色为紫红色（R：215、G：3、B：108），激活 “画笔工具”，为其选择一个合适的画笔，设置画笔硬度为 50%，在人物眼帘和脸颊位置涂色，如图 4-57 所示。

（2）在【图层】面板设置图层 9 的混合模式为“滤色”，然后激活【工具箱】中的“橡皮工具”，设置其“不透明度”为 60%。将多余的颜色擦除，完成彩妆的制作，结果如图 4-58 所示。

图 4-57　在眼帘和脸颊上涂色

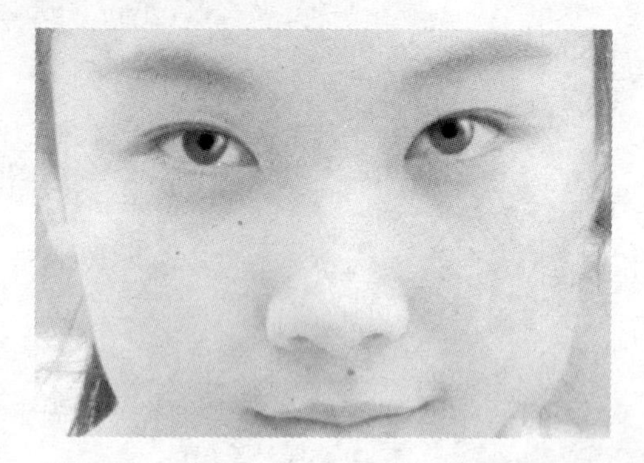

图 4-58　设置“滤色”混合模式后的效果

（3）按键盘上的 Ctrl+Alt+Shift+E 快捷键盖印图层生成图层 10，执行菜单栏中的【滤镜】/【锐化】/【智能锐化】命令，在打开的【智能锐化】对话框中勾选“基本”选项，然后设置“数量”为 500%，设置“半径”为 0.6 像素，同时勾选“更加精准”选项，单击 确定 按钮，对照片进行锐化处理，结果如图 4-59 所示。

（4）激活 “多边形套索工具”，设置其“羽化”为 30 像素，将除人物之外的背景图像选择，执行菜单栏中的【滤镜】/【画笔描边】/【成角的线条】命令，在打开的【成角的线条】对话框设置“方向平衡”为 100，设置“描边长度”为 50，“锐化程度”为 10，单击 确定 按钮，对背景进行处理，最终结果如图 4-60 所示。

图 4-59　智能锐化效果

图 4-60　处理背景后的效果

（5）至此，上彩妆的照片效果处理完毕，处理前与处理后的照片效果比较，如图 4-61 所示。

（6）最后执行【文件】/【存储为】命令将该照片效果保存为“为人物素面照片美容和上彩妆.psd”文件。

原照片效果

上彩妆后的照片效果

图 4-61　处理前与处理后的照片效果比较

课堂实训 5：照片效果转换——暴雨前夕

实例说明

您看到过大海吗？您看到过暴雨来临时的大海景象吗？这一节我们将运用 Photoshop CS5 强大的图像颜色转换功能，结合其他图像处理技巧，将如图 4-62 中左图所示的海边风景照片处理成如图 4-62 中右图所示的暴雨来临时的大海景象。通过该实例操作，继续巩固和掌握 Photoshop CS5 中图像颜色校正和图像色彩转换的相关技巧。

原照片效果

处理后的照片效果

图 4-62　原照片效果和处理后的照片效果比较

操作步骤

（1）打开“素材”/“第 4 章”目录下的“海边风景 01.jpg”图像文件，这是一幅海边的风景照片，如图 4-63 中左图所示。

（2）按键盘上的 F7 键打开【图层】面板，按键盘上的 Ctrl+J 快捷键，将背景层复制为背景副本层，然后在【图层】面板设置背景副本层的混合模式为“线性光”，图像效果与原图像效果比较，如图 4-63 中右图所示。

原照片

设置混合模式的后的照片效果

图 4-63　原照片效果和设置混合模式后的照片效果比较

（3）激活【工具箱】中的“魔棒工具”，勾选其【选项】栏中的“连续”选项，在背景副本层天空位置单击将天空选择，选取结果如图 4-64 中左图所示。

小知识

在 Photoshop CS5 中，“魔棒工具”是一种快速选取图像的工具，该工具操作简单，但其选择能力却超强，常用于对较复杂的图像范围进行选取。在本实例的操作中，当单击不能将天空全部选取时，可以单击其【选项】栏中的“添加到选区”按钮，然后在未选取的图像上单击将其选取。有关该工具的其他操作方法和选取图像的其他操作技巧，请参阅本书第 2 章相关实例的操作。

（4）在照片上单击鼠标右键，在弹出的快捷菜单中选择【通过剪切的图层】命令，将天空图像剪切到图层 1，然后在【图层】面板设置图层 1 的混合模式为“线性加深”模式，照片效果如图 4-64 中右图所示。

选取天空图像

设置图层 1 混合模式为“线性加深”模式

图 4-64　选取背景图像并设置混合模式

小知识

【通过剪切的图层】命令是将选取的图像通过剪切以生成新的图层，这样在处理选取图像时不会影响原图像。

（5）按键盘上的 Ctrl+Alt+Shift+E 快捷键盖印图层生成图层 2，再按键盘上的 Ctrl+J 快捷键将图层 2 复制为图层 2 副本层，然后设置其混合模式为“滤色”模式，照片效果如

图 4-65 中左图所示。

（6）依照第（3）步～第（4）步的操作，再次将天空剪切到图层 3，然后设置其图层混合模式为“叠加”模式，图像效果如图 4-65 中右图所示。

复制图层 2 并设置“滤色”模式

剪切天空图像到图层 3 并设置“叠加”模式

图 4-65　复制图层 2 与剪切天空图像的操作

（7）按键盘上的 Ctrl+Alt+Shift+E 快捷键盖印图层生成图层 4，执行菜单栏中的【图像】/【调整】/【匹配颜色】命令，在打开的【匹配颜色】对话框中勾选“中和”选项，其他设置默认，单击 确定 按钮，图像效果如图 4-66 中左图所示。

小知识

【匹配颜色】命令可匹配多个图像之间、多个图层之间或者多个选区之间的颜色。它还允许用户通过更改亮度和色彩范围以及中和色痕来调整图像中的颜色。【匹配颜色】命令仅适用于 RGB 模式的图像。另外，【匹配颜色】命令将一个图像（源图像）的颜色与另一个图像（目标图像）中的颜色相匹配。当用户尝试使不同照片中的颜色保持一致，或者一个图像中的某些颜色（如皮肤色调）必须与另一个图像中的颜色匹配时，此命令非常有用。除了匹配两个图像之间的颜色以外，【匹配颜色】命令还可以匹配同一个图像中不同图层之间的颜色。

（8）执行菜单栏中的【图像】/【调整】/【色阶】命令，在打开的【色阶】对话框中设置“输入色阶”参数分别为 80、1.00 和 225，其他设置默认，单击 确定 按钮，图像效果如图 4-66 中右图所示。

【匹配颜色】效果

【色阶】效果

图 4-66　【匹配颜色】效果和【色阶】效果

小知识

【色阶】命令可以使用【色阶】对话框通过调整图像的阴影、中间调和高光的强度级别，从而校正图像的色调范围和颜色平衡。【色阶】直方图用作调整图像基本色调的直观参考。当使用【色阶】调整色调范围时，外面的两个“输入色阶”滑块将黑场和白场映射到“输出”滑块的设置。默认情况下，“输出”滑块位于色阶 0（像素为全黑）和色阶 255（像素为全白）。因此，在“输出”滑块的默认位置，如果移动黑色输入滑块，则会将像素值映射为色阶 0，而移动白场滑块则会将像素值映射为色阶 255。其余的色阶将在色阶 0 和 255 之间重新分布。这种重新分布情况将会增大图像的色调范围，实际上增强了图像的整体对比度。

（9）按键盘上的 Ctrl+Alt+Shift+E 快捷键盖印图层生成图层 5，单击【图层】面板下方的“创建新的填充或调节图层”按钮，在弹出的下拉菜单中选择【渐变填充】选项，在打开的【渐变填充】对话框中选择系统预设的“蓝色、红色、黄色”渐变色，然后设置“样式”为“线性”，“角度”为 90°，其他设置默认，单击 确定 按钮，图像效果如图 4-67 中左图所示。

（10）在【图层】面板设置渐变填充调节层的混合模式为“颜色”模式，“不透明度”为 60%，此时照片效果如图 4-67 中右图所示。

填充渐变色

设置“颜色”模式效果

图 4-67 渐变填充与设置“颜色”模式后的照片效果

小知识

调节图层是一种图像颜色校正命令，该命令可以作用于处于调节层下方的所有图层的颜色，另外，可以通过使用黑色和白色编辑调节图层的蒙版，对调整效果进行编辑，以达到满意的图像颜色效果。

（11）按键盘上的 Ctrl+Alt+Shift+E 快捷键盖印图层生成图层 6，打开【通道】面板，新建 Alpha1 通道，然后执行菜单栏中的【滤镜】/【杂色】/【添加杂色】命令，设置“数量”为 400%，单击 确定 按钮。

（12）执行菜单栏中的【滤镜】/【模糊】/【高斯模糊】命令，设置“半径”为 2 像素，单击 确定 按钮。

（13）执行菜单栏中的【滤镜】/【模糊】/【径向模糊】命令，在打开的【径向模糊】对话框中勾选“缩放”选项，并设置“数量”为 100，然后在“中心模糊”框的左上角单击鼠标，确定模糊中心位于图像左上角位置，单击 确定 按钮进行径向模糊，结果如图 4-68

中左图所示。

（14）按键盘上的 Ctrl+F 快捷键重复执行【径向模糊】命令，然后执行菜单栏中的【图像】/【调整】/【阈值】命令，在打开的【阈值】对话框设置“阈值色阶”为 118，单击 确定 按钮，结果如图 4-68 中右图所示。

【径向模糊】效果

【阈值】效果

图 4-68 【径向模糊】和【阈值】效果

（15）执行菜单栏中的【滤镜】/【模糊】/【高斯模糊】命令，设置“半径”为 2 像素，单击 确定 按钮。

（16）按住 Ctrl 键并单击 Alpha1 通道载入选区，然后回到 RGB 颜色通道，执行菜单栏中的【图像】/【调整】/【色阶】命令，在打开的【色阶】对话框中设置“输入色阶”参数分别为 0、1.00 和 200，其他设置默认。

（17）单击 确定 按钮，然后按键盘上的 Ctrl+D 快捷键取消选区，图像效果如图 4-69 中左图所示。

（18）打开“素材”/“第 4 章”目录下的“海鸥.psd”文件，将其拖动到当前照片中，完成照片的处理，结果如图 4-69 中右图所示。

【色阶】处理效果

添加海鸥图像后的效果

图 4-69 【色阶】处理效果和添加海鸥后的效果

（19）照片转换效果处理完毕，处理前与处理后的照片效果比较，如图 4-70 所示。

（20）执行【文件】/【存储为】命令，将该照片效果存储为“照片效果转换——暴雨前夕.psd”文件。

原照片效果

处理后的照片效果

图 4-70　处理前与处理后的照片效果比较

总结与回顾

图像颜色校正是使用 Photoshop CS5 处理图像的重要内容，也是学习 Photoshop CS5 软件必须要掌握的知识。这一章我们通过多个精彩案例，使用不同方法对不同颜色效果的图像进行了颜色处理，完成了一幅幅精彩的案例，同时详细讲解了每一个案例的操作全过程，相信读者通过本章内容的学习，一定能掌握图像色彩校正的方法和技巧。需要注意的是，在处理图像颜色时，有时我们会遇到除 RGB 颜色模式图像之外的其他颜色模式的图像，如灰度、Lab 模式或 CMYK 模式等，这时有一些颜色校正命令可能不可用，此时我们可以通过通道转换或图像颜色模式转换等方法来进行处理，只有灵活运用相关命令，才能充分发挥 Photoshop CS5 强大的图像颜色校正功能，完成一幅幅精美的图像效果。

课后实训

图像颜色校正知识是学习 Photoshop CS5 必须要掌握的重要内容，请运用所掌握的图像颜色校正知识，结合其他图像颜色处理功能，制作如图 4-71 所示的“放飞梦想”的公益广告。

图 4-71　“放飞梦想”公益广告设计

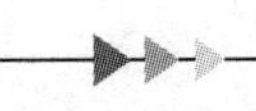

操作提示

（1）新建图像文件，使用渐变色填充背景。

（2）打开“素材”/“第 4 章”目录下的“天空.jpg”素材文件，将其拖动到新建图像上方位置，然后执行【色相/饱和度】命令调整天空图像的颜色，使其与填充的背景颜色相似。

（3）打开“素材”/“第 4 章”目录下的“天空.jpg”素材文件，将其拖动到新建图像上方位置，然后执行【色相/饱和度】命令调整天空图像的颜色，使其与填充的背景颜色相似。

（4）打开“素材”/“第 4 章”目录下的“照片 04.jpg”素材文件，使用选择工具将其人物选择，并将其移动到新建图像中。

（5）执行【水平反转】命令将人物图像反转，并将其移动到图像右边位置，执行【表面模糊】命令对人物进行模糊处理。

（6）将人物图像复制，并设置其混合模式为“滤色”模式，将其与原人物图像合并。

（7）执行【色相/饱和度】命令调整人物图像的颜色，最后执行【智能锐化】命令对人物进行锐化处理。

（8）打开“素材”/“第 4 章”目录下的“风筝.psd”和“风筝 01.psd”素材文件，将其移动到新建图像中间位置，使用图层样式功能为其制作外发光效果。

（9）使用文字蒙版工具输入“放飞梦想”文字蒙版，然后将文字蒙版转换为路径，并对文字路径进行变形操作。

（10）对文字路径进行填充和描边，完成该公益广告的设计。

课后习题

1．填空题

1）执行【色相/饱和度】命令不仅可以校正图像的颜色，同时还能将一幅彩色图像调整为一幅单色的灰色的图像，那么，如果要将一幅图像调整为单色图像，需要设置（　　　　）选项。

2）对于一幅 RGB 颜色模式的灰色图像，除了执行【色相/饱和度】命令将其调整为单色彩色图像之外，还可以执行（　　　　）命令将其调整为单色彩色图像。

3）在【色阶】对话框中，设置“输入色阶”的黑色值越大，图像颜色（　　　　），图像对比度越强。

2．选择题

1）执行【图像】/【模式】/【灰度】命令将图像模式转换为灰度模式后，则表示（　　）。

A．降低了该图像的颜色饱和度，使图像成为灰色

B．丢弃了图像颜色信息，使图像成为灰色

C．既降低了颜色饱和度，也丢弃了颜色信息，使图像成为灰色

2）在 Photoshop CS5 中，下列命令中用于调整图像亮度与对比度的命令有（　　）。

A.【亮度/对比度】、【色彩平衡】、【色相/饱和度】、【自动对比度】

B.【亮度/对比度】、【色阶】、【曲线】、【曝光度】

C.【亮度/对比度】、【色彩平衡】、【自动色阶】、【自动对比度】

D.【亮度/对比度】、【自动对比度】、【曝光度】、【曲线】

3)【通道混合器】命令通过对某一通道中的 3 种颜色进行混合，以达到校正图像颜色的目的，这 3 种颜色是（　　）。

A．青色、洋红、蓝色

B．红色、绿色、黄色

C．红色、绿色、蓝色

3．简答题

简单描述【去色】命令与【灰度】命令的区别。

第5章

颜色的应用技术

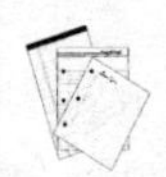

内容概述

颜色是平面设计的基础，是表达图像主题的重要手段。颜色的协调统一，不仅能给人美的享受，还能传达人与人之间的情感，一幅好的平面设计作品总离不开颜色的正确运用。这一章我们将通过多个精彩案例操作，带领大家全面、系统的学习在 Photoshop CS5 中如何调配颜色、填充颜色、使用颜色绘图以及运用颜色进行平面设计的相关技巧。

课堂实训 1：牙膏盒平面包装设计

实例说明

包装设计的范畴很广，内容涵盖了我们生活的多个方面，大到一台电视机的外包装，小到一枚口香糖的外包装等，都属于包装设计范畴。对于产品来说，包装设计非常重要，它不仅影响到产品外观的美感，从而也影响到了产品的销售。因此，没有一个厂家不对自己产品的外包装重视的，有些厂家的产品外包装的花费甚至已经超过了产品本身的价值，可见包装对一个产品来说有多么重要。

这一节我们将运用 Photoshop CS5 中的颜色调配功能与颜色运用功能，设计制作如图 5-1 所示的牙膏盒平面包装设计的实例。通过该实例操作，掌握 Photoshop CS5 中颜色的调配方法以及运用颜色进行平面包装设计的相关技巧。

操作步骤

1. 牙膏盒平面包装界面颜色设计

（1）执行【文件】/【新建】命令，新建“宽度”为 10 厘米。“高度”为 7 厘米，分辨率为 300 像素、背景内容为白色的图像文件。

图 5-1　牙膏盒平面包装设计

（2）新建图层 1，按键盘上的 Ctrl+R 快捷键添加标尺，然后将鼠标指针移动到水平标尺和垂直标尺上拖动鼠标，添加两条水平参考线和两条垂直参考线。

小知识

Photoshop CS5 中的标尺，为用户绘制标准图形提供了很大的便利，标尺是由带刻度的水平标尺和垂直标尺组成。添加标尺后，可以将鼠标指针移动到水平标尺与垂直标尺上拖动鼠标添加参考线，将鼠标指针移动到参考线上拖动鼠标，可以调整参考线的位置，将参考线拖到图像外即可将其删除。另外，执行菜单栏中的【视图】/【显示】/【参考线】命令，可以隐藏或显示参考线，执行【视图】/【清除参考线】命令可以清除参考线，执行【视图】/【对齐】或【对齐到参考线】命令，即可使光标对齐到参考线上，便于精确绘制图形。

（3）将背景层暂时隐藏，设置前景色为白色（R：255、G：255、B：255），激活【工具箱】中的“矩形工具”，在其【选项】栏单击“填充像素”按钮，沿参考线内拖动鼠标绘制矩形图形，如图 5-2 所示。

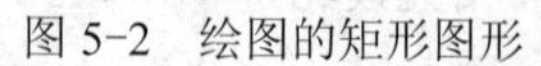

图 5-2　绘图的矩形图形

小知识

“矩形工具”属于绘图工具，该工具使用前景色绘制，因此在使用该工具绘图时，首先需要设置前景色作为绘图颜色。另外，使用该工具绘图时，可以在其【选项】栏选择使用“形状图层”、“路径”或“填充像素”这 3 种不同的模式进行绘制。

➢ “形状图层”：在单独的图层中创建形状。可以使用形状工具或钢笔工具来创建形状图层。因为

可以方便地移动、对齐、分布形状图层以及调整其大小，所以形状图层非常适于为 Web 页创建图形。可以选择在一个图层上绘制多个形状。形状图层包含定义形状颜色的填充图层以及定义形状轮廓的链接矢量蒙版。形状轮廓是路径，它出现在【路径】面板中。

- “路径”：在当前图层中绘制一个工作路径，可随后使用它来创建选区、创建矢量蒙版，或者使用颜色填充和描边以创建栅格图形（与使用绘画工具非常类似）。除非存储工作路径，否则它是一个临时路径。路径出现在【路径】面板中。
- “填充像素”：直接在图层上绘制，与绘画工具的功能非常类似。在此模式中工作时，创建的是栅格图像，而不是矢量图形。可以像处理任何栅格图像一样来处理绘制的形状。在此模式中只能使用形状工具。

（4）激活【工具箱】中的“钢笔工具”，沿图层 1 左边位置创建一个闭合路径，然后使用“转换点工具”调整路径的形态，如图 5-3 所示。

（5）单击鼠标右键，选择快捷菜单中的【建立选区】命令将路径转换为选区，然后设置前景色为绿色（R：55、G：172、B：1），背景色为黄色（R：255、G：240、B：0）。

（6）激活【工具箱】中的“渐变工具”按钮，打开【渐变编辑器】对话框，选择系统默认的“前景到背景”的渐变色，然后在其【选项】栏单击“线性渐变”按钮，将鼠标指针移动到选区内，由上向下拖动鼠标填充渐变色，效果如图 5-4 所示。

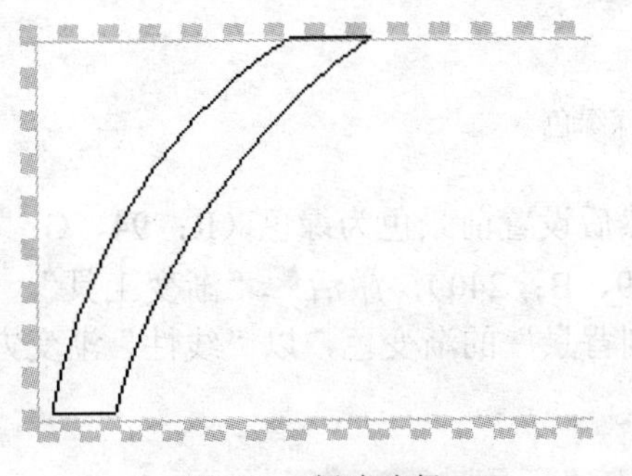

图 5-3　创建路径

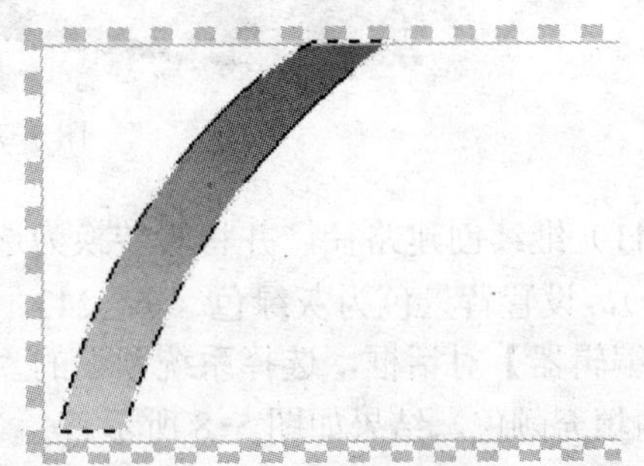

图 5-4　填充渐变色

（7）按键盘上的 Ctrl+D 快捷键取消选区，依照前面的方法，继续使用“钢笔工具”图层 1 创建一个闭合路径，并将其转换为选区。

（8）激活【工具箱】中的“渐变工具”按钮，打开【渐变编辑器】对话框，设置一种绿色（R：55、G：172、B：1）到黄绿色（R：198、G：255、B：0）再到绿色（R：255、G：240、B：0）的渐变色，以“线性渐变”方式在选区内由左下方到右上方拖动鼠标填充渐变色，效果如图 5-5 所示。

图 5-5　填充“绿色-黄绿色-绿色”的渐变色

小技巧

设置渐变色时，选择系统预设的任意一种渐变色，然后将鼠标指针移动到色带下的色标上拖动鼠标，即可将多余的色标删除，在色带下单击鼠标，即可添加一个色标，然后双击色标，在打开的【拾色器】对话框设置色标的颜色。

（9）继续在图层 1 创建路径，并将其转换为选区，然后设置前景色为淡绿色（R：187、G：250、B：146），激活"渐变工具"，选择系统预设的"前景到透明"的渐变色，以"线性"渐变方式向选区内填充颜色，结果如图 5-6 所示。

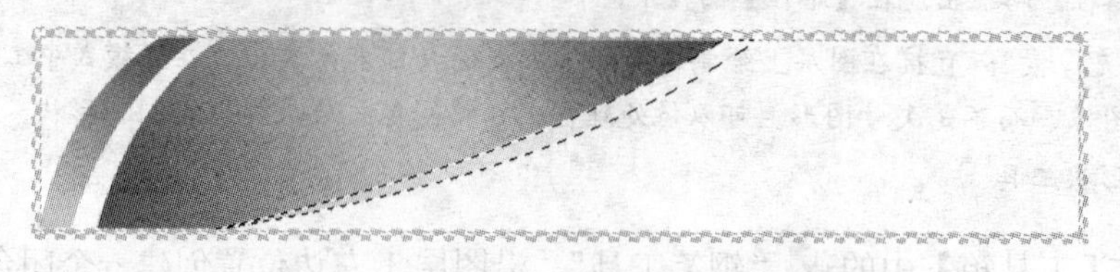

图 5-6　填充"前景到透明"的渐变色

（10）继续创建路径，并将其转换为选区，然后设置前景色为深绿色（R：39、G：159、B：2），按键盘上的 Alt+Delete 快捷键向选区内填充前景色，效果如图 5-7 所示。

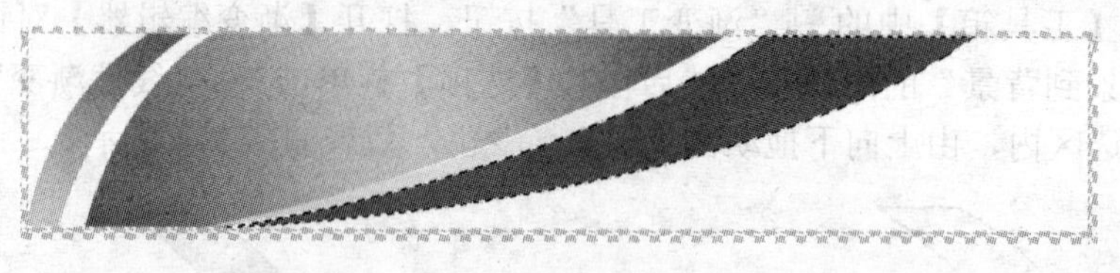

图 5-7　填充深绿色

（11）继续创建路径，并将其转换为选区，然后设置前景色为绿色（R：94、G：174、B：47），设置背景色为灰绿色（R：242、G：249、B：240），激活"渐变工具"，打开【渐变编辑器】对话框，选择系统预设的"前景到背景"的渐变色，以"线性"渐变方式向选区内填充颜色，结果如图 5-8 所示。

图 5-8　填充"前景到背景"的渐变色

（12）继续在图形右下角位置创建路径，并将其转换为选区，然后设置前景色为绿色（R：94、G：174、B：47），设置背景色为灰绿色（R：242、G：249、B：240），激活"渐变工具"，打开【渐变编辑器】对话框，选择系统预设的"前景到背景"的渐变色，以"线性"渐变方式由右向左向选区内填充颜色，结果如图 5-9 所示。

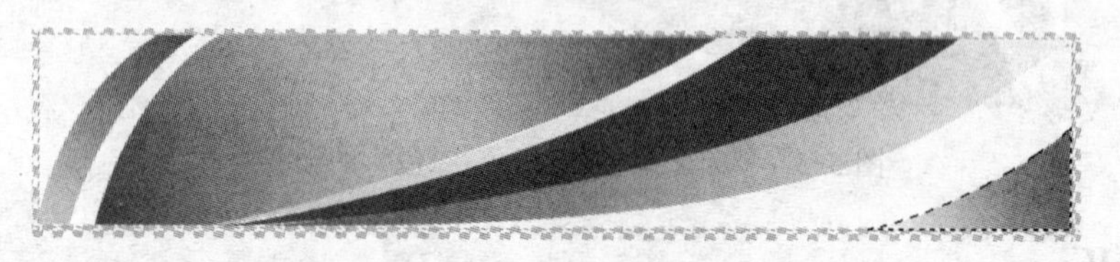

图 5-9　填充"前景到背景"的渐变色

2. 牙膏盒平面包装界面图案设计

（1）新建图层 2，使用"钢笔工具"在图像右边位置创建牙膏、牙齿的图形路径，如图 5-10 所示。

（2）将该路径转换为选区，然后使用"渐变工具"，依照前面的操作向选区内填充绿色（R：39、G：159、B：2）到浅绿色（R：94、G：174、B：47）的渐变色，结果如图 5-11 所示。

图 5-10　创建路径

图 5-11　转换选区并填充渐变色

（3）执行菜单栏中的【编辑】/【描边】命令，在打开的【描边】对话框设置"宽度"为 3 像素，"颜色"为白色（R：255、G：255、B：255），单击 确定 按钮对图形进行描边，完成图形的绘制。

（4）新建图层 3，激活【工具箱】中的"椭圆形选框工具"，设置其"羽化"为 0 像素，在图像左边位置创建圆形选区。

（5）设置前景色为白色（R：255、G：255、B：255），激活"画笔工具"，设置一个较大的画笔，在选区外拖动鼠标，绘制泡泡的边框，然后设置一个较小的画笔，在选区内合适位置单击，制作泡泡的高光，完成泡泡的制作。

（6）将图层 3 多次复制，并使用自由变换工具调整其大小和位置，最终效果如图 5-12 所示。

3. 牙膏盒平面包装界面文字设计

（1）激活"横排文字工具"，选择"隶书"字体，设置字号大小为 25 点，字体颜色为白色（R：255、G：255、B：255），在图像上单击并输入大写的"KUCHI"文字内容。

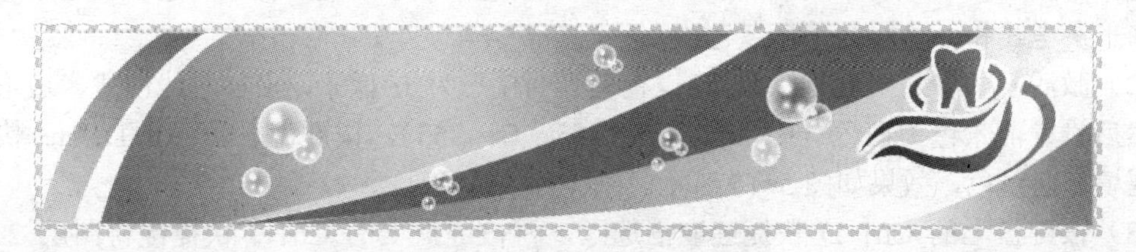

图 5-12　制作完成的泡泡效果

（2）单击【图层】面板下方的 fx “添加图层样式”按钮，选择弹出菜单中的【描边】命令，在打开的【图层样式】对话框的“描边”选项下设置“大小”为5像素，设置颜色为深绿色（R：9、G：108、B：2），其他设置默认，单击 确定 按钮对文字进行描边，效果如图5-13所示。

图5-13　输入文字并描边

（3）使用“钢笔工具”在图像右边位置创建一条弧形开放路径，然后激活 T “横排文字工具”，选择“方正粗活意简体”字体，设置字号大小为12点，字体颜色为白色（R：255、G：255、B：255）。

（4）将鼠标指针移动到路径左端单击，沿路径输入“高级强效抗过敏”文字内容，之后将光标移动到“抗”字的前面向右拖动鼠标将“抗过敏”字样选择，然后修改其字号大小为7点。

（5）将鼠标指针移动到“KUCHI”层单击鼠标右键，选择快捷菜单中的【复制图层样式】命令，然后在“高级强效抗过敏”文字层单击鼠标右键，选择快捷菜单中的【粘贴图层样式】命令，将描边图层样式粘贴到该文字层，效果如图5-14所示。

图5-14　输入的文字效果

小技巧

在 Photoshop CS5 中，可以沿路径输入文字。首先在图像中创建路径，然后激活文字工具，将光标移动到路径一端单击，即可沿路径输入文字，当沿路径输入文字后，调整路径的形态，文字则会根据路径形态的变化而变化。

4. 牙膏盒平面包装界面的组合

（1）将图层1～图层3合并为新的图层1，新建图层2，然后在平面包装左边添加两条新的水平参考线和一条新的垂直参考线。

（2）激活“多边形套索工具”，设置其“羽化”为0像素，沿参考线创建多边形选择区，然后设置前景色为白色（R：255、G：255、B：255），按键盘上的 Alt+Delete 快捷键向选区填充前景色，效果如图5-15所示。

（3）按键盘上的 Ctrl+D 快捷键取消选区，再按键盘上的 Ctrl+J 快捷键将图层2复制为图层2副本层，然后执行菜单栏中的【编辑】/【变换】/【水平反转】和【垂直反转】

命令，将图层 2 副本层做水平与垂直反转，之后将其移动到平面包装的右边位置，效果如图 5-16 所示。

图 5-15　创建选区并填充白色

图 5-16　复制并变换图像

（4）将图层 1 复制为图层 1 副本层，将其向下移动到图层 1 图像的下方位置，使用自由变换工具调整其高度为 120%，然后输入相关文字，效果如图 5-17 所示。

图 5-17　复制图像并输入文字

（5）新建图层 3，设置前景色为白色（R：255、G：255、B：255），激活【工具箱】中的“圆角矩形工具”，在其【选项】栏单击“填充像素”按钮，并设置其“半径”为 30 像素，在图层 1 副本层右侧绘制圆角矩形，然后设置前景色为绿色（R：39、G：159、B：2），激活“矩形工具”，在其【选项】栏单击“填充像素”按钮，在圆角矩形上方绘制矩形，效果如图 5-18 所示。

图 5-18　绘制矩形和圆角矩形

（6）将图层 1 副本层连同其文字再次向下复制为图层 1 副本 2 层，并使用自由变换工具调整其“高度”为 80%。然后将图层 2 复制为图层 2 副本 2，将其垂直反转，并向下移动

到图层 1 副本 2 层的左边位置，将图层 2 副本层复制为图层 2 副本 3 层，将其垂直反转，并向下移动到图层 1 副本 2 层的右边位置，如图 5-19 所示。

图 5-19　复制图像的效果

（7）将图层 1 副本层复制为图层 1 副本 3 层，将其向下移动到图层 1 副本 2 层的下方。然后将图层 3 复制为图层 3 副本层，将其水平反转，并移动到图层 1 副本 3 层的左边位置，如图 5-20 所示。

图 5-20　复制图像的效果

（8）激活图层 1 副本 3 层，使用自由变换工具调整该层的“高度”为 120%，然后在【图层】面板单击“锁定透明像素”按钮，设置前景色为白色（R：255、G：255、B：255），按键盘上的 Alt+Delete 快捷键向图层 1 副本 3 层填充白色。

（9）依照前面填充渐变色的方法，在图层 1 副本 3 层中创建路径、转换选区并填充渐变色，完成对该层的颜色填充，效果如图 5-21 所示。

（10）在图像中输入相关文字，按键盘上的 Ctrl+Shift+Alt+E 快捷键盖印图层生成图层 4，并隐藏其他所有图层。

（11）设置前景色为灰色（R：128、G：128、B：128），激活【工具箱】中的“直线工具”，在其【选项】栏单击“填充像素”按钮，并设置其“粗细”为 3 像素，按住键盘上的 Shift 键沿平面包装边缘绘制直线。

图 5-21 填充渐变色后的效果

（12）激活图层 4，单击【图层】面板下方的“添加图层样式”按钮，在弹出菜单中选择【阴影】命令，在打开的【图层样式】对话框中单击 确定 按钮，使用系统默认的设置制作阴影，完成牙膏平面包装设计，最终效果如图 5-22 所示。

图 5-22 牙膏平面包装设计

（13）最后执行【文件】/【存储为】命令，将该图像存储为“牙膏盒平面包装设计.psd”文件。

课堂实训 2：牙膏立体包装设计

实例说明

对于大多数产品来说，除了外包装之外，还包括内包装，如牙膏、茶叶等我们日常生活中经常用到的一些产品，几乎都有内、外两层包装。这一节我们继续运用 Photoshop CS5 中的颜色调配与使用功能，结合其他图像处理功能，设计制作某品牌的牙膏立体包装效果。所谓立体包装，是指能真实反应产品的形状、颜色、光、影等三维空间特性的包装，对于平面设计软件来说，制作三维立体包装具有相当大的难度，下面我们就开始制作。

图 5-23　牙膏立体包装设计

操作步骤

1. 制作牙膏立体包装效果

（1）打开上一节保存的“牙膏盒平面包装设计.psd”文件。

（2）将除图层 1 副本层连同其文字层之外的其他图层全部删除，然后按键盘上的 Ctrl+E 快捷键将图层 1 副本层连同其文字层合并为图层 1。

（3）激活图层 1，按键盘上的 Ctrl+J 快捷键，在图层 1 的上方复制出图层 1 副本层。

（4）激活图层 1 层，在【图层】面板单击“锁定透明像素”按钮，然后激活【工具箱】中的“渐变工具”，选择系统预设的“铜色渐变”的渐变色，以“线性”渐变方式由上向下在图层 1 上填充渐变色，结果如图 5-24 所示。

图 5-24　填充“铜色渐变”渐变色

小技巧

在 Photoshop CS5 中，系统预设了多种渐变色，用户可以直接单击这些预设的渐变色将其作为填充颜色进行使用，也可以对这些预设渐变色进行编辑。方法是：选择任意一个系统预设的渐变色，在色带下的色标上双击，在打开的【拾色器】对话框重新设置颜色；按住色标将其向下拖动，删除色标；在色带下单击添加色标；按住色标左右拖动，调整色标的位置。

（5）激活图层 1 副本层，在【图层】面板设置其图层混合模式为“强光”模式，然后按键盘上的 Ctrl+E 快捷键将其与图层 1 合并为新的图层 1，效果如图 5-25 所示。

（6）按键盘上的 Ctrl+T 快捷键为图层 1 添加自由变换工具，单击鼠标右键，在弹出的快捷菜单中选择【变形】命令，将自由变换工具转换为变形工具，然后调整变形工具左边上下两个控制点，对图层 1 进行形态的调整，如图 5-26 所示。

图 5-25　设置混合模式后的图层效果

图 5-26　变形图层 5

小知识

变形工具是在 Photoshop CS4 以后新增的一个图像变换工具，该工具有更灵活、自由的变换功能，可以不受键盘的约束对图像进行变形。唯一不足的是，使用该工具时，不能进行旋转操作，当使用该工具时，单击鼠标右键弹出快捷菜单，可以在其他变换工具直接进行切换。

2. 调整牙膏立体包装的明暗效果

（1）按键盘上的 Enter 键确认变形操作，激活 “矩形选框工具”，设置其“羽化”为 0 像素，将图像左边选择，如图 5-27 所示。

（2）切换到 “移动工具”，按住键盘上的 Alt+Shift 快捷键的同时，单击向左的方向键，对选择图像进行移动复制，结果如图 5-28 所示。

图 5-27　选取图像

图 5-28　移动复制图像

小技巧

移动复制图像是指在移动的过程中复制图像，其操作方法有多种。一种方法是，选取要复制的图像，切换到 “移动工具”，按住键盘上 Alt+Shift 快捷键的同时，单击方向键进行复制，复制的图像会与原图层处于同一图层。另一种方法是，选取要复制的图像，切换到 “移动工具”，按住键盘上 Alt+Ctrl 快捷键的同时，移动图像进行复制，复制的图像与原图层也处于同一图层。

（3）按键盘上的 Ctrl+D 快捷键取消选区，重新使用 “矩形选框工具” 选取被复制的图像，执行菜单栏中的【滤镜】/【纹理】/【纹理化】命令，在打开的【纹理化】对话框中选择 “纹理” 为 “砖形”，设置 “缩放” 为 50%，“凸现” 为 10，单击 确定 按钮，对选取的图像进行纹理处理，效果如图 5-29 所示。

（4）使用 “钢笔工具” 在图像左边位置创建一个月牙形闭合路径，单击鼠标右键，在弹出的快捷菜单中选择【建立选区】命令，在打开的【建立选区】对话框中设置 “羽化” 为 5 像素，单击 确定 按钮，将路径转换为具有羽化效果的选区。

（5）新建图层 2，设置前景色为灰色（R：89、G：90、B：89），背景色为白色（R：255、G：255、B：255），激活 “渐变工具”，打开【渐变编辑器】对话框，选择系统预设的 “前景到背景” 的渐变色，以 “线性” 渐变方式在选区内由右到左拉渐变，最后在【图层】面板设置其图层混合模式为 “明度” 模式，效果如图 5-30 所示。

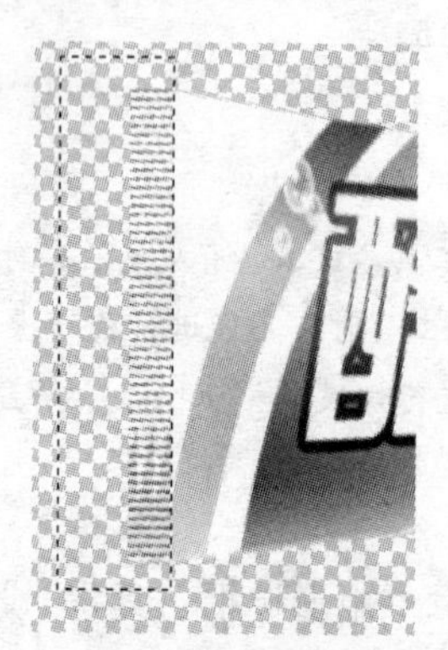

图 5-29 【纹理化】效果

图 5-30 创建路径并填充渐变色

（6）按 Ctrl+D 快捷键取消选区，新建图层 3，依照第（4）步的操作在图像两侧创建两条闭合路径，并将其转换为 “羽化” 为 5 像素的选区。按键盘上的 Alt+Delete 快捷键填充前景色，然后设置图层 3 混合模式为 “强光” 模式，效果如图 5-31 所示。

图 5-31 创建路径并填充颜色

（7）按 Ctrl+D 快捷键取消选区，新建图层 4，依照第（4）步的操作继续在图像两侧、左边和中间位置创建闭合路径，并将其转换为 “羽化” 为 3 像素的选区，按键盘上的 Alt+Delete 快捷键填充前景色，然后设置图层 4 混合模式为 “线性减淡” 模式，效果如图 5-32 所示。

图 5-32　创建路径并填充颜色

小提示

在第（6）步以及第（7）步填充前景色的操作中，前景色是指在第（5）步所设置的灰色（R：89、G：90、B：89）。

（8）按键盘上的 Ctrl+D 快捷键取消选区，完成对牙膏立体包装明暗的处理。

3. 完善牙膏立体包装效果

（1）将图层 1～图层 4 合并为新的图层 1，激活【工具箱】中的“模糊工具”，为其选择一个合适大小的画笔，并设置“强度”为 100%，在牙膏盒明暗交界位置拖动，对交界区域进行模糊处理。

（2）新建图层 2，使用“矩形选框工具”，设置其“羽化”为 0 像素，在牙膏盒右边创建一个矩形选区。

（3）激活“渐变工具”，打开【渐变编辑器】对话框，选择系统预设的“铜色渐变”的渐变色，分别用鼠标双击色带下方的色标，在打开的【拾色器】对话框设置各色标颜色依次为灰色（R：186、G：186、B：186）、白色（R：255、G：255、B：255）、灰色（R：132、G：132、B：132）和白色（R：255、G：255、B：255），然后以“线性”渐变方式在选区内由上向下拖动鼠标填充渐变色，效果如图 5-33 所示。

图 5-33　创建选区并填充渐变色

（4）按键盘上的 Ctrl+T 快捷键，为图层 2 添加自由变换工具，按住键盘上 Alt+Shift+Ctrl 快捷键的同时，将鼠标指针移动到自由变换工具右上角的控制点上，向下拖动鼠标，对图像进行锥形变形操作，如图 5-34 所示。

（5）按键盘上的 Enter 键确认变形操作，新建图层 3，设置前景色为白色（R：255、G：255、B：255），激活“直线工具”，在其【选项】栏按下“填充像素”按钮，并设置其“粗细”为 2 像素，按住键盘上的 Shift 键在选区内绘制垂直直线。

图 5-34　变形图像的操作

（6）按键盘上的 Ctrl+D 快捷键取消选区，然后设置图层 3 的混合模式为“柔光”模式，图像效果如图 5-35 所示。

图 5-35　绘制直线并设置“柔光”模式

（7）将图层 2 与图层 3 合并为新的图层 2，新建图层 3，依照第（2）步～第（5）步的操作，创建矩形，填充渐变色以及绘制直线，制作出牙膏瓶盖效果，如图 5-36 所示。

图 5-36　制作牙膏瓶盖效果

（8）显示背景层，将图层 1～图层 3 合并为新的图层 1，为图层 1 添加“阴影”图层样式，完成牙膏立体包装设计的制作，最终效果如图 5-37 所示。

图 5-37　牙膏立体包装设计结果

（9）最后执行【文件】/【保存】命令，将该图像保存为“牙膏立体包装设计.psd”文件。

课堂实训 3：儿童活力红枣牛奶平面包装设计

实例说明

前一节我们学习了牙膏盒平面包装设计，这一节我们再学习设计制作如图 5-38 所示的“儿童活力红枣牛奶”的平面包装设计，继续巩固 Photoshop CS5 中颜色的调配与应用知识。

图 5-38　儿童活力红枣牛奶平面包装设计

操作步骤

1. 填充背景图案

（1）执行【文件】/【新建】命令，新建“宽度”为 15 厘米。“高度”为 10 厘米，分辨率为 300 像素、背景内容为白色的图像文件。

（2）新建图层 1，按键盘上的 Ctrl+R 快捷键添加标尺，然后将鼠标指针移动到水平标尺和垂直标尺上拖动鼠标，添加多条水平参考线和多条垂直参考线。

小知识

在进行包装设计时，为了使设计的作品更加精准，一般情况下都需要使用参考线。在设置参考线时，首先要对设计的作品的具体尺寸有一个具体了解，然后根据具体尺寸来定位参考线，只有这样才能设计中符合要求的标准的包装设计作品。

（3）将背景层暂时隐藏，设置前景色为白色（R：255、G：255、B：255），激活【工具箱】中的“矩形工具”，在其【选项】栏单击“填充像素”按钮，沿参考线内拖动鼠标绘制矩形图形，如图 5-39 所示。

图 5-39 沿参考线绘图矩形图形

（4）激活 T “横排文字工具”，选择“方正粗活意简体”字体，设置字号大小为 12 点，字体颜色为红色（R：255、G：0、B：0），在图像中单击输入“红枣牛奶”文字内容。

（5）将鼠标指针移动到“枣”字后面向右拖动鼠标将“牛奶”文字选择，修改其文字颜色为白色（R：255、G：255、B：255），然后将文字栅格化。

小技巧

在 Photoshop CS5 中，文字受到了文字层的保护，处理在【文字】面板中对文字进行各种编辑之外，一般情况下不能直接对文字进行编辑，如应用滤镜、描边文字等，只有将文字栅格化之后才能对文字进行其他的编辑操作。栅格化文字层时，可以将鼠标指针移动到文字层，单击鼠标右键，选择快捷菜单中的【栅格化】命令将文字层栅格化，或执行菜单栏中的【图层】/【栅格化】命令将文字栅格化。需要说明的是，一旦将文字层栅格化后，将不能再对文字进行相关的修改，如修改字体、字号大小、文字颜色等，如果要对文字进行这些修改，需要通过其他方法来完成。

（6）使用 “矩形选框工具”，设置其“羽化”为 0 像素，将“牛奶”文字选择，单击鼠标右键，选择【通过剪切的图层】命令，将“牛奶”文字内容剪切到图层 2。

（7）确保图层 2 为当前操作图层，执行菜单栏中的【编辑】/【描边】命令，在打开的【描边】对话框设置示描边“宽度”为 4 像素，勾选“居外”选项，然后单击“颜色”按钮，在打开的【拾色器】对话框设置颜色为紫色（R：255、G：0、B：255），单击 确定 按钮，对“牛奶”文字进行描边，效果如图 5-40 所示。

小知识

在 Photoshop CS5 中，【描边】命令可以对栅格化之后的文字、选区、图形对象等进行描边，描边时可以选择描边宽度、设置描边颜色以及选择描边的位置，其位置包括“内部”，“居中”以及“居外”这 3 种。其中“内部”是指沿图像外边缘向图像内部进行描边，这种描边会覆盖图像，“居中”是指以图像外边缘作为描边中线，描边效果一半覆盖图像，一般在图像外，而“居外”则是沿图像外边缘向图像外部进行描边，这种描边不会覆盖图像。

（8）按键盘上的 Ctrl+E 快捷键将文字层与图层 2 合并为新的图层 2，按 Ctrl+T 快捷键，使用自由变换框将文字旋转-25°，之后使用"矩形选框工具"，设置其"羽化"为 0 像素，将"红枣牛奶"文字选择，如图 5-41 所示。

图 5-40　对文字进行描边

图 5-41　选择文字

小提示

在 Photoshop CS5 中，可以将任何图像定义为图案使用。定义图案是需要将图像选择，但需要特别说明的是，在选择要定义为图案的图像时，选区的羽化值必须是 0，否则不能将选择的图像定义为图案。

（9）执行菜单栏中的【编辑】/【定义图案】命令，在打开的【图案名称】对话框直接单击确定按钮将选择的文字定义为图案。

（10）按键盘上的 Delete 键删除文字内容，之后按键盘上的 Ctrl+D 快捷键取消选区，然后按住 Ctrl 键的同时单击图层 1 载入图层 1 的选区。

（11）激活图层 2，执行菜单栏中的【编辑】/【填充】命令，在打开的【填充】对话框的"使用"列表选择"图案"，单击"自定图案"按钮，在打开的对话框选择我们定义的"红枣牛奶"的图案，设置"不透明度"为 35%，其他设置默认，单击确定按钮使用定义的图案填充图层 2，完成背景图案的填充，效果如图 5-42 所示。

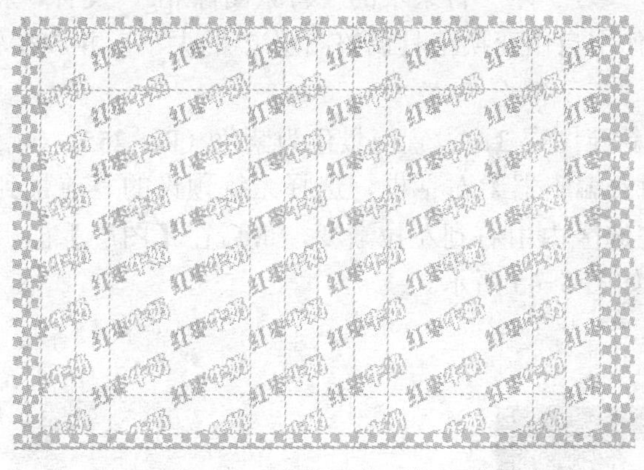
图 5-42　填充图案后的效果

小知识

在 Photoshop CS5 中，【填充】命令主要用于向图像或选区中填充内容。其内容主要有：前景色可、"背景色"、"颜色"、"图案"、"内容识别"、"历史记录"、"黑色"、"白色"以及"50%的灰色"，其中"前景色"与"背景色"是指【工具箱】中的前景色与背景色颜色，当选择"图案"后，可以单击"自定图案"按钮，在打开的对话框选择用户自定的图案或者系统预设的图案进行填充，填充时还可以设置不透明度以及混合模式等。

2. 制作包装盒平面效果图

（1）按键盘上的 Ctrl+D 快捷键取消选区，然后按键盘上的 Ctrl+E 快捷键将图层 1 与图层 2 合并为新的图层 1。

（2）激活"多边形套索工具"，按下其【选项】栏中的"添加到选区"按钮，依次沿参考线创建选区，选取要裁剪的区域，然后按键盘上的 Delete 键删除，效果如图 5-43 所示。

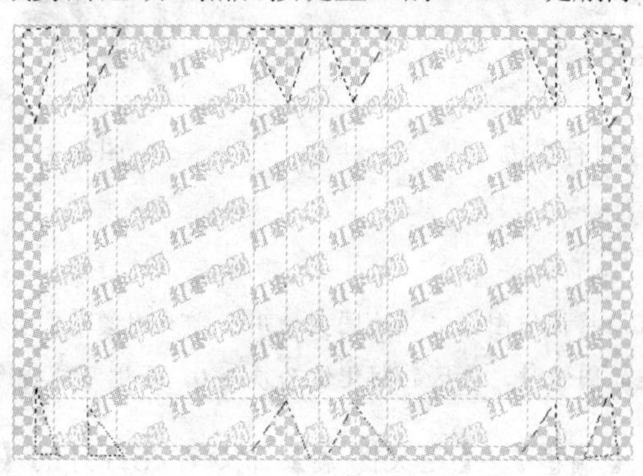

图 5-43　选取图像并删除

小知识

选取图像并删除不是随便选取，也不是随便删除。而是根据包装盒最终的设计效果，将不需要的图像选取并删除，与设置参考线一样，在选取图像时，就首先要对包装盒最终的效果有一个清醒的认识，然后才能准确选取不需要的图像将其删除。

（3）打开"素材"/"第 5 章"目录下的"背景图像.jpg"文件，将该图像拖到当前文件中，图像生成图层 2，使用自由变换工具调整图层 2 的大小，并放在如图 5-44 所示的左边参考线内。

（4）在图层 2 上方新建图层 3，设置前景色为紫色（R：255、G：0、B：255），激活"渐变工具"，打开【渐变编辑器】对话框，选择系统预设的"前景到透明"的渐变色，以"线性"渐变方式在选区内由右到左拉渐变，最后在【图层】面板设置其图层混合模式为"变亮"模式，效果如图 5-45 所示。

图 5-44　添加背景图像

图 5-45　填充渐变色并设置"变亮"模式

（5）将图层 2 与图层 3 合并为新的图层 2，打开“素材”/“第 5 章”目录下的“照片 03.jpg”图像文件，将该图像中的小孩图像选择，并将其移动到当前图像中，使用自由变换工具调整小孩图像大小，并将其移动到如图 5-46 所示的位置。

（6）打开“素材”/“第 5 章”目录下的“奶牛图.psd”图像文件，将图层 1 中的奶牛矢量图移动到当前图像中，使用自由变换工具调整其大小，并将其移动到小孩图像左边位置，效果如图 5-47 所示。

图 5-46　添加小孩图像

图 5-47　添加奶牛图像

小提示

如果感觉小孩图像颜色较暗，杂色较多，效果不好，可以对小孩图像进行亮度以及去除杂色等处理，具体方法可参阅前面章节中相关实例中人物照片的处理技巧，由于篇幅所限，在此不再对其过程进行详细讲解。

3. 制作流淌的牛奶并输入文字

（1）将图层 2 与小孩图层和奶牛图层合并为新的图层 2，然后新建图层 3，并设置前景色为白色（R：255、G：255、B：255）。

（2）激活【工具箱】中的“钢笔工具”，在图像上方位置绘制闭合的路径，然后打开【路径】面板，单击【路径】面板下方的“使用前景色填充路径”按钮填充路径，效果如图 5-48 所示。

图 5-48　创建路径并填充路径

（3）将路径删除，设置前景色为紫红色（R：252、G：68、B：181），然后在【图层】面板单击“锁定透明像素”按钮。

（4）激活【工具箱】中的“画笔工具”，设置一个合适大小的画笔，并设置“硬度”为 0%，“不透明度”为 100%，在图层 3 填充的白色边缘单击并拖动鼠标，为其颜色边缘添加紫红色，制作出流淌的牛奶效果，如图 5-49 所示。

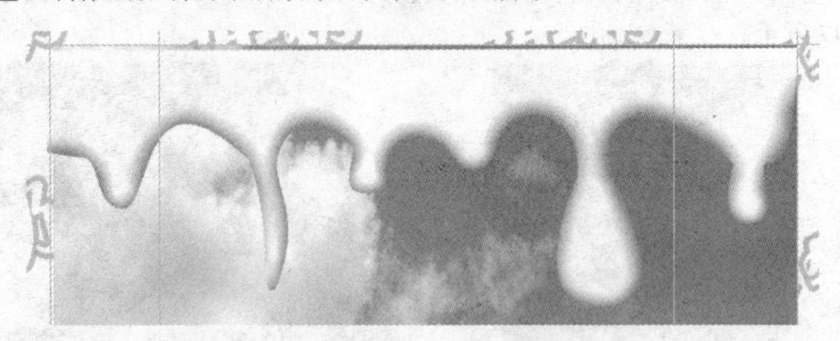

图 5-49　在白色边缘添加紫红色颜色

小提示

在白色边缘单击鼠标添加紫红色时，一定要把握好尺度，不要在太靠近白色颜色边缘的地方单击，要稍微离开白色颜色边缘再单击；另外，要一边单击鼠标一边移动鼠标，只有这样才能使添加的颜色均匀。

（5）使用相同的方法继续在图层 4 右下方制作出向下流淌的牛奶效果，完成牛奶效果的制作，结果如图 5-50 所示。

（6）激活“横排文字工具”，选择“方正粗活意简体”字体，设置合适的字号大小以及字体颜色，在图像中单击输入其他相关文字，效果如图 5-51 所示。

图 5-50　制作向下流淌的牛奶

图 5-51　输入相关文字

小提示

文字的输入比较简单，读者可以参阅前面实例中文字的输入以及文字描边等文字处理技巧自己尝试操作，由于篇幅所限，在此不再一一详细介绍。

（7）将图层 2、图层 3、图层 4 与输入的文字层合并为新的图层 2，按键盘上的 Ctrl+J 快捷键，将图层 2 复制为图层 2 副本层，将其向右移动到图像右边，作为包装盒的另一个平面效果，然后在其他位置输入相关文字，结果如图 5-52 所示。

图 5-52　复制另一平面并输入相关文字

（8）将除背景层之外的其他图层全部合并为图层 1，设置前景色为灰色（R：211、G：211、B：211），激活“直线工具”，在其【选项】栏按下“填充像素”按钮，并设置其“粗细”为 4 像素，按住键盘上的 Shift 键，沿参考线绘制出包装盒的结构线。

（9）最后显示被隐藏的背景层。并为图层 1 添加“阴影”图层样式，完成儿童活力红枣牛奶平面包装设计制作，最终效果如图 5-53 所示。

图 5-53　儿童活力红枣牛奶平面包装设计最终效果

（10）最后执行【文件】/【保存】命令，将该图像保存为“儿童活力红枣牛奶平面包装设计.psd”文件。

课堂实训 4：儿童活力红枣牛奶立体包装设计

实例说明

这一节继续学习绘制如图 5-54 所示的“儿童活力红枣牛奶”立体包装盒，与前面设计制作的牙膏立体包装的操作不同，该立体包装将使用自由变换工具进行操作。通过该实例的操作，学习并掌握自由变换工具以及使用颜色表现图像阴影的相关技法。

图 5-54　儿童活力红枣牛奶立体包装设计

操作步骤

1. 制作立体包装效果

（1）打开上一节保存的“儿童活力红枣牛奶平面包装设计.psd”文件，将鼠标指针移动到图层 1 单击鼠标右键，选择【清除图层样式】命令，将图层 1 中的“阴影”样式清除，然后将该文件另存为“儿童活力红枣牛奶立体包装设计.psd”文件。

（2）将背景层隐藏，激活图层 1，使用“矩形选框工具”，设置其“羽化”为 0 像素，将如图 5-55 所示的平面包装左半部分图像选择，然后按键盘上的 Delete 键将其删除。

（3）继续使用“矩形选框工具”，设置其“羽化”为 0 像素，将平面包装中其他多余图像选择并删除，删除后的图像效果如图 5-56 所示。

（4）继续使用“矩形选框工具”，设置其“羽化”为 0 像素，将平面包装中左上角如图 5-57 所示的三角图像选择，在图像单击鼠标右键，选择快捷菜单中的【通过剪切的图

层】命令，将选择的图像剪切到图层 2。

图 5-55　选择图像并删除

图 5-56　删除多余图像后的效果

图 5-57　选择左上角图像并剪切到图层 2

（5）将图层 2 暂时隐藏，激活图层 1，使用“矩形选框工具”，设置其“羽化”为 0 像素，将图层 1 中左边图像选择，按键盘上的 Ctrl+T 快捷键为其添加自由变形框。

（6）按住键盘上的 Alt+Ctrl+Shift 快捷键的同时，将光标移动到变形框左边中间控制点上向上拖动鼠标，对选择的图像进行透视变形，效果如图 5-58 所示。

小提示

在进行透视变形时，会使选择图像的右下角向下延伸，这时可以在透视变形完成后，在没有取消变形框的情况下，按键盘上向上的方向键，将选择的图像向上移动，使其右下角与正面图像对齐。

（7）按键盘上的 Enter 键确认变形，然后按键盘上的 Ctrl+D 快捷键取消选区。

（8）显示隐藏的图层 2 并将其激活，按键盘上的 Ctrl+T 快捷键为其添加自由变形框，然后按住键盘上的 Ctrl 键的同时，分别调整变形框各控制点，对图层 2 进行变形操作，效果如图 5-59 所示。

图 5-58　左边图像的变形操作

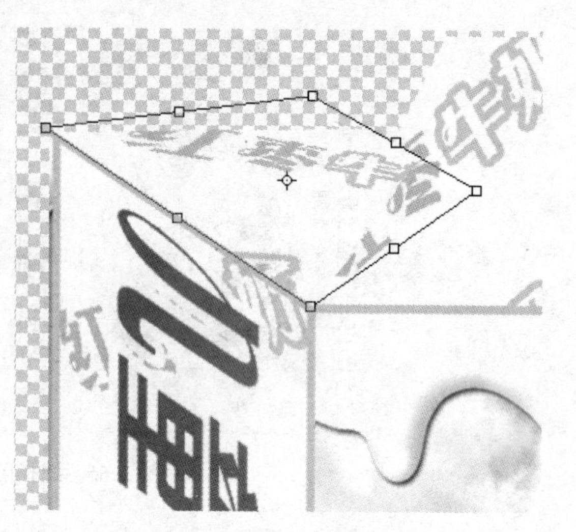

图 5-59　三角图像的变形操作

（9）按键盘上的 Enter 键确认变形，单击【图层】面板下方的“添加图层样式”按钮，在打开的下拉列表选择【斜面和浮雕】命令，在打开的【图层样式】对话框单击 确定 按钮，使用系统默认的参数对图层 2 添加浮雕效果，结果如图 5-60 所示。

（10）激活图层 1，继续使用“矩形选框工具”，设置其“羽化”为 0 像素，将平面包装中如图 5-61 所示的图像选择。

图 5-60　制作浮雕效果

图 5-61　选取图像

（11）在图像单击鼠标右键，在弹出的快捷菜单中选择【通过剪切的图层】命令，将选

择的图像剪切到图层 3，然后按键盘上的 Ctrl+J 快捷键将图层 3 复制为图层 3 副本层，并将其暂时隐藏。

（12）激活图层 3，按键盘上的 Ctrl+T 快捷键为其添加自由变换框，依照前面的操作，按住键盘上的 Ctrl 键的同时，分别调整变形框各控制点，对选择的图像进行变形操作，效果如图 5-62 所示。

（13）按键盘中的 Enter 键确认变形操作，然后重新使用“矩形选框工具”再次将如图 5-63 所示的图像选择。

图 5-62　变形图像

图 5-63　选取图像

（14）按键盘上的 Ctrl+T 快捷键为其添加自由变换框，依照前面的操作，按住键盘上的 Ctrl 键的同时，分别调整变形框的各控制点，对选择的图像进行变形操作，效果如图 5-64 所示。

（15）按键盘中的 Enter 键确认变形操作，然后执行【选择】/【反向】命令将选区反转，执行【图像】/【调整】/【色阶】命令，在打开的【色阶】对话框中设置“输出色阶”的参数分别为 0 和 180，单击 确定 按钮，效果如图 5-65 所示。

图 5-64　变形图像

图 5-65　调整色阶

小技巧

在对选择的图像进行变形操作时，确认变形操作后，图像仍然处于选择状态。因此，在该操作中，当执行反选后，会选择图像的另外一半，执行【色阶】命令就是对图像的另外一半进行色阶调整的。

（16）按键盘上的 Ctrl+D 快捷键取消选区，然后在图层 2 单击鼠标右键，选择【复制图层样式】命令将图层样式复制，在图层 3 单击鼠标右键，选择【粘贴图层样式】命令将复制的图层样式粘贴到图层 3，效果如图 5-66 所示。

（17）使用相同的方法，继续对图层 3 副本层以及图像右上角的三角图像进行变形操作，同时粘贴图层样式，完成牛奶包装立体造型的基本设计，结果如图 5-67 所示。

图 5-66　粘贴图层样式

图 5-67　其他效果的变形

2. 完善立体效果与制作投影

（1）按键盘上的 Ctrl+Shift+Alt+E 快捷键盖印图层生成图层 5，激活【工具箱】中的“模糊工具”，选择合适大小的画笔，并设置“强度”为 100%，在包装盒边缘拖动鼠标进行模糊处理，效果如图 5-68 所示。

（2）显示被隐藏的背景层，执行菜单栏中的【滤镜】/【纹理】/【纹理化】命令，在打开的【纹理化】对话框选择“纹理”为“砂岩”，设置“缩放”为 50%，“凸现”为 5，单击 确定 按钮，以增强包装盒质感，效果如图 5-69 所示。

图 5-68　模糊包装盒边缘

图 5-69　【纹理化】处理效果

（3）激活图层 1，执行菜单栏中的【编辑】/【变换】/【垂直反转】命令将其垂直反转，然后将其移动到图层 5 下方，并依照前面的操作使用自由变换工具调整其透视关系，制作出包装盒的投影图像，如图 5-70 所示。

（4）按键盘上的 D 键将前景色与背景色设置为系统默认的颜色，单击【图层】面板下的“添加图层蒙版”按钮为图层 5 添加图层蒙版。

（5）激活“渐变工具”，打开【渐变编辑器】对话框，选择系统预设的“前景到背景”的渐变色，以“线性”渐变方式在图层 1 中由下向上拖动鼠标填充渐变色。

（6）最后在【图层】面板设置图层 1 的“不透明度”为 25%，完成包装盒投影的制作，效果如图 5-71 所示。

图 5-70　制作投影图像

图 5-71　制作的投影效果

（7）执行【文件】/【存储】命令将该图像存储为“儿童活力红枣牛奶立体包装设计.psd”文件。

课堂实训 5：儿童活力红枣牛奶平面广告设计

实例说明

广告是为产品服务的，广告对于一个产品的销售和推广很重要，通过广告宣传，使消费者能对该产品有一个认知，从而产生购买该产品的欲望。这一节我们来完成如图 5-72 所示的“儿童活力红枣牛奶平面广告设计”的实例，再次学习和巩固 Photoshop CS5 中颜色在平面广告设计中的应用技巧。

图 5-72　儿童活力红枣牛奶平面广告设计

操作步骤

1. 制作背景图像

（1）执行菜单栏中的【文件】/【新建】命令，新建“宽度”为 15 厘米、“高度”为 11 厘米、“分辨率”为 300 像素/英寸、“背景内容”为白色的 RGB 颜色模式的图像文件。

（2）激活【工具箱】中的“渐变工具”，打开【渐变编辑器】对话框，选择系统预设的“橙黄橙”的渐变色，然后修改其渐变颜色为暗红（R：92、G：1、B：1）、红色（R：213、G：0、B：0）和暗红（R：92、G：1、B：1）。

（3）在其【选项】栏按下“线性”渐变按钮，其他设置默认，在背景层由左上角到右下角拖动鼠标，向背景层填充渐变色，效果如图 5-73 所示。

小技巧

设置渐变色时，选择系统预设的渐变色后，将光标移动到色带下的色标上双击，在打开的【拾色器】对话框中即可重新设置色标的颜色。

（4）按键盘上的 F7 键打开【图层】面板，新建图层 1，然后激活【工具箱】中的“钢笔工具”，在其【选项】栏单击“路径”按钮，在图层 1 下方绘制闭合的路径，如图 5-74 所示。

图 5-73　填充渐变色

图 5-74　创建闭合路径

小提示

一般情况下，使用 “钢笔工具” 创建的路径往往不能达到我们的设计要求。创建好路径之后，通常还需要使用 “转换点工具” 对路径进行调整，以满足设计需要。有关路径的调整以及 “转换点工具” 的具体使用方法，请参阅其他相关书籍的详细介绍，由于篇幅所限，在此不再详细介绍。

（5）设置前景色为白色（R：255、G：255、B：255），打开【路径】面板，单击【路径】面板下方的 “使用前景色填充路径” 按钮填充路径，效果如图 5-75 所示。

（6）在【路径】面板空白位置单击隐藏路径，然后激活【工具箱】中的 “画笔工具”，分别设置不同大小的画笔，并设置 “硬度” 为 100%，“不透明度” 为 100%，在图层 1 填充路径的图像周围单击，绘制白色色点，完成背景层的制作，效果如图 5-76 所示。

图 5-75　使用前景色填充路径

图 5-76　绘制白色色点

小提示

在使用 “画笔工具” 绘制白色色点时，要设置不同大小的画笔笔尖，同时绘制的色点要随意自然、无规矩，只有这样才能真实表现牛奶溅起的奶花效果。

2. 处理人物照片

（1）打开 “素材” / “第 5 章” 目录下的 “照片 04.jpg” 图像文件，这是一幅女孩的照片，如图 5-77 所示。

一般的人物摄影作品并不能直接用于广告设计中，主要原因是人物造型、肤色等大都不能满足广告设计的要求，如果要将一般的人物摄影作品运用到广告设计中，必须对人物照片进行处理。下面我们首先对女孩图像进行处理，去除女孩面部的黑斑，并使其皮肤更嫩白，符合广告人物图像的要求。

（2）激活【工具箱】中的 “多边形套索工具”，在其工具【选项】栏设置 “羽化” 为 1 像素，沿女孩图像边缘创建选区，将女孩图像选择。

小知识

“多边形套索工具” 适用于选取不规则的图像范围，如人物、花卉等，在使用该工具选取图像时，设置一定的羽化值，可以使选取的图像边缘比较柔和。另外，在使用该工具时，当拾取的选择范围出现失误时，可以按键盘上的 Delete 键删除，然后重新单击鼠标拾取选择范围。

（3）按键盘上的 F7 键打开【图层】面板，按键盘上的 Ctrl+J 快捷键，将选择的女孩图像复制到图层 1，然后再按键盘上的 Ctrl+J 快捷键，将图层 1 复制为图层 1 副本层，并设置其混合模式为“叠加”模式，图像效果如图 5-78 所示。

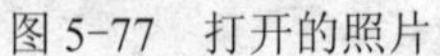

图 5-77　打开的照片

图 5-78　复制人物图像并设置“叠加”模式

（4）按键盘中的 Ctrl+E 快捷键将图层 1 和图层 1 副本层合并为新的图层 1，然后关闭背景层。

（5）执行菜单栏中的【窗口】/【通道】命令打开【通道】面板，将光标移动到蓝色通道上，单击鼠标右键，选择【复制通道】命令，将蓝色通道复制为“蓝副本”通道。

小知识

在 Photoshop CS5 中，通道用于存储图像颜色信息，通过通道我们观察发现，只有在蓝色通道中人物面部的黑色斑点较多，因此我们复制蓝色通道，通过对蓝色通过进行处理，以减少人物面部的黑斑，达到处理人物的目的。

（6）执行菜单栏中的【滤镜】/【其他】/【高反差保留】命令，在打开的【高反差保留】对话框中设置“半径”为 10 像素，单击 确定 按钮，图像效果如图 5-79 所示。

小知识

【高反差保留】命令在有强烈颜色转变发生的地方按指定的半径保留边缘细节，并且不显示图像的其余部分。（0.1 像素半径仅保留边缘像素。）此滤镜移去图像中的低频细节，效果与“高斯模糊”滤镜相反。

在使用“阈值”命令或将图像转换为位图模式之前，将“高反差”滤镜应用于连续色调的图像将很有帮助。此滤镜对于从扫描图像中取出的艺术线条和大的黑白区域非常有用。

（7）继续执行菜单栏中的【图像】/【计算】命令，在打开的【计算】对话框中设置“混合模式”为“强光”模式，其他设置默认，单击 确定 按钮，生成 Alpha1 通道，同时图像效果如图 5-80 所示。

（8）按住 Ctrl 键单击 Alpha1 通道载入其选区，单击 RGB 通道回到颜色通道，执行菜单栏中的【选择】/【反向】命令将选区反转。

（9）回到【图层】面板，单击【图层】面板下方的“创建新的填充或调整图层”按钮，选择【曲线】选项，添加一个曲线调整图层，同时打开【曲线】对话框。

图5-79 【高反差保留】效果

图5-80 【计算】效果

（10）在【曲线】对话框的曲线右上方位置单击添加一个点，然后设置“输出”为224、设置“输入”为140，单击 确定 按钮对人物进行调整，调整前和调整后的人物效果比较，如图5-81所示。

调整前的人物

调整后的人物

图5-81 调整前和调整后的人物效果比较

（11）按键盘上的Shift+Ctrl+Alt+E快捷键盖印图层生成图层2，再按键盘上的Ctrl+J快捷键将图层2复制为图层2副本层，设置其混合模式为“滤色”模式，然后设置其“不透明度”为50%，照片效果如图5-82所示。

（12）执行菜单栏中的【图像】/【调整】/【色彩平衡】命令，在弹出的【色彩平衡】对话框勾选“中间调”选项，然后设置“色阶”参数分别为30、-20和40，其他设置默认，单击 确定 按钮，对人物进行颜色调整，结果如图5-83所示。

图5-82 盖印图层并设置“滤色”模式效果

图5-83 【色彩平衡】调整效果

（13）继续执行菜单栏中的【滤镜】/【锐化】/【智能锐化】命令，在打开的【智能锐化】对话框中设置“数量”为 500%、设置“半径”为 0.6 像素，勾选“更加精准”选项，其他设置默认，单击 确定 按钮对人物进行锐化处理，至此，人物照片处理完毕。

3. 广告画面的组合

（1）使用“移动工具”将处理后的女孩图像拖动到广告文件的左边位置，生成图层 2，结果如图 5-84 所示。

（2）打开“最终效果”目录下的“儿童活力红枣牛奶立体包装设计.psd”文件，将图层 5 中的立体包装图像拖动到当前广告文件中。

（3）按键盘上的 Ctrl+T 快捷键为其添加自由变换框，并在其【选项】栏设置“水平缩放”以及“垂直缩放”均为 40%，按键盘上的 Enter 键确认变换，然后将其移动到女孩手位置，效果如图 5-85 所示。

图 5-84　添加人物图像

图 5-85　添加包装盒图像

（4）激活“横排文字工具”，选择“方正粗活意简体”字体，设置字体颜色为白色（R：255、G：255、B：255），大小为 38 点，在图像中单击输入“儿童活力红枣牛奶”文字内容，如图 5-86 所示。

（5）按键盘上的 Ctrl+T 快捷键为文字添加自由变换框，按住键盘上 Ctrl+Shift 快捷键的同时，将鼠标指针移动到变形框左垂直边中间的控制点上向下拖动鼠标，对文字进行变形操作，效果如图 5-87 所示。

图 5-86　输入文字

图 5-87　变形文字

小知识

在输入文字时，输入完“儿童活力”内容后，按键盘上的 Enter 键另起一行继续输入“红枣牛奶”文字内容之后单击T.“横排文字工具”【选项】栏中的按钮完成文字的✔输入。

（6）按键盘上的 Enter 键确认文字变形操作，然后单击【图层】面板下方的fx.“添加图层样式”按钮，选择下拉菜单中的【描边】命令，在打开的【图层样式】对话框的“描边”参数设置面板，设置“大小”为 13 像素、单击其“颜色”按钮，在打开的【拾色器】对话框设置颜色为赭石色（R：119、G：4、B：4），其他设置默认。

（7）单击确定按钮完成对文字的描边操作，效果如图 5-88 所示。

（8）激活背景层，使用“钢笔工具”在文字旁边创建一段非闭合路径，如图 5-89 所示。

图 5-88　文字描边效果

图 5-89　创建的路径

（9）单击鼠标右键，在弹出的快捷菜单中选择【建立选区】命令，在打开的【建立选区】对话框单击确定按钮将路径转换为选区。

（10）执行菜单栏中的【选择】/【通过拷贝的图层】命令，将选区内的背景图像复制到图层 4，然后单击【图层】面板下方的fx.“添加图层样式”按钮，选择下拉菜单中的【内发光】命令，在打开的【图层样式】对话框的“内发光”参数设置面板设置“大小”为 45 像素，其他设置默认，单击确定按钮制作内发光效果，如图 5-90 所示。

（11）在图层 4 上方新建图层 5，按键盘上的 Ctrl+E 快捷键将图层 4 与图层 5 合并为新的图层 4，激活【工具箱】中的“橡皮擦工具”，将图层 4 中多余的图像擦除，效果如图 5-91 所示。

图 5-90　制作内发光效果

图 5-91　擦除多余图像

小提示

图层 4 是一个有图层样式的图层，如果直接擦除图层 4 中多余的图像，擦除后的图层样式效果仍然存在。因此，需要新建一个空白图层，将其与图层 4 合并，这样就会将其样式也合并，样式将作为图像的一部分这时擦除时就可以将多余部分的样式连同图像一同擦除。

（12）打开“素材”/“第 5 章”目录下的“标识.psd”文件，将其标示图像拖到当前文件右边位置，最后在图像下方输入其他相关文字，完成该广告设计的制作，最终效果如图 5-92 所示。

图 5-92　广告设计最终效果

（13）执行【文件】/【存储为】命令，将该图像保存为“儿童活力牛奶广告设计.psd”文件。

总结与回顾

颜色的调配与应用是学习 Photoshop CS5 的重要内容，也是 Photoshop CS5 平面广告设计中不可缺少的操作，这一章通过多个精彩案例的制作，主要学习了 Photoshop CS5 中前景色、背景色、渐变色的调配与应用方法，同时还学习了运用画笔进行颜色绘画的相关技巧。需要注意的是，不管是应用颜色进行相关设计，还是应用颜色进行绘画，都要注意颜色之间的搭配是否协调，这是一幅作品成败的关键。

课后实训

立体包装是产品包装设计中的主要设计内容，在前面的相关实例中学习了两种不同的立体包装设计。请运用所掌握的知识，参考前面的两款不同的立体包装设计实例，学习制作如图 5-93 所示的牙膏外包装盒。

图 5-93　牙膏外包装盒设计

操作提示

（1）打开实训 1 中设计制作的牙膏盒平面包装设计的效果文件。

（2）综合运用选择工具、自由变换工具等对平面设计进行变形操作，制作出牙膏盒立体包装盒。

（3）使用文字蒙版工具输入文字蒙版，将文字蒙版转换为路径。

（4）综合运用画笔工具和描边路径等操作技巧，设置相关颜色，对文字蒙版进行描边，制作出文字效果。

（5）使用相关的方法绘制路径，并进行路径描边，制作出挤出的牙膏效果。需要注意的是，在进行路径描边时，要分别设置大小不等的画笔笔尖和不同的颜色，多次进行描边。

（6）打开实训 2 中制作的牙膏立体包装效果图，将其移动到当前制作好的图像中进行组合，完成该实例的制作。

课后习题

1. 填空题

1）在 Photoshop CS5 中，系统默认的前景色与背景色分别是（　　　　）。

2）在 Photoshop CS5 中，使用（　　　　）工具在图像中单击，可以拾取该图像的颜色，将其设置为前景色。

3）在 Photoshop CS5 中，使用（　　　　）工具在图像中单击，可以获取该图像的颜色信息。

2. 选择题

1）在 Photoshop CS5 中，常用的有 3 种调配颜色的方法，分别是（　　）。

A．使用【色板】面板、【颜色】面板和【拾色器】面板

B．使用【色板】面板、【样式】面板和【拾色器】面板

C．使用【色板】面板、【样式】面板和【颜色】面板

2）关于【填充】命令，说法正确的是（　　）。

A．【填充】命令只能使用前景色进行填充

B．【填充】命令只能使用背景色进行填充

C．【填充】命令既可以使用前景色，也可以使用背景色进行填充，同时还可以使用黑色、白色、样本图案等进行填充

3）关于“渐变色”的描述，正确的描述是（　　）。

A．“渐变色”是由一种颜色过渡到另一种颜色，用户可以自定义渐变色，也可以使用系统预设的渐变色进行填充

B．“渐变色”是由前景色过渡到背景色，因此只能使用前景色和背景色进行填充

C．“渐变色”是由 4 种颜色过渡形成的一种颜色填充方法

3．简答题

简单描述设置前景色与背景色的几种方法和操作技巧。

第6章

图层的应用技术

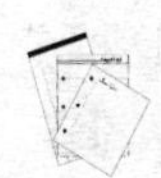

内容概述

图层是在 Photoshop CS5 中进行图像设计的重要操作对象。图层就像用户写字、绘画所用的纸张，这些纸张是一个没有厚度、透明的电子纸张，每一个电子纸张都是一个独立体，用户可以任意移动、删除、调整、粘贴、重新配置纸张内容，并可以将纸张内容拼合，叠加、混合，从而进行图像设计。

这一章将通过多个精彩案例操作，带领大家全面、系统地掌握 Photoshop CS5 中图层的操作方法以及使用图层进行图像设计的相关技巧。

课堂实训 1：数码照片特效合成——梦江南

实例说明

数码照片以它独有的特点可以使我们对其随意进行编辑、修饰以及合成，以增强照片的艺术感染力和艺术欣赏效果。

这一节将运用 Photoshop CS5 中图层的强大功能，结合其他图像处理功能，对如图 6-1 中左图所示的人物数码照片进行合成与处理，将其打造成如图 6-1 中右图所示的江南风情照片。通过该实例操作，巩固和掌握 Photoshop CS5 中图层的应用技巧以及运用图层进行图像合成的相关技巧。

操作步骤

1. 制作背景图像

（1）执行【文件】/【新建】命令，新建“宽度”为 19 厘米。“高度”为 10 厘米，分辨率为 300 像素、背景内容为白色的图像文件。

图 6-1　数码照片特效合成——梦江南

（2）激活【工具箱】中的 “渐变工具”按钮，打开【渐变编辑器】对话框，选择系统默认的“橙黄橙”渐变色，然后分别双击色带下方的色标，在打开的【拾色器】对话框分别设置渐变颜色为天蓝色（R：26、G：183、B：255）、白色（R：255、G：255、B：255）和蓝绿色（R：32、G：176、B：152）。

（3）在其【选项】栏按下 “线性渐变”按钮，在背景层由上向下拖动鼠标填充渐变色，效果如图 6-2 所示。

（4）打开“素材”/“第 6 章”目录下的“风景照片 01.jpg”图像文件，使用 “移动工具”将该图像直接拖动到当前新建文件中，图像生成图层 1，如图 6-3 所示。

图 6-2　填充渐变色

图 6-3　拖入风景照片

小知识

在 Photoshop CS5 中，图层是进行图像合成的首要操作对象，图层的所有操作以及编辑都是在【图层】面板进行的，包括新建图层、删除图层、合并图层、添加图层样式、图层群组等。其中创建新的图层是图像设计中最常用的操作，新建图层的方法很多。例如，单击【图层】下方的 “创建新图层”按钮，或执行【图层】/【新建】菜单下的相关命令以及将其他图像拖动到当前图像中时，都可以创建新的图层。系统默认下，新图层是以图层 1、图层 2……依次自动命名，系统允许用户为图层重新命名，并将其编组，以方便对图层的管理。

（5）按键盘上的 Ctrl+T 快捷键为图层 1 添加自由变换，按住键盘上 Alt+Shift 快捷键的同时，将鼠标指针移动到变换框垂直边中间的控制点上拖动鼠标，将图像沿水平方向放大，使其与新建图像宽度一致，如图 6-4 所示。

（6）按键盘上的 Enter 键确认，然后激活【工具箱】中的"魔棒工具"，在其【选项】栏设置"容差"为 32，同时勾选"连续"选项，在图像白色天空和水面上单击将其选择，并按键盘上的 Delete 键将其删除，效果如图 6-5 所示。

图 6-4　水平放大图像

图 6-5　选取天空和水面将其删除

小知识

"魔棒工具"是一个操作非常简单、功能却很强大的选择工具，其选择范围的大小取决于"容差"值的设置，该值越大，选取范围越大，反之选取范围越小。另外，"连续"选项用于控制是否选取不连续，但颜色相同的图像范围。

2．处理天空效果

（1）按键盘上的 Ctrl+D 快捷键取消选区，然后激活背景层作为当前操作图层。

小知识

在 Photoshop CS5 中，图层是组成图像的基本元素，图层包括 4 种类型，其中背景层是系统默认的一个特殊图层，该图层不能被删除，不能设置该图层的透明度、混合模式，更不能为该图层应用图层样式，除非将该图层转换为一般图层。另外，在对图像的编辑过程中，在对任何图层操作前都需要首先激活该图层作为当前操作对象，此时 Photoshop CS5 的相关命令才能作用于该图层，而不会影响其他图层。激活一个图层的方法很简单，在【图层】面板中，单击所操作的图层，该图层显示蓝色，表示该图层被激活。

（2）激活【工具箱】中的"钢笔工具"按钮，在其【选项】栏单击"路径"按钮，在背景层的天空位置创建如图 6-6 所示的路径。

图 6-6　在天空位置创建路径

小提示

一般情况下，使用 “钢笔工具”按钮创建路径时，创建的路径可能并不能符合图像的设计要求，这时可以激活 “转换点工具”对路径进行调整，使其能达到设计要求。有关路径的调整以及 “转换点工具”的具体使用，请参阅其他相关书籍的介绍，由于篇幅所限，在此不再详细讲解。

（3）激活【工具箱】中的 “转换点工具”，对创建的路径进行调整，然后使用框选的方式将创建的路径全部选择，单击鼠标右键，选择快捷菜单中的【建立选区】命令，在打开的【建立选区】对话框设置“羽化”为 0 像素，单击 确定 按钮，将路径转换为选区，如图 6-7 所示。

（4）执行菜单栏中的【选择】/【通过拷贝的图层】命令，将选取的背景图像复制到图层 2。

（5）激活图层 2 作为当前操作对象，单击【图层】面板下方的 “添加图层样式”按钮，选择下拉菜单中的【内发光】命令，在打开的【图层样式】对话框的“内发光”参数设置面板设置“大小”为 25 像素，其他设置默认，单击 确定 按钮制作内发光效果，如图 6-8 所示。

图 6-7　将路径转换为选区

图 6-8　制作“内发光”图层样式

（6）单击【图层】面板下方的 “创建新图层”按钮，在图层 2 上方新建图层 3，然后按键盘上的 Ctrl+E 快捷键将图层 2 与图层 3 合并为新的图层 2。

（7）激活【工具箱】中的 “橡皮擦工具”，将图层 2 中多余的图像擦除，擦除后的图像效果如图 6-9 所示。

图 6-9　擦除后的图像效果

小知识

在 Photoshop CS5 中，通过【图层样式】命令，可以在图层上添加多种效果，如阴影、浮雕、内发光、外发光、描边、填充等。这些效果对制作图像特效很有帮助，当在图层上添加了图层样式后，可以对样式进行修改、隐藏或删除。但是，样式会因图层形态的变化而变化，但不会消失。例如，当擦除或删除图层的一部分时，另一部分的图层同样具有图层样式效果。因此，在该操作中，新建一个空白图层，并将其与图层 2 合并，这样，图层样式就会与图层合并，在擦除时才能将不需要的图形与样式效果一同擦除。

3．处理水面效果并添加其他配景

（1）激活背景层，按住键盘上的 Ctrl 键的同时单击图层 2 将其激活，然后按键盘上的 Ctrl+E 快捷键将其与背景层合并。

小技巧

在 Photoshop CS5 中，合并图层时有以下方法：按键盘上的 Ctrl+E 快捷键，可以将当前图层与其下方的一个图层合并；激活一个图层，按住 Ctrl 键单击要合并的其他图层将其激活，按键盘上的 Ctrl+E 快捷键，可以将这些图层合并；按键盘上的 Ctrl+Shift+Alt+E 快捷键盖印图层，盖印图层是指将当前所有图层效果合并为一个图层，但不会影响原图层效果，原图层仍然存在。除此之外，执行菜单栏【图层】菜单下的相关命令，也可以对图层进行合并。

（2）在图层 1 上方新建图层 2，激活【工具箱】中的“椭圆选框工具”，设置其“羽化”为 20 像素，在图层 2 下方水面位置创建椭圆形选区。

（3）设置前景色为白色（R：255、G：255、B：255），激活【工具箱】中的“画笔工具”，为其选择一个较小的画笔笔尖，在选区内绘制任意笔触，如图 6-10 所示。

（4）执行菜单栏中的【滤镜】/【扭曲】/【水波】命令，在打开的【水波】对话框设置“数量”为 100，“起伏”为 20，“样式”为“水池波纹”，单击 确定 按钮制作水面波纹效果，结果如图 6-11 所示。

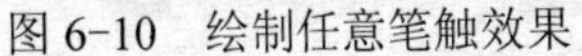

图 6-10　绘制任意笔触效果

图 6-11　制作水面波纹

（5）按键盘上的 Ctrl+D 快捷键取消选区，执行菜单栏中的【滤镜】/【模糊】/【高斯模糊】命令，设置“半径”为 2 像素，单击 确定 按钮，然后在【图层】面板设置图层 2 的“不透明度”为 50%。

（6）打开“素材”/“第 6 章”目录下的“金鱼.jpg”和“金鱼 01.jpg”素材文件，使用所掌握的选择图像的方法，将这两条金鱼选取并拖动到当前图像中，图像生成图层 3 和图层 4，如图 6-12 所示。

图 6-12　添加金鱼图像

小技巧

可以使用多种方法来选取金鱼图像，但需要注意的是，在选取金鱼图像时，要为选择工具设置一定的羽化值，这样选取后的图像边缘较柔和，效果更真实。

（7）分别激活图层 3 和图层 4，并分别使用自由变换调整金鱼图像的大小，并将其移动到波纹中心位置，然后激活图层 3，单击【图层】面板下方的“添加图层蒙版”按钮，为其添加图层蒙版。

小知识

在 Photoshop CS5 中，图层蒙版是一种图层特效编辑工具，为图层添加图层蒙版后，可以使用黑色、白色或灰色来编辑图层，从而使图层产生透明、不透明或半透明的效果，常用于制作图像渐隐效果，尤其在图像特效合成中运用较多，可以使用蒙版来隐藏部分图层并显示下面的部分图层。

可以创建两种类型的蒙版：即图层蒙版与矢量蒙版。

图层蒙版是与分辨率相关的位图图像，可使用绘画或选择工具进行编辑，而矢量蒙版与分辨率无关，可使用钢笔或形状工具创建。

图层蒙版和矢量蒙版是非破坏性的，这表示用户以后可以返回并重新编辑蒙版，而不会丢失蒙版隐藏的像素。在【图层】面板中，图层蒙版和矢量蒙版都显示为图层缩览图右边的附加缩览图。对于图层蒙版，此缩览图代表添加图层蒙版时创建的灰度通道。矢量蒙版缩览图代表从图层内容中剪下来的路径。需要说明的是，背景层不能添加图层蒙版或矢量蒙版，如果要在背景图层中创建图层蒙版或矢量蒙版，请首先将此图层转换为常规图层。其方法是执行菜单栏中的【图层】/【新建】/【图层背景】命令，将背景层转换为一般图层。

（8）按键盘上的 D 键设置系统默认颜色，然后激活【工具箱】中的“渐变工具”，打开【渐变编辑器】对话框，选择系统预设的“前景到背景”的渐变色，在其【选项】栏单击“线性”按钮，在图层 3 上的金鱼尾部向头部拖动鼠标编辑图像，结果如图 6-13 所示。

（9）激活图层 4，依照第（8）步的操作为图层 4 添加图层蒙版，并使用黑色到白色的渐变色进行编辑，效果如图 6-14 所示。

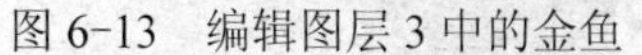
图 6-13　编辑图层 3 中的金鱼

图 6-14　编辑图层 4 中的金鱼

（10）打开“素材”/“第 6 章”目录下的“桃花.jpg”和“荷花.jpg”素材文件，使用所掌握的选择图像的方法，将桃花与荷花图像选取并拖到当前图像中，生成图层 5 与图层 6，使用自由变换分别调整这两幅图像大小和位置，效果如图 6-15 所示。

图 6-15　添加荷花与桃花后的图像效果

4．处理照片人物图像

（1）按键盘上的 Ctrl+Shift+Alt+E 快捷键盖印图层生成图层 7，然后打开“素材”/“第 6 章”目录下的“照片 01.jpg”素材文件，这是一幅女孩的照片。

（2）使用已经掌握的选取图像的方法将该女孩图像选取，并将其移动到当图像左边位置，然后使用掌握的图像修复及时对照片进行必要的修复，图像生成图层 8，如图 6-16 所示。

（3）按键盘上的 Ctrl+J 快捷键将图层 8 复制为图层 8 副本层，设置其图层混合模式为“滤色”模式，以提高人物的亮度，效果如图 6-17 所示。

小知识

在 Photoshop CS5 中，图层的混合模式确定了其像素如何与图像中的下层像素进行混合。使用混合模式可以创建各种特殊效果。默认情况下，图层组的混合模式是“穿透”，这表示组没有自己的混合属性。为组选取其他混合模式时，可以有效地更改图像各个组成部分的合成顺序。首先会将组中的所有图层放在一起。这个复合的组会被视为一幅单独的图像，并利用所选混合模式与图像的其余部分混合。因此，如果为图层组选取的混合模式不是“穿透”，则组中的调整图层或图层混合模式将都不会应用于组外部的图层。

需要说明的是，图层没有“清除”混合模式。对于 Lab 图像，“颜色减淡”、“颜色加深”、“变暗”、“变亮”、“差值”、“排除”、“减去”和“划分”模式都不可用。

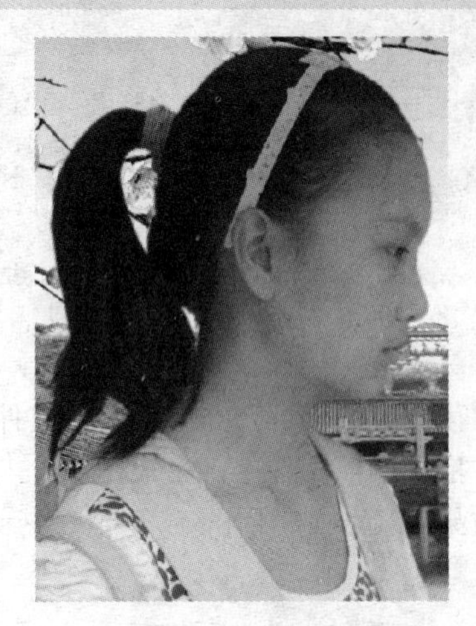

图 6-16　添加人物图像

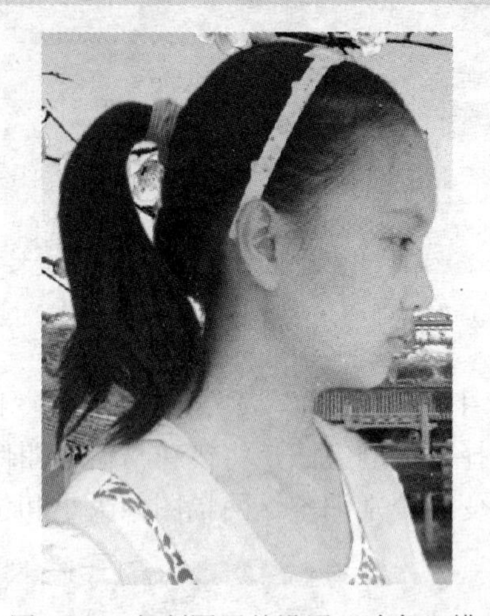

图 6-17　复制图层并设置“滤色”模式

（4）执行菜单栏中的【滤镜】/【模糊】/【表面模糊】命令，在打开的【表面模糊】对话框中设置“半径”为 10 像素，“阈值”为 10 色阶，单击 确定 按钮，效果如图 6-18 所示。

（5）按键盘上的 Ctrl+E 快捷键将图层 8 与图层 8 副本层合并为新的图层 8，然后按键盘上的 Ctrl+J 快捷键再次将图层 8 复制为图层 8 副本，并设置其混合模式为“滤色”模式，设置“不透明度”为 100%，效果如图 6-19 所示。

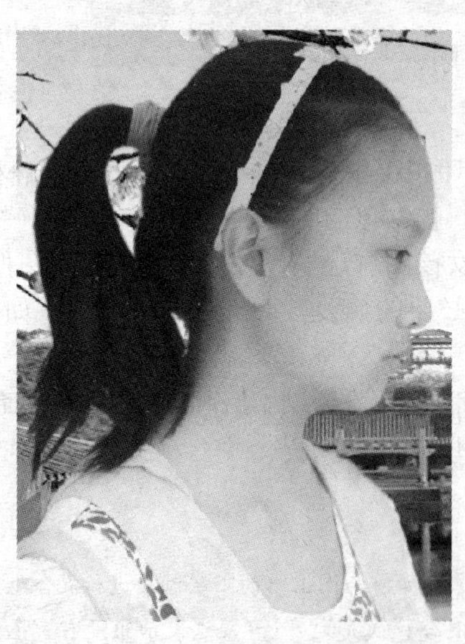

图 6-18 【表面模糊】滤镜效果

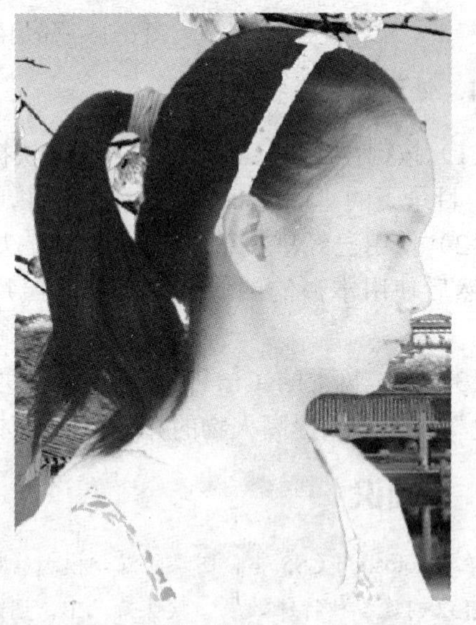

图 6-19　复制图层并设置“滤色”模式

（6）按键盘上的 Ctrl+E 快捷键将图层 8 与图层 8 副本层合并为新的图层 8，依照第（4）步的操作进行表面模糊处理，然后执行菜单栏中的【滤镜】/【锐化】/【智能锐化】命令，在打开的【智能锐化】对话框设置“数量”为 100%，“半径”为 1.0 像素，勾选“更加精

准”选项，单击 确定 按钮进行锐化处理。

（7）执行菜单栏中的【图像】/【调整】/【色彩平衡】命令，在打开的【色彩平衡】对话框中设置“色阶”参数分别为+35、−40 和 0，其他设置默认，单击 确定 按钮调整颜色，效果如图 6-20 所示。

图 6-20　处理后的人物图像效果

（8）激活 IT “竖排文字工具”，选择“方正行楷简体”字体，设置字号大小为 12 点，字体颜色为黑色（R：0、G：0、B：0），在图像右上角单击并输入相关文字内容，完成该照片合成的制作，原数码照片与特效合成后的效果比较，如图 6-21 所示。

图 6-21　原数码照片与特效合成效果比较

（9）执行【文件】/【存储为】命令，将该图像存储为“数码照片特效合成——梦江南.psd”文件。

课堂实训 2：数码照片艺术合成——春的花絮

实例说明

将普通的数码照片进行适当的艺术处理，如为其调整颜色、添加花朵、蝴蝶等其他元素，这样可以大大增强数码照片的艺术感染力。

这一节将继续运用 Photoshop CS5 强大的图层操作功能，结合其他图像处理技巧，对如图 6-22（上）所示的两幅人物照片进行处理，将其打造成如图 6-22（下）所示的具有浓厚的艺术感染力的照片。通过该实例操作，继续巩固 Photoshop CS5 中图层的操作知识以及通过图层进行图像设计的相关技巧。

图 6-22　数码照片艺术合成——春的花絮

操作步骤

1. 制作背景图像

（1）执行【文件】/【新建】命令，新建“宽度”为 15 厘米。“高度”为 10 厘米，分辨率为 300 像素、背景内容为白色的图像文件。

（2）打开“素材”/“第 6 章”目录下的“背景图像.jpg”图像文件，使用“移动工具”将该图像直接拖动到当前新建文件中，图像生成图层 1，如图 6-23 所示。

图 6-23　拖入背景图像

（3）继续打开“素材”/“第 6 章”目录下的“桃花.jpg”图像文件，激活【工具箱】中的“魔棒工具”，在其【选项】栏设置“容差”为 2 像素，取消“连续”选项的勾选，在图像白色背景上单击将背景选择，然后执行菜单栏中的【选择】/【反向】命令将选区反转。

（4）激活【工具箱】中的“移动工具”，将选择的桃花图像拖到当前新建文件中，图

像生成图层 2，使用自由变换调整图像大小，并将其放置在图像右上角位置。

（5）单击【图层】面板下方的 fx. “添加图层样式”按钮，在弹出的快捷菜单中选择【投影】命令，在打开的【图层样式】对话框的“投影”选项下设置“距离”为 5 像素，“大小”为 10 像素，其他设置默认，单击 确定 按钮为图像制作投影，效果如图 6-24 所示。

图 6-24　添加桃花图像并制作投影

小知识

Photoshop CS5 提供了各种样式（如阴影、发光和斜面）来更改图层内容的外观、图层样式与图层内容链接。移动或编辑图层的内容时，修改的内容中会应用相同的样式。例如，如果对文本图层应用投影并添加新的文本，则将自动为新文本添加阴影。

图层样式是应用于一个图层或图层组的一种或多种效果。可以应用 Photoshop CS5 附带提供的某一种预设样式，或者使用【图层样式】对话框来创建自定样式。当添加图层样式后，图层效果图标将出现在【图层】面板中的图层名称的右侧。可以在【图层】面板中展开样式，以便查看或编辑合成样式的效果。

可以使用以下一种或多种效果创建自定义样式。

- “投影”：在图层内容的后面添加阴影。
- “内阴影”：紧靠在图层内容的边缘内添加阴影，使图层具有凹陷外观。
- “外发光”和“内发光”：添加从图层内容的外边缘或内边缘发光的效果。
- “斜面和浮雕”：对图层添加高光与阴影的各种组合。
- “光泽”：应用创建光滑光泽的内部阴影。
- “颜色”、“渐变”和“图案叠加”：用颜色、渐变或图案填充图层内容。
- “描边”：使用颜色、渐变或图案在当前图层上描画对象的轮廓。它对于硬边形状（如文字）特别有用。

每一种图层样式都有相关的参数设置，通过设置这些参数，可以获得不同的样式效果。另外，还可以将样式进行复制，并粘贴到另一个图层中，也可以对样式进行隐藏或删除等操作。

2．处理照片人物

（1）打开“素材”/“第 6 章”目录下的“照片 02.jpg”图像文件，这是一幅女孩的照片，该照片中女孩肤色较暗，杂色较多，如图 6-25 所示。

下面对该照片中的女孩图像进行处理，使其肤色光滑嫩白。

（2）按键盘上的 Ctrl+J 快捷键将背景层复制为图层 1，执行菜单栏中的【图像】/【调整】/【色相/饱和度】命令，在打开的【色相/饱和度】对话框中设置“色相”为-35、“饱和度”为+65、“明度”为 0，单击 确定 按钮调整照片的颜色效果，结果如图 6-26 所示。

图 6-25　打开的照片

图 6-26　调整照片颜色

（3）按键盘上的 F7 键打开【图层】面板，单击【图层】面板下方的“添加图层蒙版”按钮为图层 1 添加图层蒙版。

（4）设置前景色为黑色（R：0、G：0、B：0），激活【工具箱】中的“画笔工具”，为其选择一个合适大小的画笔，并设置画笔“硬度”为 0%。“不透明度”为 100%，其他设置默认。

小知识

图层蒙版是一个图像编辑工具，当添加图层蒙版后，可以使用黑色、白色或灰色对蒙版进行编辑。使用黑色编辑蒙版时，可以清除图像。使用白色编辑蒙版时，可以恢复被清除的图像。另外，使用图层蒙版还可以恢复对图像的一些效果操作，如滤镜效果操作等。

（5）在照片中除人物粉红色裙子之外的其他位置拖动鼠标，使用图层蒙版清除对这些部位的颜色调整，使其恢复原来的颜色效果，如图 6-27 所示。

（6）按键盘上的 Ctrl+Alt+Shift+E 快捷键盖印图层生成图层 2，然后按键盘上的 Ctrl+J 快捷键将图层 2 复制为图层 2 副本，并设置图层 2 副本层的混合模式为“滤色”模式，照片效果如图 6-28 所示。

图 6-27　恢复人物肤色颜色

图 6-28　设置图层混合模式

小技巧

盖印图层是指将处理后的多个图层效果合并生成一个新图层，类似于合并图层命令，但比合并图层命令更实用。这样做的好处是，如果操作失败，我们可以删除该图层，返回到原来的图层重新进行调整。另外，在使用蒙版编辑人物图像使，背景图像可以不用考虑，也就是说，恢复不恢复背景图像的颜色都没关系。

（7）依照第（3）步的操作为图层 2 副本层添加图层蒙版，依照第（4）步的操作编辑蒙版，恢复人物粉红色衣裙的颜色，然后按键盘上的 Ctrl+Alt+Shift+E 快捷键盖印图层生成图层 3。

（8）执行菜单栏中的【滤镜】/【模糊】/【表面模糊】命令，在打开的【表面模糊】对话框设置“半径”为 10 像素，“阈值”为 15 色阶，单击 确定 按钮对照片人物进行表面模糊，去除脸部黑斑，结果如图 6-29 所示。

（9）执行菜单栏中的【图像】/【调整】/【曲线】命令，在打开的【曲线】对话框的曲线上单击添加一个点，然后设置“输出”为 140、“输入”为 100，其他设置默认，单击 确定 按钮对人物照片继续进行亮度调整。

（10）继续依照前面的操作，为图层 3 添加图层蒙版并编辑蒙版，恢复人物粉红色衣裙的颜色和亮度，然后按键盘上的 Ctrl+Alt+Shift+E 快捷键盖印图层生成图层 4，结果如图 6-30 所示。

图 6-29 【表面模糊】效果

图 6-30　曲线调整效果

（11）执行菜单栏中的【滤镜】/【锐化】/【智能锐化】命令，在打开的【智能锐化】对话框中设置“数量”为 500%，设置“半径”为 0.7 像素，勾选“更加精准”选项，单击 确定 按钮对照片人物进行清晰化处理，结果如图 6-31 所示。

（12）继续执行单栏中的【图像】/【调整】/【匹配颜色】命令，在打开的【匹配颜色】对话框勾选“中和”选项，其他设置默认，继续调整照片人物的颜色，效果如图 6-32 所示。

（13）使用已掌握的选取图像的方法，将图层 4 中的女孩图像选择，激活【工具箱】中的“移动工具”，将选择的女孩图像拖到新建文件中，图像生成图层 3。

图 6-31　锐化图像

图 6-32　匹配颜色效果

小提示

在选取女孩图像时，可使用"多边形套索工具"选取，也可以使用"钢笔工具"沿人物边缘创建路径，最后再将路径转换为选取。但是，不管使用哪种方法选取人物图像，都需要注意选取的人物图像要精确、完整。在使用"多边形套索工具"选取人物时，首先沿人物边缘创建选取，然后单击其【选项】栏中的"从选区中减去"按钮，在人物颈部头发位置以及两只手相交的位置再次创建选区，将这两处的背景图像从人物图像选区中减去，这样才算精确、完整的选取了人物图像。

（14）执行菜单栏中的【编辑】/【变换】/【水平反转】命令将女孩图像水平反转，然后将其移动到图像右下方位置，然后再次执行菜单栏中的【图像】/【调整】/【匹配颜色】命令，在打开的【匹配颜色】对话框勾选"中和"选项，其他设置默认，继续调整照片人物的颜色，效果如图 6-33 所示。

（15）继续打开"素材"/"第 6 章"目录下的"照片 05.jpg"素材文件，依照前面的操作方法对照片中的人物进行处理，然后将其选择并拖动到当前图像中左边位置，效果如图 6-34 所示。

图 6-33　添加女孩图像

图 6-34　添加另一幅女孩图像

3. 照片效果的最后处理

（1）激活图层 2 作为当前操作图层，使用"多边形套索工具"选取图层 2 中的一朵桃花，然后单击鼠标右键，选择快捷菜单中的【通过拷贝的图层】命令，将选取的桃花对象复制到图层 5。

（2）多次按键盘上的 Ctrl+J 快捷键将图层 5 多次复制，并使用“移动工具”随意调整复制的桃花的放置，效果如图 6-35 所示。

图 6-35　选取桃花并复制

（3）激活图层 5，按住键盘上的 Ctrl 键的同时在【图层】面板分别单击复制的其他图层 5 副本层将其全部选择，然后按键盘上的 Ctrl+E 快捷键将其全部合并为新的图层 5。

小知识

图层 2 具有投影图层样式，在将图层 2 中的桃花对象复制到图层 5 时，投影图层样式也一同被复制，这时可以对投影进行调整，或者将其删除等。但是，当将图层 5 连同其复制的图层合并为新的图层 5 之后，图层样式将会与图层一同合并，这时将不能再对图层样式进行相关调整。

（4）新建图层 6，设置前景色为白色（R：255、G：255、B：255），单击【工具箱】中的“画笔工具”按钮，打开【画笔】面板，进入“画笔笔尖形状”选项，选择系统预设的名为 192 号的笔尖，并设置其“间距”为 80%。

（5）进入“形状动态”选项，设置“大小抖动”为 100%，在“控制”列表选择“渐隐”选项，并设置参数为 100，设置“最小直径”为 0%。

（6）进入“散布”选项，设置“散布”为 100%，在“控制”列表选择“渐隐”选项，并设置参数为 100，设置“数量”为 1。

（7）关闭【画笔】面板，在图层 6 随意拖动鼠标，绘制飘散的蒲公英花絮，结果如图 6-36 所示。

图 6-36　绘制飘散的蒲公英花絮

小提示

在绘制蒲公英花絮时，注意不要绘制到人物脸部，以免影响人物效果，如果不小心绘制到了人物脸部，可以使用“橡皮擦工具”将脸部的蒲公英擦除。

（8）打开“素材”/“第 6 章”目录下的“蝴蝶.jpg”素材文件，将蝴蝶图像选择并移动到当前图像合适位置，依照前面的操作方法为其添加投影样式。

（9）激活“横排文字工具”，选择“方正粗活意简体”字体，设置字号大小为 40 点，字体颜色为白色（R：255、G：255、B：255），在图像下方中间位置单击并输入相关文字内容，最后为文字添加投影图层样式，完成该照片效果的处理，最终效果如图 6-37 所示。

图 6-37 照片效果处理最终效果

（10）最后执行【文件】/【存储为】命令，将该图像存储为“数码照片艺术合成——春的花絮.psd”文件。

课堂实训 3：数码照片艺术加工——唯美女孩

实例说明

大多数的照片无论是光还是色，都不能满足我们的欣赏要求，这时我们可以充分运用 Photoshop CS5 强大的图像处理功能对其进行艺术加工，使普通照片大放光彩，成为一幅真正的艺术照片。

这一节将继续运用 Photoshop CS5 的图层功能，结合其他图像处理功能，对如图 6-38 中左图所示的普通人物照片进行技术加工处理，将其打造成如图 6-38 中右图所示的艺术照片。通过该实例操作，继续巩固 Photoshop CS5 图层的操作知识以及使用图层进行图像特效编辑的相关技巧。

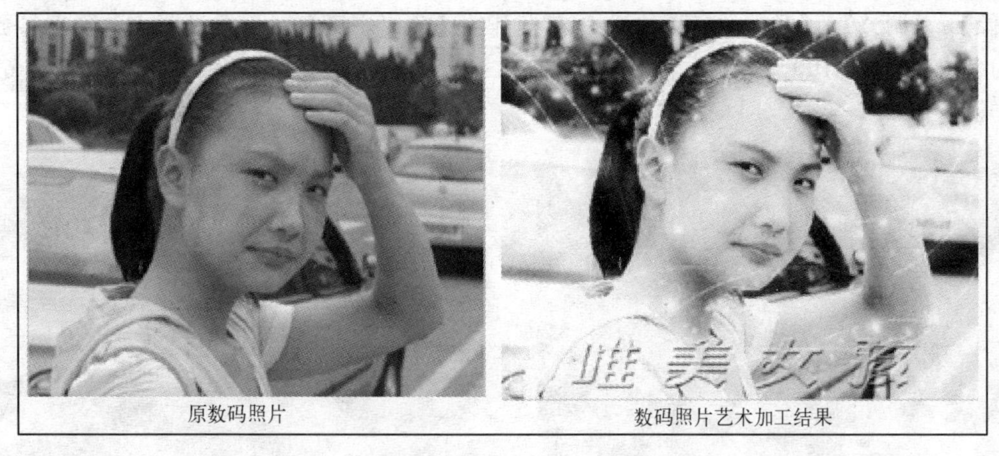

原数码照片　　数码照片艺术加工结果

图 6-38　数码照片艺术加工——唯美女孩

操作步骤

1. 使照片人物更加白皙

（1）打开“素材”/“第 6 章”目录下的“照片 03.jpg”素材文件，这是一幅女孩的照片，照片中女孩皮肤较暗，如图 6-39 所示。

下面，首先对女孩照片进行处理，使其肤色更加白皙嫩滑。

（2）按键盘上的 F7 键打开【图层】面板，单击【图层】面板下方的“创建新的调整图层”按钮，在打开的下拉菜单中选择【曲线】命令添加一个曲线调整图层，同时打开【调整】对话框。

（3）在【调整】对话框的“曲线”参数设置框的曲线上单击添加一个点，设置“输出”为 210，“输入”为 140，调整照片亮度，效果如图 6-40 所示。

图 6-39　打开的照片

图 6-40　曲线调整效果

（4）按键盘上的 Ctrl+Shift+Alt+E 快捷键盖印图层生成图层 1，然后按键盘上的 Ctrl+J 快捷键将图层 1 复制为图层 1 副本，并设置图层 1 副本层的混合模式为“滤色”，再次调整照片的亮度，效果如图 6-41 所示。

（5）再次按键盘上的 Ctrl+Shift+Alt+E 快捷键盖印图层生成图层 2，执行菜单栏中的

【图像】/【调整】/【色彩平衡】命令，在打开的【色彩平衡】对话框设置“色阶”参数分别为 0、–35 和+100，其他设置默认，单击确定按钮调整照片颜色，效果如图 6-42 所示。

图 6-41 “滤色”模式效果

图 6-42 【色彩平衡】效果

（6）按键盘上的 Ctrl+J 快捷键将图层 2 复制为图层 2 副本，并设置图层 2 副本层的混合模式为“滤色”，继续调整照片的亮度，效果如图 6-43 所示

（7）按键盘上的 Ctrl+Shift+Alt+E 快捷键盖印图层生成图层 3，激活【工具箱】中的“加深工具”，在其【选项】栏设置画笔大小为 15 像素，在“范围”选项选择“中间调”，并设置“曝光度”为 20%，在女孩眉毛上拖动鼠标，将眉毛颜色加深。

（8）执行菜单栏中的【滤镜】/【锐化】/【智能锐化】命令，在打开的【智能锐化】对话框设置“数量”为 100%，设置“半径”为 1 像素，勾选“更加精准”选项，其他设置默认，单击确定按钮对照片进行锐化处理，效果如图 6-44 所示。

图 6-43 “滤色”模式效果

图 6-44 锐化处理效果

2．制作发光的线条效果

（1）设置其前景色为黑色（R：0、G：0、B：0），在图层 3 上方新建图层 4，然后按键盘上的 Alt+Delete 快捷键向图层 4 填充前景色。

（2）在图层 4 上方新建图层 5，激活【工具箱】中的使用“钢笔工具”，在图层 4 中

创建多条非封闭的路径，并调整其路径形态，如图 6-45 所示。

（3）激活【工具箱】中的“画笔工具”按钮，打开【画笔】面板，选择系统预设的一种画笔，并设置画笔笔尖为 3 像素，“硬度”为 0%，其他设置默认。

（4）设置前景色为白色（R：255、G：255、B：255），执行菜单栏中的【窗口】/【路径】命令打开【路径】面板，按住键盘上的 Alt 键的同时单击“用画笔描边路径”按钮，在打开的【描边路径】对话框中勾选“模拟压力”选项，单击按钮对路径进行描边，效果如图 6-46 所示。

图 6-45　创建路径

图 6-46　描边路径

（5）在【路径】面板空白位置单击隐藏路径，然后单击【图层】面板下的“添加图层样式”按钮，在打开的下拉菜单中选择【投影】命令，打开【图层样式】对话框。

（6）勾选“投影”选项，然后在“结构”选项下设置“混合模式”为“正常”，然后单击颜色块，在打开的【选择阴影颜色】对话框设置颜色为紫红色（R：224、G：2、B：117）。

（7）继续在“结构”选项下设置“角度”为 120°，设置“距离”、“大小”以及“扩展”均为 0%，然后在“品质”选项下单击“等高线”按钮，在打开的对话框中选择系统预设的“半圆”的等高线模式，为描边路径后的线条设置投影样式。

（8）在【图层样式】对话框中勾选“外发光”选项，进入“外发光”参数设置面板，在“结构”选项下设置“混合模式”为“正常”，“不透明度”为 100%，“杂色”为 0%，然后单击渐变色按钮，在打开的【渐变编辑器】对话框选择系统预设的“透明彩虹”的渐变色。

（9）继续在“图案”选项下设置“方法”为“柔和”，设置“扩展”为 0%，“大小”为 25%，其他设置默认，单击按钮关闭【图层样式】对话框，效果如图 6-47 所示。

（10）按键盘上的 Ctrl+J 快捷键将图层 5 复制为图层 5 副本层，然后按键盘上的 Ctrl+E 快捷键将图层 5 与图层 5 副本层合并为新的图层 5，效果如图 6-48 所示。

小提示

在【图层样式】对话框，共包括了 10 中不同的图层样式。勾选相关选项后，即可进入相关选项的参数设置面板，在该面板设置相关参数，即可得到不同的图层样式效果。

图 6-47 为描边路径设置图层样式

图 6-48 复制图层 5 的效果

3．制作发光的色点效果

（1）在图层 5 上方新建图层 6，并设置前景色为白色（R：255、G：255、B：255）。

（2）激活【工具箱】中的“画笔工具”按钮，打开【画笔】面板，选择系统预设的一种画笔，并设置画笔笔尖为 20 像素，“硬度”为 0%，其他设置默认。

（3）打开【画笔】面板，进入“画笔笔尖形状”选项，设置其“间距”为 180%。

（4）进入“形状动态”选项，设置“大小抖动”为 100%，在“控制”列表选择“渐隐”选项，并设置参数为 500，设置“最小直径”为 0%。

（5）进入“散布”选项，设置“散布”为 300%，在“控制”列表选择“渐隐”选项，并设置参数为 500，设置“数量”为 2。

（6）关闭【画笔】面板，在图层 6 沿路径随意拖动鼠标，绘制较小的圆形笔触效果，结果如图 6-49 所示。

（7）在【画笔】面板取消“形状动态”选项以及“散布”选项的勾选，重新设置较大的画笔，在图层 6 沿路径随意单击绘制较大的圆点笔触，效果如图 6-50 所示。

图 6-49 绘制较小的圆点笔触

图 6-50 绘制较大的圆点笔触

小提示

在 Photoshop CS5 中，系统默认下的画笔“间距”一般在 25%，此时拖动鼠标，绘制的是由画笔笔尖

连续排列形成的一条笔触线效果，但是，当用户在“画笔笔尖形状”选项下设置画笔的“间距”超过25%后，此时绘制的将是由画笔单个笔尖所形成的不连续的笔尖效果，如果同时还设置了“动态形状”以及“散布”等参数，将绘制由画笔笔尖所组成的笔尖大小不一，且笔尖分散的画笔笔触效果，这些效果最终取决于各参数的设置。

（8）激活图层6，单击【图层】面板下的fx.“添加图层样式”按钮，在打开的下拉菜单中选择【内发光】命令，打开【图层样式】对话框。

（9）在【图层样式】对话框勾选“内发光”选项，进入“内发光”参数设置面板，在“结构”选项下设置“混合模式”为“正常”，“不透明度”为75%，“杂色”为0%，然后单击颜色按钮，在打开的【拾色器】对话框中设置颜色为紫红色（R：230、G：5、B：116）。

（10）继续在“图案”选项下设置“大小”为6像素，其他设置默认，单击 确定 按钮关闭【图层样式】对话框，效果如图6-51所示。

（11）激活图层4，按住键盘上的Ctrl键的同时分别单击图层5与图层6将其同时选择，然后按键盘上的Ctrl+E快捷键将其合并为新的图层4，最后在【图层】面板设置图层4的混合模式为“叠加”模式，照片效果如图6-52所示。

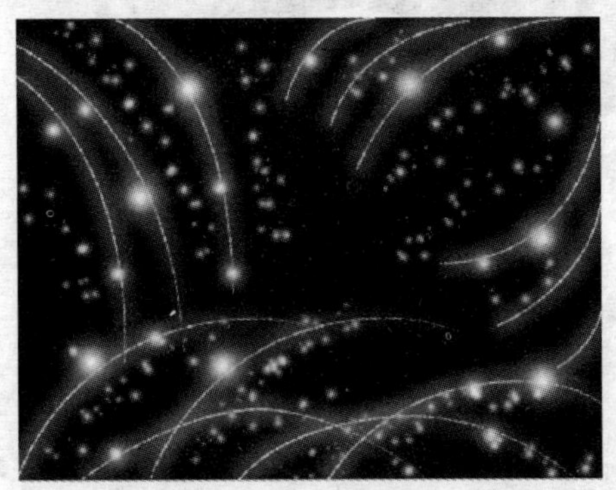

图6-51　设置“内发光”样式

图6-52　合并图层并设置“叠加”模式

4．制作背景文字效果

（1）按键盘上的Ctrl+Shift+Alt+E快捷键盖印图层生成图层5，激活【工具箱】中的T.“横排文字工具”，选择“方正粗活意简体”字体，设置字号大小为100点，设置字体颜色为黑色（R：0、G：0、B：0），在图像上单击，输入“唯美女孩”文字内容，如图6-53所示。

（2）按住Ctrl键的同时单击文字层载入文字选区，然后激活图层5，执行菜单栏中的【图层】/【新建】/【通过拷贝的图层】命令，将图层5中被选择的图像复制到图层6。

（3）将文字层删除，激活图层6，单击【图层】面板下的fx.“添加图层样式”按钮，在打开的下拉菜单中选择【斜面和浮雕】命令，打开【图层样式】对话框。

（4）在【图层样式】对话框勾选“斜面和浮雕”选项，进入“斜面和浮雕”参数设置面板，在“结构”选项下的“样式”列表选择“浮雕效果”，设置“深度”为100%，“大小”为3像素，“软化”为0像素，其他设置默认，单击 确定 按钮关闭【图层样式】对话框，文字效果如图6-54所示。

（5）至此，数码照片艺术加工效果制作完毕，加工后的照片与原照片效果比较，如图6-55所示。

（6）最后执行【文件】/【存储为】命令，将该数码照片效果保存为“数码照片艺术加

工——唯美女孩.pad”文件。

图 6-53　输入文字

图 6-54　制作浮雕效果文字

原数码照片

数码照片艺术加工结果

图 6-55　原数码照片与加工后的数码照片效果比较

课堂实训 4：数码照片艺术设计——花季女孩

实例说明

想使你的照片大放光彩，成为一幅极具艺术效果的个人写真吗？那就请跟随我进入这一节的实例操作吧！

这一节将继续运用 Photoshop CS5 的图层编辑功能以及其他图像处理技巧，对如图 6-56 中左图所示的女孩的人物照片进行艺术设计处理，将其打造成如图 6-56 中右图所示的个人写真照片。通过该实例操作，进行巩固 Photoshop CS5 中图层的相关知识，同时学习个人写真照片的处理技巧。

原数码照片

艺术设计后的数码照片

图 6-56　数码照片艺术设计——花季女孩

操作步骤

1. 使照片人物更加白皙

（1）打开“素材”/“第 6 章”目录下的“照片 04.jpg”素材文件，这是一幅女孩的照片，将照片以实际像素显示，发现该照片中人物肤色灰暗，皮肤粗糙，整体效果不佳，如图 6-57 所示。

下面，我们应用图层混合模式功能以及图像色彩校正功能对女孩照片进行颜色以及亮度等处理，使其肤色更加白皙嫩滑。

（2）按键盘上的 F7 键打开【图层】面板，按键盘上的 Ctrl+J 快捷键将背景层复制为背景副本层。

（3）执行菜单栏中的【滤镜】/【模糊】/【表面模糊】命令，在弹出的【表面模糊】对话框中设置“半径”为 10 像素，“阈值”为 15 色阶，单击 确定 按钮对女孩的皮肤进行光滑处理，效果如图 6-58 所示。

图 6-57　打开的照片

图 6-58 【表面模糊】处理结果

（4）继续执行菜单栏中的【滤镜】/【锐化】/【智能锐化】命令，在弹出的【智能锐化】对话框中设置“数量”为 100%，“半径”为 1.0 像素，勾选“更加精准”选项，单击 确定 按钮对女孩进行清晰化处理，效果如图 6-59 所示。

（5）按键盘上的 Ctrl+J 快捷键将背景副本层复制为背景副本 2 层，然后在【图层】面板设置背景副本 2 层的图层混合模式为“滤色”模式，以调整照片的亮度，效果如图 6-60 所示。

图 6-59 【智能锐化】效果

图 6-60 “滤色”混合模式效果

（6）按键盘上的 Ctrl+Shift+Alt+E 快捷键盖印图层生成图层 1，单击【图层】面板下方的“创建新的填充或调整图层”按钮，在打开的下拉菜单中选择【色彩平衡】命令添加一个色彩平衡调整图层，同时打开【调整】对话框。

（7）在【调整】对话框的“色调”选项勾选“中间调”选项，同时设置“红色”为+40，“绿色”为-30，“蓝色”为+70，单击 确定 按钮对照片颜色进行调整，效果如图 6-61 所示。

（8）按键盘上的 Ctrl+Shift+Alt+E 快捷键盖印图层生成图层 2，单击【图层】面板下方的“创建新的填充或调整图层”按钮，在打开的下拉菜单中选择【曲线】命令添加一个曲线平衡调整图层，同时打开【调整】对话框。

（9）在【调整】对话框的曲线上单击添加一个点，然后设置“输出”为 120，“输入”为 150，以调整照片的层次对比度效果，结果如图 6-62 所示。

图 6-61 调整照片颜色

图 6-62 设置“曲线”调整

（10）继续按键盘上的 Ctrl+Shift+Alt+E 快捷键盖印图层生成图层 3，执行菜单栏中的【图像】/【调整】/【匹配颜色】命令，在打开的【匹配颜色】对话框设置“明亮度”为 200，勾选“中和”选项，单击确定按钮继续校正照片颜色，效果如图 6-63 所示。

（11）运用“修补工具”对女孩额头、左脸颊和下巴位置的黑斑进行修复并模糊，然后运用“模糊工具”进行模糊处理，最后使用“减淡工具”对右额头、右脸颊以及鼻尖的高光加亮，完成对照片的处理，效果如图 6-64 所示。

图 6-63 【匹配颜色】效果

图 6-64　去斑、模糊和提亮高光

小提示

有关“修补工具”、“模糊工具”以及“减淡工具”的详细操作方法，请参阅本书第 3 章实例的操作和知识介绍，在此不再详细讲解。需要注意的是，在处理高光和模糊时，要注意把握好尺度。

2．制作光晕与蝴蝶飞行路径

（1）双击【工具箱】中的“抓手工具”使照片以屏幕方式显示，便于观察照片全部效果。

（2）激活【工具箱】中的“自由套索工具”，设置“羽化”为 60 像素，在女孩图像周围创建选区将除女孩图像之外的背景选择。

（3）执行菜单栏中的【滤镜】/【画笔描边】/【成角的线条】命令，在打开的【成角的线条】对话框设置“方向平滑”为 100、“描边长度”为 50、“锐化程度”为 50，单击确定按钮对背景进行处理，效果如图 6-65 所示。

（4）设置前景色为黑色（R：0、G：0、B：0），新建图层 4，按键盘上的 Alt+Delete 快捷键向图层 4 填充黑色。

（5）新建图层 5 和图层 6，分别依照“课堂实训 3”中“制作发光的线条效果”以及“制作发光的色点效果”的方法，在图层 5 和图层 6 中制作出发光的线条以及色点，效果如图 6-66 所示。

小提示

在制作发光线条时，外发光颜色可以根据自己的喜好进行设置。另外，制作好发光线条后，使用“橡皮擦工具”，设置不同的“不透明度”参数，将多余线条擦除。需要说明的是，在擦除发光线条时，需要新建一个空白图层，将线条层与空白图层合并，然后将其擦除。

图 6-65　处理背景

图 6-66　制作的发光线条与色点

（6）激活图层 4，按住 Ctrl 键的同时分别单击图层 5 和图层 6 将其选择，按键盘上的 Ctrl+E 快捷键将其合并为新的图层 4，然后在【图层】面板设置图层 4 的混合模式为“线性减淡”模式，照片效果如图 6-67 所示。

（7）单击【图层】面板下的“添加图层蒙版”按钮为图层 4 添加图层蒙版，然后设置前景色为黑色（R：0、G：0、B：0），激活“画笔工具”，为其选择一个合适的画笔笔尖，在图层 4 中女孩脸部拖动，使用蒙版将女孩脸部的发光线去除，效果如图 6-68 所示。

图 6-67　设置“线性减淡”模式

图 6-68　擦除脸部发光线

3. 处理并添加花朵与蝴蝶图像

（1）打开“素材”/“第 6 章”目录下的“花朵.jpg”素材文件，这是一幅较模糊的花朵

的图像，如图 6-69 所示。

（2）执行菜单栏中的【滤镜】/【锐化】/【智能锐化】命令，在打开的【智能锐化】对话框中设置“数量”为 500%，设置“半径”为 7 像素，勾选“更加精准”选项，其他设置默认，单击 确定 按钮对花朵进行锐化处理，效果如图 6-70 所示。

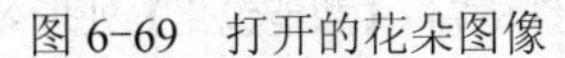
图 6-69　打开的花朵图像

图 6-70　锐化处理效果

（3）继续执行菜单栏中的【滤镜】/【艺术效果】/【干画笔】命令，在打开的【干画笔】对话框中设置“画笔大小”为 0，设置“画笔细节”为 1，“纹理”为 3，单击 确定 按钮对花朵进行干画笔处理，效果如图 6-71 所示。

（4）继续执行菜单栏中的【滤镜】/【杂色】/【减少杂色】命令，在打开的【减少杂色】对话框中设置“强度”为 10，设置“保留细节”为 0，“减少杂色”为 100%，“锐化细节”为 0，同时勾选“移去 JPEG 不自然感”选项，单击 确定 按钮去除图像中的杂色，效果如图 6-72 所示。

图 6-71 【干画笔】滤镜效果

图 6-72 【减少杂色】滤镜效果

（5）继续打开“素材”/“第 6 章”目录下的“花朵 01.jpg”素材文件，如图 6-73 所示。

（6）执行菜单栏中的【滤镜】/【锐化】/【智能锐化】命令，在打开的【智能锐化】对话框中设置“数量”为 500%，设置“半径”为 1.5 像素，勾选“更加精准”选项，其他设置默认，单击 确定 按钮对花朵进行锐化处理，效果如图 6-74 所示。

图 6-73　花朵 01 图像

图 6-74　【智能锐化】处理效果

（7）依照前面所掌握的选取图像的方法，将处理后的“花朵”图像与“花朵 01”图像选择，将其移动到女孩照片图像中，图像生成图层 5 与图层 6。

（8）激活图层 5，按键盘上的 Ctrl+T 快捷键为图层 5 添加自由变换，然后使用自由变换调整花朵图像的方向和大小，将其移动到照片图像左下方位置，如图 6-75 所示。

（9）激活图层 6，使用同样的方法对其进行自由变换操作，并将其移动到照片右下角位置，效果如图 6-76 所示。

图 6-75　花朵图像的位置

图 6-76　花朵 01 图像的位置

（10）继续打开“素材”/“第 6 章”目录下的“蝴蝶 01.jpg”素材文件，依照已掌握的

选取图像的方法将蝴蝶图像选取并移动到照片图像中，图像生成图层 7。

（11）依照前面的操作，结合已掌握的相关知识，使用自由变换调整蝴蝶图像大小和位置，然后为蝴蝶图像添加【投影】图层样式，效果如图 6-77 所示。

（12）按键盘上的 Ctrl+Shift+Alt+E 快捷键盖印图层生成图层 8，激活【工具箱】中的“直排文字蒙版工具”，选择“方正粗活意简体”字体，设置字号大小为 100 点，在图像右上角单击，然后输入“花季女孩”文字内容蒙版。

（13）执行菜单栏中的【图层】/【新建】/【通过拷贝的图层】命令，将图层 8 中被选择的图像复制到图层 9。

（14）激活图层 9，单击【图层】面板下的“添加图层样式”按钮，在打开的下拉菜单中选择【斜面和浮雕】命令，打开【图层样式】对话框。

（15）在【图层样式】对话框勾选“斜面和浮雕”选项，进入“斜面和浮雕”参数设置面板，在“结构”选项下的“样式”列表选择“浮雕效果”，设置“深度”为 100%，“大小”为 3 像素，“软化”为 0 像素，其他设置默认，单击 确定 按钮关闭【图层样式】对话框，文字效果如图 6-78 所示。

图 6-77　添加蝴蝶图像

图 6-78　制作浮雕效果文字

（16）至此，数码照片艺术加工效果制作完毕，加工后的照片与原照片效果比较，如图 6-79 所示。

原数码照片

艺术设计后的数码照片

图 6-79　原数码照片与艺术设计后的数码照片效果比较

（17）最后执行【文件】/【存储为】命令，将该数码照片效果保存为“数码照片艺术设计——花季女孩.psd”文件。

总结与回顾

这一章通过多个精彩案例的制作，主要学习了 Photoshop CS5 中图层的相关知识，内容包括了新建图层、复制图层、删除图层、应用图层样式、调整图层顺序、编辑文字层及使用图层进行图像编辑等知识。

图层为用户进行图像设计提供了很大的便利，只有熟练掌握了图层的相关知识及应用技巧，我们才能通过对图层的操作，对图像进行颜色校正、特效合成、特效处理及制作艺术照片等操作。

课后实训

图层是设计图像的主要操作对象，通过对图层的操作，并应用图层样式，可以实现其他命令无法实现的效果。请运用掌握的图层的相关知识，制作如图 6-80 所示的“情人节贺卡”。

图 6-80　情人节贺卡设计

操作提示

（1）打开“素材”/“第 6 章”目录下的“背景图像 01.jpg”文件。

（2）打开“素材”/“第 6 章”目录下的“花卉.psd”文件，将该文件拖到背景图像的心形图形位置。

（3）打开“素材”/“第 6 章”目录下的“花卉 01.psd”文件，将该文件拖动到背景图像的心形图形上方位置，并设置其“不透明度”为 45%。

（4）使用文字工具在心形图形位置输入“情人节”文字内容，然后将文字层栅格化，再使用选择工具分别选取各文字，并将其剪切到不同的图层上，调整各文字的摆放位置。

（5）使用图层样式功能分别为各文字添加浮雕效果、颜色叠加等文字样式效果，然后分别载入各文字的选区，按住键盘上的 Ctrl+Alt 快捷键的同时，按键盘上向上和向右的方向

键多次，对文字进行移动复制，分别制作出文字的立体效果。

（6）打开“素材”/“第 6 章”目录下的“红绸.psd”文件和“蝴蝶.psd”文件，将红绸图像拖到花卉图像下方，将蝴蝶移动到“情”字左上方位置，然后使用图层样式为蝴蝶图像添加阴影效果。

（7）最后使用文字工具在图像合适位置输入相关文字，完成该图像效果的制作。

课后习题

1．填空题

1）在 Photoshop CS5 中，不能调整其位置和大小的图层是（　　　　）。

2）图层样式可以为图像增添许多特殊效果，但并非所有图层都可以添加图层样式。那么，可以添加图层样式的图层是（　　　　）。

3）在 Photoshop CS5 中，除了可以新建多个图层之外，还可以删除图层，但只有一个图层不能删除，这个图层是（　　　　）。

2．选择题

1）文字层是一种特殊图层，有关文字层，描述正确的是（　　）。

A．文字层用于存放文字，文字层对文字有一定的保护作用，只有将文本层栅格化之后，才可以对文字层中的文字进行任意编辑操作

B．文字层用于存放文字，文字层对文字有一定的保护作用，不能对文字层中的文字使用滤镜进行编辑，但可以对文字层中的文字添加图层样式

C．文字层用于存放文字，文字层对文字有一定的保护作用，不能直接使用滤镜命令对文字进行编辑，也不能对文字层中的文字进行变形操作

2）图层就像一张张透明的电子纸张，有关图层的描述，正确的是（　　）。

A．在一幅图像中，新建的图层永远都是透明的，同时都具有相同的颜色模式和分辨率

B．在一幅图像中，新建的每一个图层的颜色模式都不同

C．在一幅图像中，新建的每一个图层都有不同的分辨率，且大小也不同

3）在 Photoshop CS5 中，关于颜色校正图层，描述正确的是（　　）。

A．颜色校正图层是一种颜色校正工具，可以校正处于该层下方的所有图层的颜色

B．颜色校正图层是一种颜色校正工具，只能校正处于该层下方的图层的颜色

C．颜色校正图层是一种颜色校正工具，可以校正处于该层上方的所有层的颜色

3．简答题

简单描述什么是图层，图层、背景层及文字层的区别。

第7章

通道与蒙版的应用技术

内容概述

在 Photoshop CS5 中，通道是图像颜色的基础，用于存储图像颜色信息，它类似于印刷中彩色网片的重叠效果。对于不同色彩模式的图像，则采用不同数量的通道来记录该图像的颜色信息，每个单色通道都记录着单色的灰度资料，将这些通道套上所属的颜色再重叠起来，就是一个全彩色的图像。在 Photoshop CS5 中，通常有 3 种类型的通道，分别是内建通道、Alpha 通道和专色通道。对所有通道的操作都在【通道】面板中进行。

本章将通过多个精彩案例的操作，带领大家学习 Photoshop CS5 中通道的相关知识，同时掌握利用通道编辑图像的相关技巧，

课堂实训 1：数码照片修饰——使女人更年轻

实例说明

对于女人来说，没有什么比岁月更无情的了，随着岁月脚步的匆匆走过，年轻、美丽的容颜也会慢慢消失，变得越来越衰老、憔悴，没有任何一种良药能使人青春永驻，唯有年轻时的照片才能留住年轻美丽的容颜。

这一节运用 Photoshop CS5 的通道功能，结合其他图像处理技巧，对如图 7-1 中左图所示的照片进行处理，使其恢复年轻美丽的容颜，如图 7-1 中右图所示。通过该实例操作，掌握 Photoshop CS5 中通道的操作知识以及使用通道进行图像处理的相关技巧。

操作步骤

1．去除脸部雀斑与豆豆

（1）打开“素材”/“第 7 章”目录下的“人物照片 01.jpg”图像文件，这是一幅女

人照片。

美容前的照片人物效果

美容后的照片人物效果

图 7-1　处理前与处理后的照片效果比较

（2）执行菜单栏中的【窗口】/【通道】命令打开【通道】面板，此时显示图像的 4 个通道。

小知识

在 Photoshop CS5 中，常见的图像有 RGB 颜色模式图像、CMYK 颜色模式图像、灰度颜色模式图像以及 Lab 颜色模式图像等。不同颜色模式的图像，其通道数量是不同的，其中 RGB 颜色模式的图像有 4 个通道，包括 1 个“RGB”颜色综合通道和 3 个“红”、“绿”和“蓝”单色通道，每一个单色通道都用于存储单个的颜色信息，同时都会反映出该颜色的灰度色阶，这些单个颜色通道组成了颜色丰富的图像色彩。因此，在进行图像处理时，用户可以进入这些单色颜色通道，以观察图像的颜色效果。

（3）分别激活“红”、“绿”以及“蓝”通道，发现在每一个通道中都显示出不同灰度色阶的图像效果，如图 7-2 所示。

“红”通道效果

“绿”通道效果

“蓝”通道效果

图 7-2　不同通道下图像颜色的色阶效果

（4）回到“RGB”颜色通道，将照片以实际像素显示，观察发现人物脸部有许多雀斑与豆豆，如图 7-3 所示。

小提示

在 Photoshop CS5 中，打开的每一幅图像都是以屏幕像素显示的，这就意味着我们看到的图像效果并不是图像的真实效果，要想看到图像的真实效果，需要将图像以实际像素来显示。将图像以实际像素显示的方法有很多种，其中在图像左下角的输入框修改图像的显示百分比为 100%，这样就可以使图像以实际像素来显示，此时我们看到的才是图像的真实效果。

下面，我们分别对“红”、“绿”和“蓝”3 个单色通道进行处理，以消除人物脸部的雀斑和豆豆。

（5）再次进入“红”通道，执行菜单栏中的【滤镜】/【模糊】/【表面模糊】命令，在打开的【表面模糊】对话框中设置“半径”为10像素，“阈值”为15色阶，单击 确定 按钮对“红”通道进行模糊处理，效果如图7-4所示。

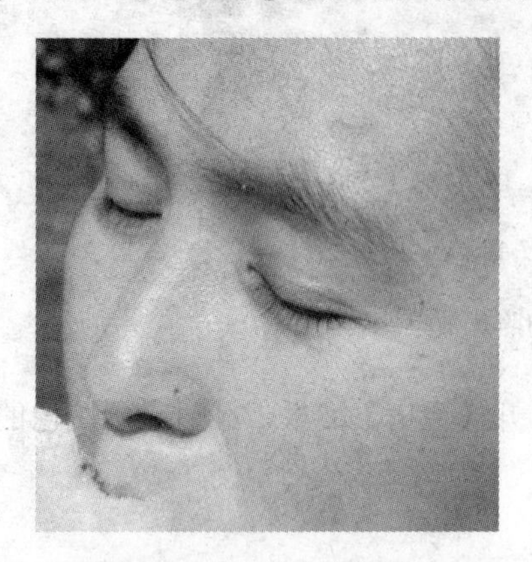

图7-3 照片人物效果

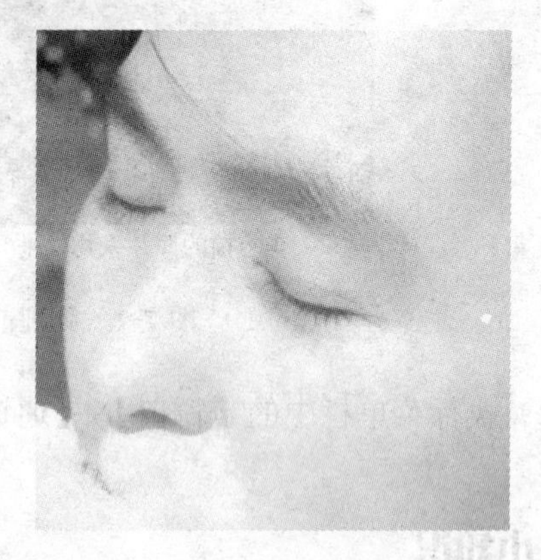

图7-4 模糊“红”通道的效果

（6）继续进入“绿”和“蓝”通道，依照第（5）步的参数设置对其进行模糊处理，效果如图7-5和图7-6所示。

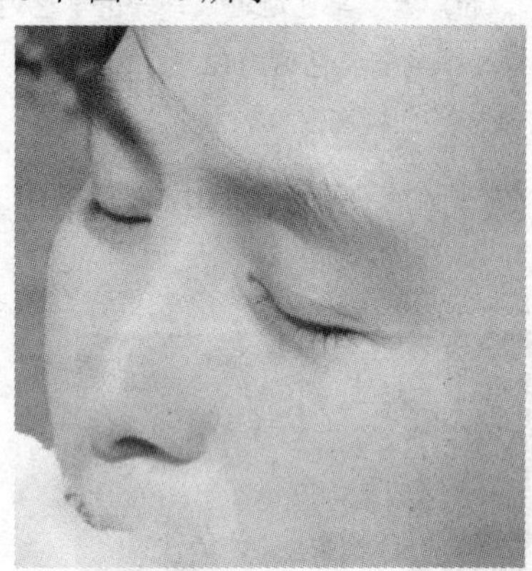

图7-5 模糊“绿”通道的效果

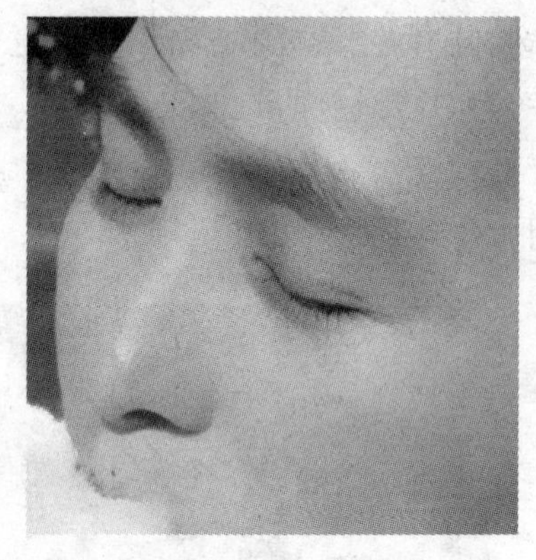

图7-6 模糊“蓝”通道的效果

（7）单击“RGB”通道回到颜色通道，此时发现人物脸部雀斑和痘痘都不见了，效果如图7-7所示。

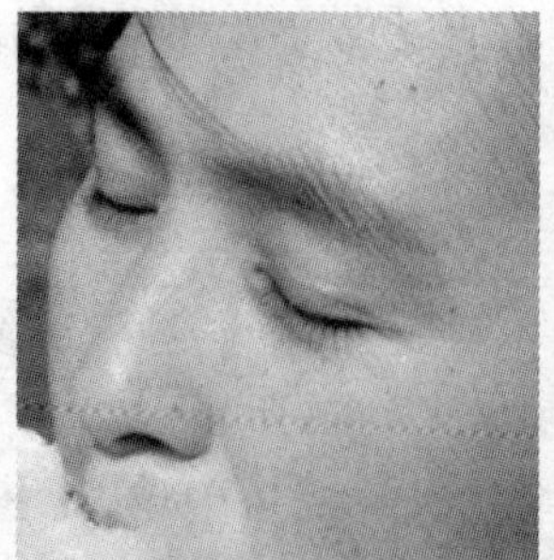

原照片人物效果

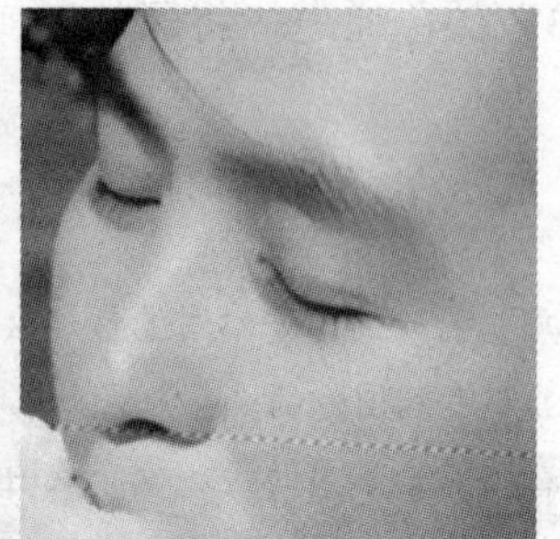

处理后的照片人物效果

图7-7 处理前与处理后的人物效果比较

2．清晰化图像

由于在前面的操作中对图像通道进行了表面模糊处理，这就使得照片变得有点模糊，下面我们继续对照片进行清晰化处理。首先在通道中对照片中的棉花糖进行清晰化处理。

（1）打开【通道】面板，并进入“红”通道。

（2）激活【工具箱】中的“历史记录画笔工具”，在【选项】栏为其设置一个合适大小的画笔笔尖，其他设置默认，在照片中的棉花糖图像上拖动鼠标，使其恢复到照片原来的效果。

（3）继续分别进入“绿”通道和“蓝”通道，依照相同的方法在“绿”通道和“蓝”通道对棉花糖进行恢复，恢复前与恢复后的效果比较，如图 7-8 所示。

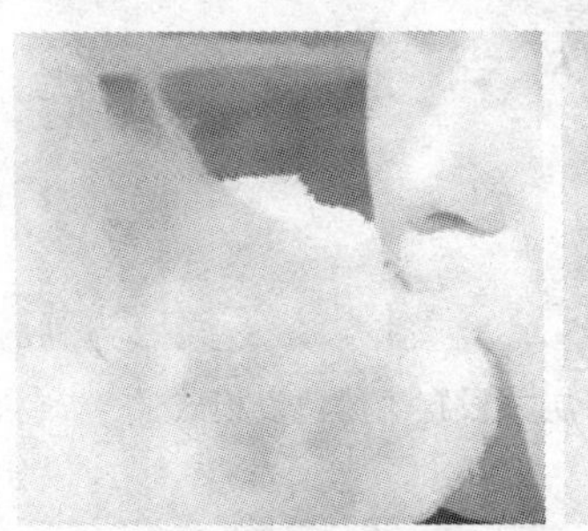

恢复前的棉花糖效果

恢复后的棉花糖效果

图 7-8　恢复前与恢复后的棉花糖效果比较

小知识

在 Photoshop CS5 中，“历史记录画笔工具”是一个图像编辑工具，使用该工具可以将图像恢复到编辑前的效果，与【编辑】菜单下的【后退一步】命令不同的是，该工具不仅可以对图像局部进行恢复，而不会影响图像其他部分，同时还可将选定状态或快照的副本绘制到当前图像窗口中。

（4）单击“RGB”通道回到颜色通道，执行菜单栏中的【滤镜】/【锐化】/【智能锐化】命令，在打开的【智能锐化】对话框设置“数量”为 100%，设置“半径”为 1 像素，勾选“更加精准”选项，单击 确定 按钮对照片进行清晰化处理，效果如图 7-9 所示。

图 7-9　清晰化处理后的照片效果

3．美白皮肤

（1）按键盘上的 F7 键打开【图层】面板，按 Ctrl+J 快捷键将背景层复制为背景副本层，然后设置背景副本层的混合模式为“滤色”模式，设置其“不透明度”为 50%，效果如图 7-10 所示。

图 7-10　复制背景层并设置“滤色”模式

小技巧

一般情况下，通过设置“滤色”混合模式会使图像颜色变得更亮，但相对人物图像来说，也会使人物失去“血色”，形同“死人”，这时需要为人物图像调整颜色，使其恢复人物应有的红润肌肤。

（2）按键盘上的 Ctrl+Shift+Alt+E 快捷键盖印图层生成图层 1，单击【图层】面板下方的“添加新的填充和调整图层”按钮，在打开的下拉菜单中选择【通道混合器】命令，在图层 1 上方添加一个【通道混合器】的调整图层，同时打开【调整】对话框。

（3）在【通道混合器】对话框的“输出通道”列表选择“绿”通道，然后调整“红色”的值为-6%，其他设置默认，单击 确定 按钮调整人物红润的肌肤效果，如图 7-11 所示。

图 7-11　调整人物颜色

小知识

调整图层是一个图像调整工具，它可以调整处在调整图层下方的所有图层的颜色。与相关的图像颜色调整命令不同的是，调整图层带有图层蒙版，以方便用户对图像局部进行编辑。例如，取消图像局部的颜色调整等，其效果类似于使用“历史记录画笔工具”对图像局部进行恢复。

（4）在调整图层的蒙版上单击进入蒙版编辑状态，设置前景色为黑色（R：0、G：0、B：0），激活“画笔工具”，为其选择一个合适大小的画笔笔尖，其他设置默认，在照片中除人物脸部之外的其他区域拖动鼠标填充黑色，以恢复这些区域的原来颜色，效果如图 7-12 所示。

（5）按键盘上的 Ctrl+Shift+Alt+E 快捷键盖印图层生成图层 2，按键盘上的 Ctrl+J 快捷键将图层 2 复制为图层 2 副本层，设置其混合模式为“滤色”模式，“不透明度”为 45%，再次提亮人物肤色，效果如图 7-13 所示。

图 7-12　使用蒙版恢复区域的原来颜色

图 7-13　复制图层并设置“滤色”模式

（6）至此，照片人物美容效果处理完毕，其处理前的照片人物与处理后的照片人物效果比较如图 7-14 所示。

美容前的照片人物效果

美容后的照片人物效果

图 7-14　美容前与美容后的照片人物效果比较

（7）执行【文件】/【存储为】命令，将该图像存储为“数码照片修饰——使女人更年轻.psd”文件。

课堂实训 2：数码照片人物美容——恢复女孩红润白嫩肌肤

实例说明

这一节将继续运用 Photoshop CS5 中的通道功能，结合其他图像处理技巧，对如图 7-15 中左图所示的女孩的照片进行处理，使其恢复女孩红润白皙的皮肤效果，如图 7-15 中右图所示。通过该实例操作，巩固 Photoshop CS5 中通道的操作方法以及使用通道进行图像处理的相关技巧。

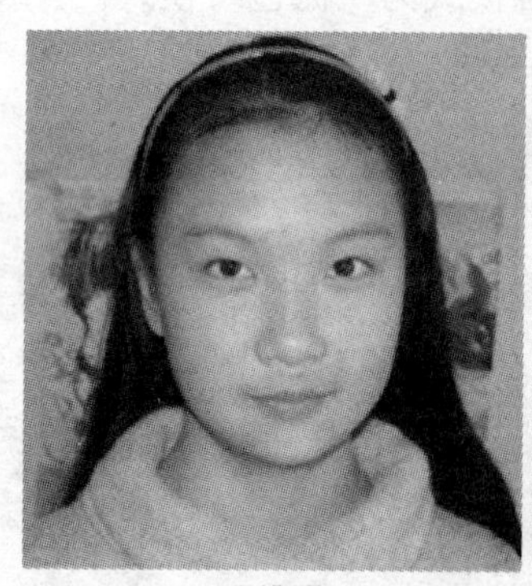

原照片　　处理后的照片

图 7-15　处理前与处理后的照片效果比较

操作步骤

1. 去除脸部豆豆

（1）打开“素材”/“第 7 章”目录下的“人物照片 02.jpg”图像文件，这是一幅女孩的照片，使用已经掌握的图像操作知识，将照片按实际像素显示，会发现人物脸部有许多痘痘与黑头，如图 7-16 所示。

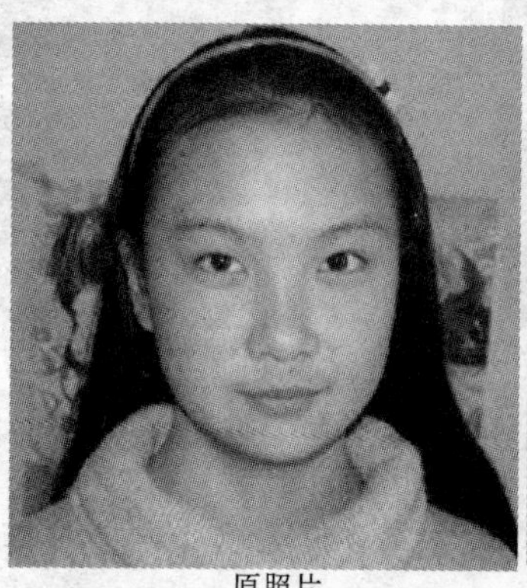

原照片

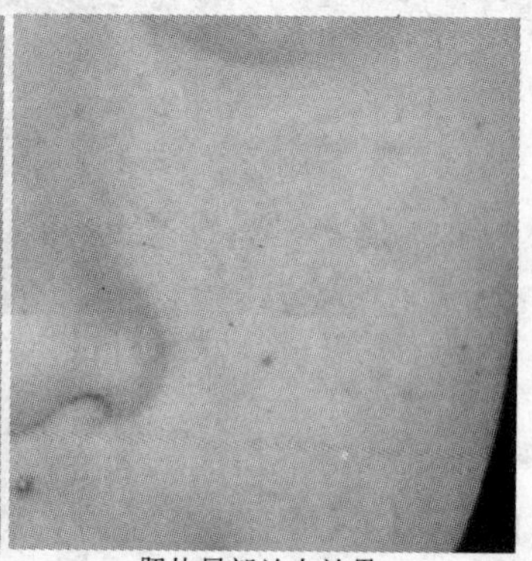

照片局部放大效果

图 7-16　原照片与局部放大效果

下面，先来去除人物脸部的痘痘，使其脸部皮肤更加光滑细嫩。

（2）执行菜单栏中的【窗口】/【通道】命令，打开【通道】面板，此时显示图像的 4 个通道。

（3）分别激活“红”、“绿”以及“蓝”通道，发现只有在“绿”通道以及“蓝”通道中痘痘比较明显，如图 7-17 所示。

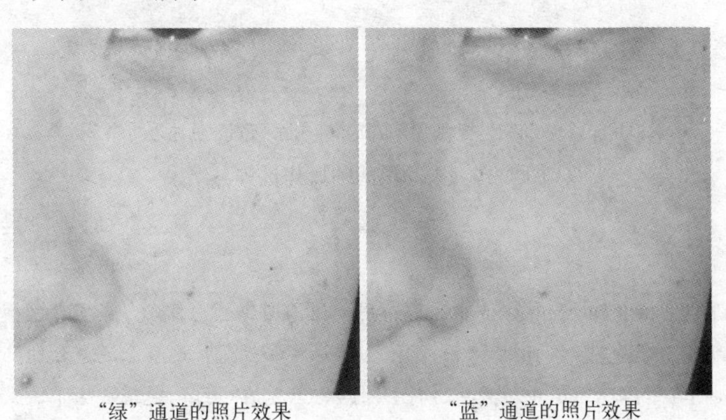

“绿”通道的照片效果　　“蓝”通道的照片效果

图 7-17　“绿”通道与“蓝”通道的照片效果

下面，我们重点在“绿”通道和“蓝”通道对脸部的痘痘进行处理。

（4）进入“绿”通道，执行菜单栏中的【滤镜】/【模糊】/【表面模糊】命令，在打开的【表面模糊】对话框中设置“半径”为 10 像素，“阈值”为 10 色阶，单击 确定 按钮对“绿”通道进行模糊处理。

（5）进入“蓝”通道，依照第（4）步的参数设置对“蓝”通道进行模糊处理，然后单击“RGB”通道回到颜色通道，观察处理前与处理后的女孩脸部局部效果，如图 7-18 所示。

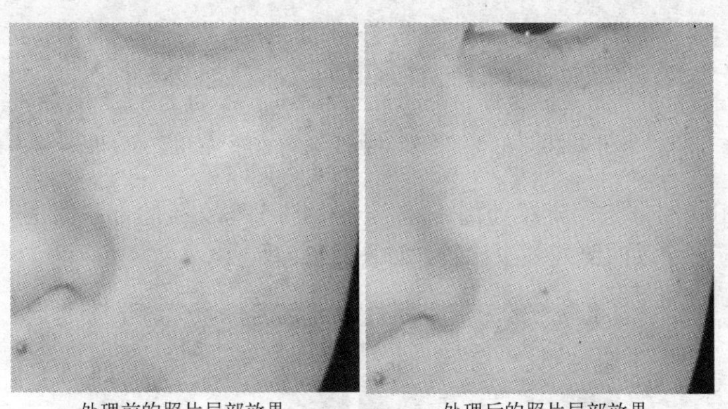

处理前的照片局部效果　　处理后的照片局部效果

图 7-18　处理前与处理后的照片局部效果比较

2. 去除脸部黑头与黑痣

（1）将照片以实际像素显示，进入“红”通道，激活【工具箱】中的“修补工具”，在其【选项】栏勾选“目标”选项，其他设置默认。

（2）在照片人物鼻子下方的黑痣旁边拖动鼠标选取用于修复的图像，如图 7-19 中左图所示，将鼠标指针移动到选区内，按住鼠标将其拖到鼻子下方的黑痣上释放鼠标，将黑痣去除，如图 7-19 中中间的图所示，按键盘上的 Ctrl+D 快捷键取消选区，单击“RGB”通道回到颜色通道，发现该黑痣仍然存在，并显示为红色，如图 7-19 中右图所示。

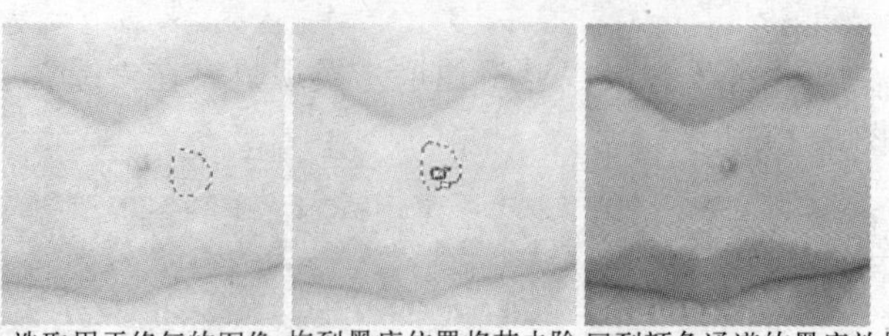
选取用于修复的图像 拖到黑痣位置将其去除 回到颜色通道的黑痣效果

图 7-19 去除黑痣的操作过程与结果

小知识

在前面已经讲过，在 Photoshop CS5 中，通道用于记录图像颜色信息，不同颜色模式的图像其通道数目是不同的。对于 RGB 颜色模式的图像来说，“红”、“绿”和“蓝”这 3 个通道分别记录了图像 3 种不同的颜色信息。当我们在“红”通道中对黑痣进行去除后，只是在“红”通道去除了该黑痣的颜色信息，而在“绿”和“蓝”两个通道中，该黑痣的颜色信息仍然存在。因此，回到 RGB 颜色通道，我们还能看到该黑痣，并且其颜色显示为红色。

（3）分别回到“绿”和“蓝”通道，使用相同的方法，对鼻子下方的黑痣进行去除，然后回到“RGB”颜色通道查看，此时发现该黑痣彻底被去除了，如图 7-20 所示。

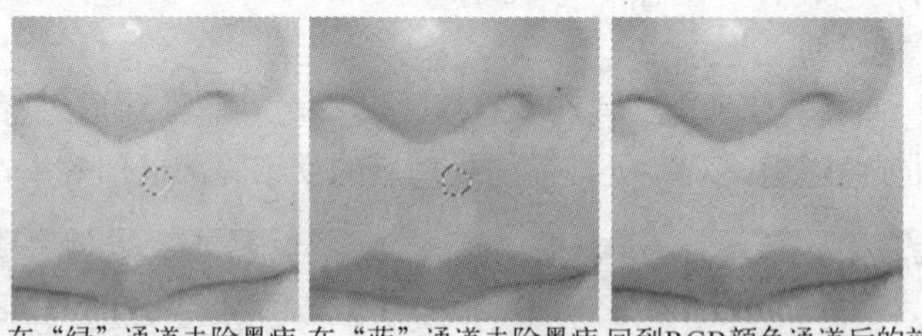
在“绿”通道去除黑痣 在“蓝”通道去除黑痣 回到RGB颜色通道后的效果

图 7-20 在“绿”和“蓝”通道去除黑痣后的效果

（4）依照相同的方法，继续使用“修补工具”将女孩脸部的黑痣与黑头统统去除，去除前的照片与去除后的照片效果比较，如图 7-21 所示。

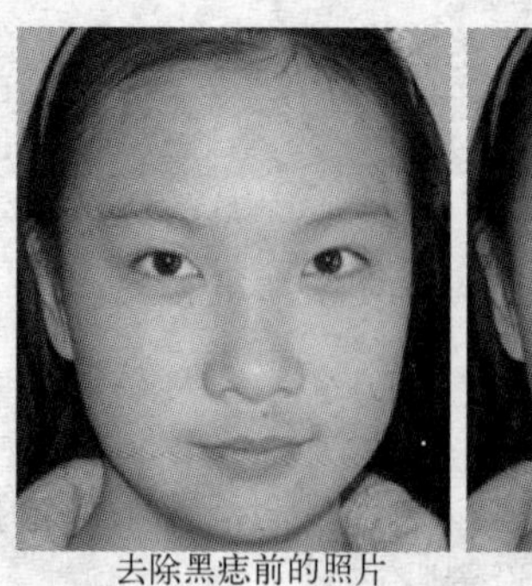
去除黑痣前的照片

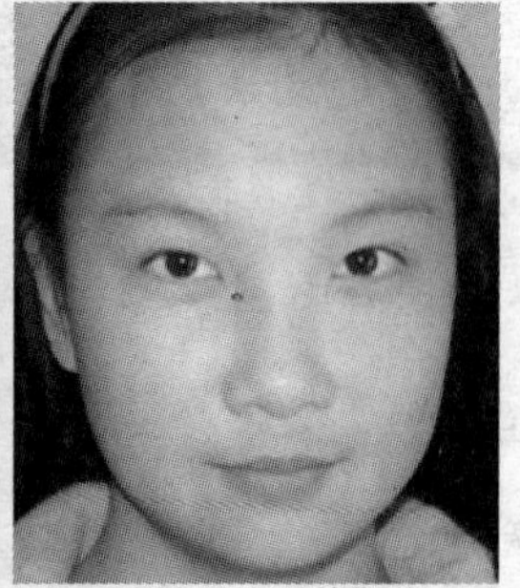
去除黑痣后的照片

图 7-21 去除黑痣前与去除黑痣后的人物效果比较

3. 去除脸部黑斑

（1）在【通道】面板分别进入“红”、“绿”和“蓝”通道，发现在“绿”通道和“蓝”通道中仍然存在大面积的黑斑，如图 7-22 所示。

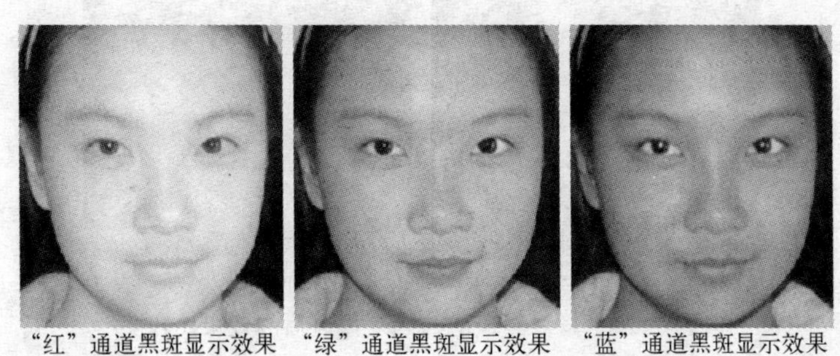

“红”通道黑斑显示效果　“绿”通道黑斑显示效果　“蓝”通道黑斑显示效果

图 7-22 “红”、“绿”和“蓝”通道中的黑斑显示效果

小提示

在此一定要弄清楚，这里所说的黑斑并不是指“绿”和“蓝”通道颜色明度比“红”通道颜色明度低，由于红色、绿色和蓝色这 3 种颜色明度值本来就不同，它们在通道中的灰色值也就不同。因此“红”、“绿”和“蓝”通道的明度不同是正常的。而这里我们所说的黑斑是指，在“绿”和“蓝”通道中，部分颜色明度值明显要比通道本身的明度值更低，形成很不自然的黑色斑点，这就是导致黑斑的主要原因。我们就是要将这些大面积的颜色进行处理，这样才能处理掉照片中大面积的黑斑。

（2）进入“蓝”通道，依照前面去除黑痣的方法，使用“修补工具”将脸部大面积的黑斑进行修复，修复前与修复后的效果比较，如图 7-23 所示。

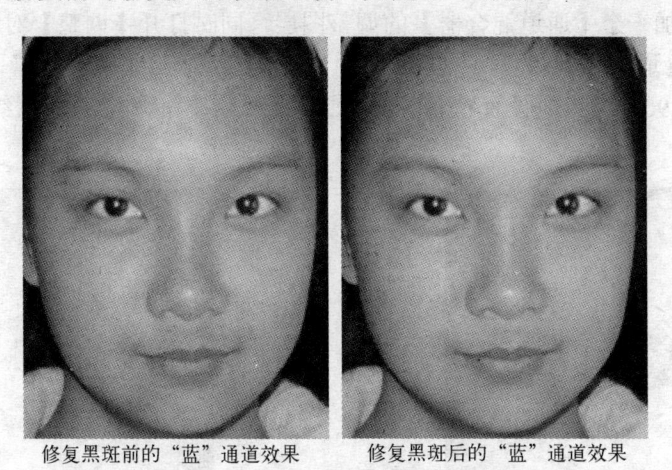

修复黑斑前的“蓝”通道效果　修复黑斑后的“蓝”通道效果

图 7-23　在“蓝”通道修复黑斑的效果比较

（3）激活“绿”通道，依照前面的操作方法在“绿”通道对脸部大面积的黑斑进行修补，最后回到“RGB”通道查看照片效果，修复前与修复后的照片效果比较，如图 7-24 所示。

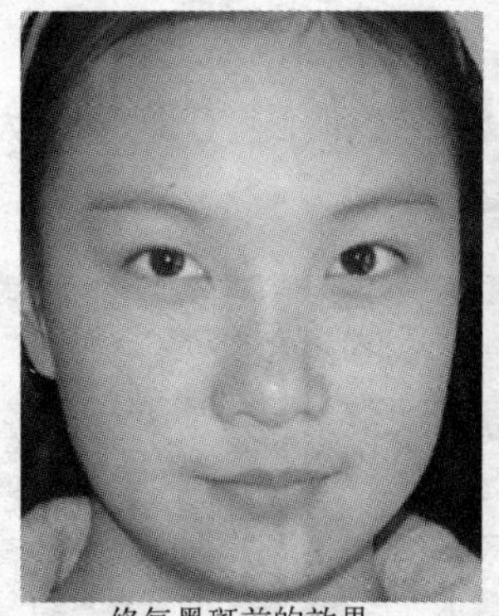
修复黑斑前的效果

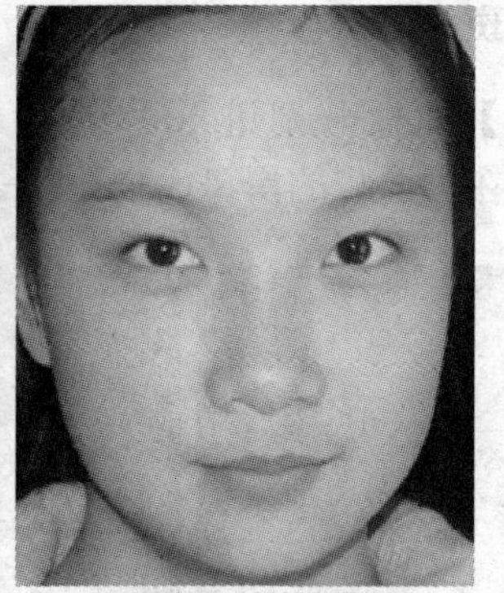
修复黑斑后的效果

图 7-24　修复黑斑前与修复黑斑后的效果比较

小提示

在修复黑斑时，注意人物嘴唇周围、下巴、脸颊以及额头等部位的颜色变化，可以一边修复一边使用“模糊工具”对修复后的颜色进行模糊处理，这样可以使修复后的颜色能与周围颜色相融合，使其面部颜色更加光滑。

4．调整红润白嫩的脸部皮肤效果

（1）按键盘上的 Ctrl+J 快捷键将背景层复制为背景副本层，然后设置其图层混合模式为“滤色”模式，设置其“不透明度”为 25%，照片效果如图 7-25 所示。

（2）按键盘上的 Ctrl+Alt+Shift+E 快捷键盖印图层生成图层 1，单击【图层】面板下方的“添加新的填充和调整图层”按钮，在打开的下拉菜单中选择【通道混合器】命令，在图层 1 上方添加一个【通道混合器】的调整图层，同时打开【调整】对话框。

（3）在【通道混合器】对话框的“输出通道”列表选择“绿”通道，然后调整“红色”的值为 90%，其他设置默认，单击 确定 按钮调整出女孩红润的肌肤效果，如图 7-26 所示。

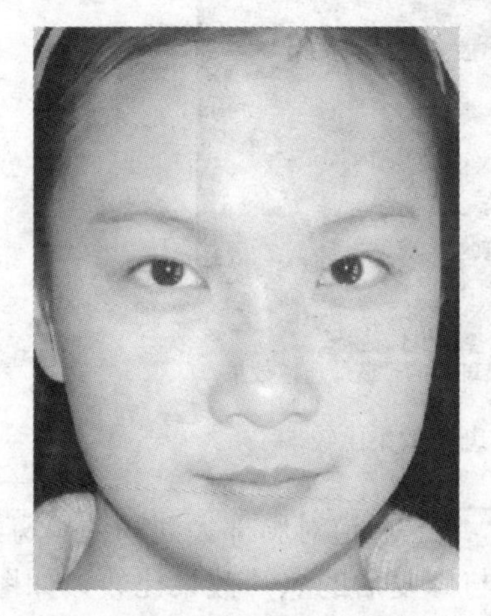
图 7-25　复制图层并设置“滤色”模式

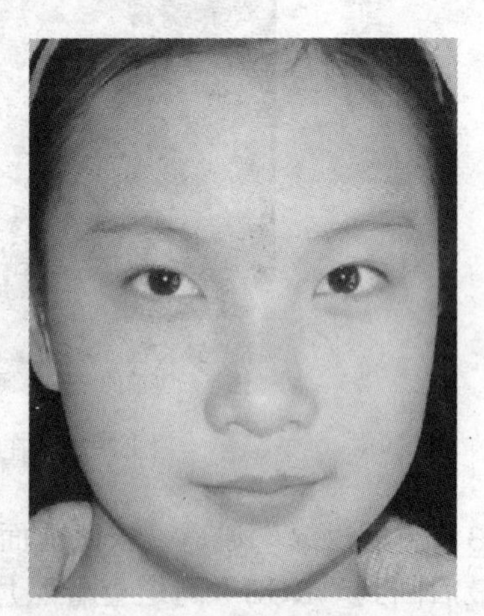
图 7-26　调整出女孩红润的肌肤效果

（4）在调整图层的蒙版上单击进入蒙版编辑状态，设置前景色为黑色（R：0、G：0、B：0），激活“画笔工具”，为其选择一个合适大小的画笔笔尖，在照片中除人物脸部之外的眼睛、头发、毛衣和背景区域拖动鼠标填充黑色，以恢复这些区域的原来颜色，效果如图 7-27 所示。

（5）按键盘上的 Ctrl+Alt+Shift+E 快捷键盖印图层生成图层 2，激活【工具箱】中的“红眼工具”，在照片人物眼睛的红眼上单击，以去除红眼，然后使用“减淡工具”，设置合适画笔笔尖在眼睛高光位置单击，以提亮眼睛高光，最后使用“加深工具”在眉毛上拖动，以加深眉毛颜色，效果如图 7-28 所示。

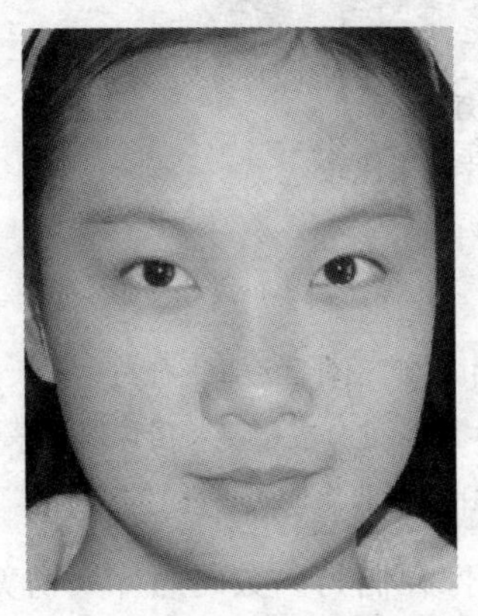

图 7-27　恢复毛衣、眼睛等颜色

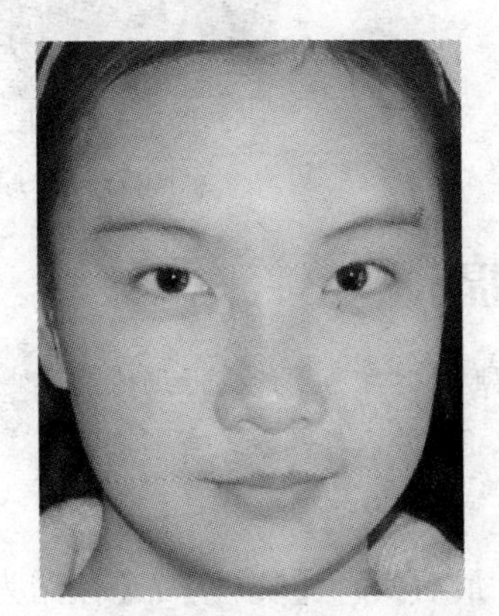

图 7-28　去除红眼、提亮眼睛和加深眉毛

（6）执行菜单栏中的【滤镜】/【锐化】/【智能锐化】命令，在打开的【智能锐化】对话框中设置“数量”为 100%，设置“半径”为 1 像素，勾选“更加精准”选项，单击 确定 按钮对女孩进行清晰化处理。

（7）执行菜单栏中的【图像】/【调整】/【匹配颜色】命令，在打开的【匹配颜色】对话框中勾选“中和”选项，其他设置默认，单击 确定 按钮对照片颜色进行最后的校正，效果如图 7-29 所示。

（8）按键盘上的 Ctrl+J 快捷键将图层 2 复制为图层 2 副本层，在【图层】面板设置图层 2 副本层的混合模式为“滤色”模式，并设置其“不透明度”为 25%，以提高照片亮度，效果如图 7-30 所示。

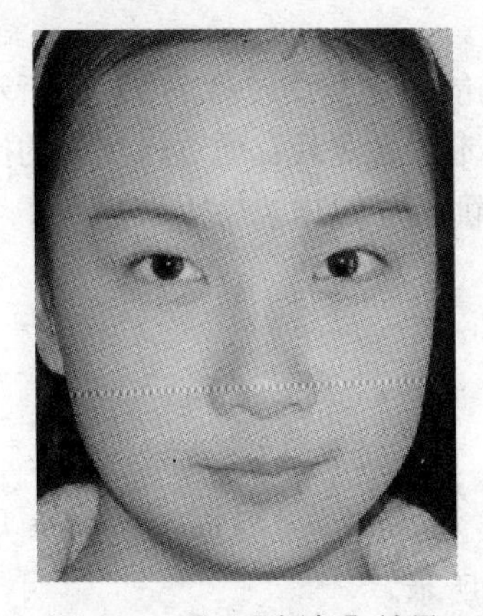

图 7-29 【匹配颜色】效果

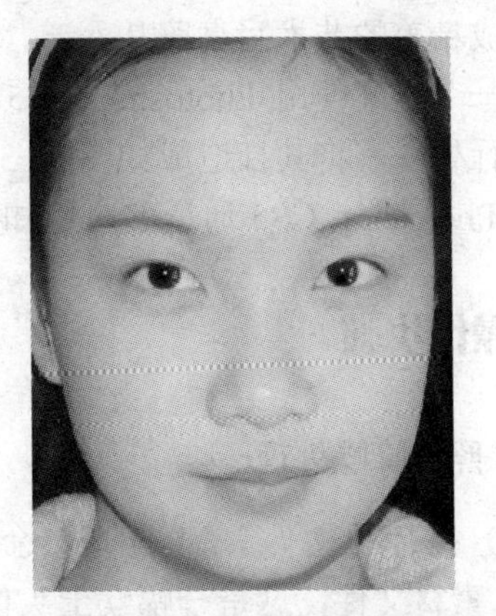

图 7-30 “滤色”混合模式效果

（9）按键盘上的 Ctrl+Alt+Shift+E 快捷键盖印图层生成图层 3，将图像以屏幕方式全部显示。至此，该照片效果处理完毕，其最终效果与原照片效果比较，如图 7-31 所示。

原照片

处理后的照片

图 7-31　原照片与处理后的照片效果比较

小提示

在处理照片时，为了能更仔细地观察处理效果，我们将照片以实际像素方式进行局部放大显示，处理完后，可以将照片以屏幕方式全部显示，这样才能对照片的整体效果进行观察。将图像以屏幕方式全部显示的方法很简单，双击【工具箱】中的“抓手工具”即可将图像以屏幕方式全部显示。

（10）最后执行【文件】/【存储为】命令，将该图像存储为“数码照片人物美容——恢复女孩红润白嫩肌肤.psd”文件。

课堂实训 3：变废为宝——使用报废照片制作个人艺术写真

实例说明

在拍摄照片时，有时会因为光线的原因使拍摄的照片曝光不足、太暗，严重影响人物效果，对这样的照片，我们常常将其作为报废照片删除或丢弃。现在好了，有了 Photoshop CS5 强大的图像修饰与处理技术，我们可以使这些看似报废的照片变废为宝，将其打造成精美的艺术写真照片。

这一节继续使用 Photoshop CS5 的通道图像处理功能，对如图 7-32 中左图所示的女人照片进行处理，将其打造成如图 7-32 中右图所示的艺术写真照片。通过该实例的操作，继续巩固 Photoshop CS5 通道的应用知识以及使用通道修饰照片的相关技巧。

操作步骤

1. 照片降噪处理

（1）执行【文件】/【打开】命令，打开“素材”/“第 7 章”目录下的“人物照片 03.jpg”素材文件，这是一幅女士头像照片，如图 7-33 所示。

（2）将照片以实际像素显示，并查看局部，发现该照片中噪点较多，如图 7-34 所示。

处理前的人物头像效果

处理后的人物头像效果

图 7-32　处理前与处理后的照片效果比较

图 7-33　打开的照片

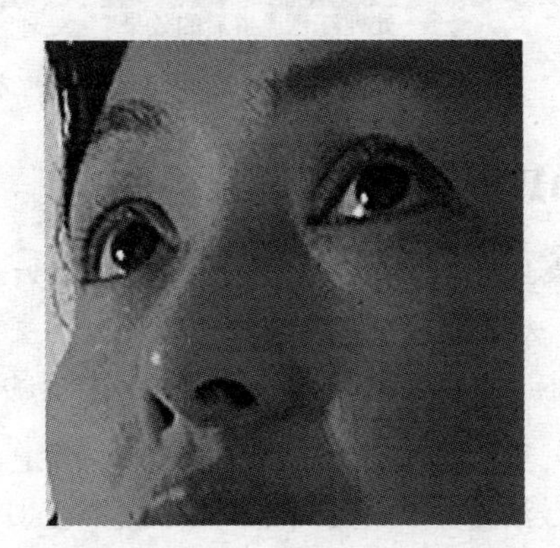
图 7-34　实际像素显示下的局部照片

（3）执行【窗口】/【通道】命令打开【通道】面板，分别进入“红”、“绿”和“蓝”通道，发现在不同的通道中，噪点的多少也不同，如图 7-35 所示。

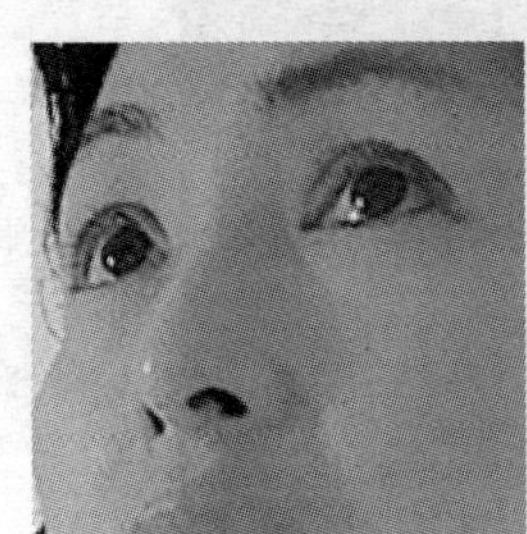
红色通道显示效果

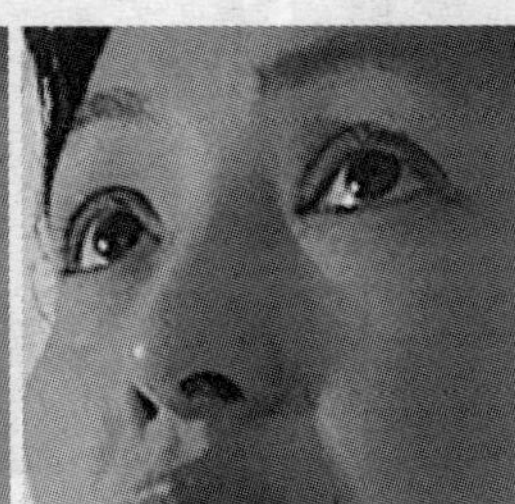
绿色通道显示效果

蓝色通道显示效果

图 7-35　各通道中图像的显示效果

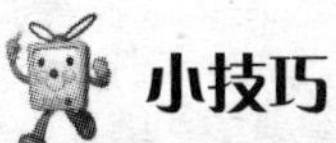

小技巧

在 Photoshop CS5 中，通道用于存储图像的颜色信息，同时通道也反映了图像的一些细节，例如图像的噪点等。因此，在处理图像时，我们可以首先从处理通道入手。下面，就分别对该图像的“红”、“绿”和“蓝”通道进行降噪处理，以达到对整个图像降噪的目的。

（4）按键盘上的 Ctrl+J 快捷键将背景层复制为背景副本层，然后进入“蓝”通道，执行菜单栏中的【滤镜】/【模糊】/【表面模糊】命令，在打开的【表面模糊】对话框中设置“半径”为 10 像素、“阈值”为 15 色阶，单击 确定 按钮对“蓝”通道进行模糊处理。

（5）依照第（4）步的操作和参数设置，分别对“绿”通道和“红”通道进行【表面模糊】处理，处理后的效果如图 7-36 所示。

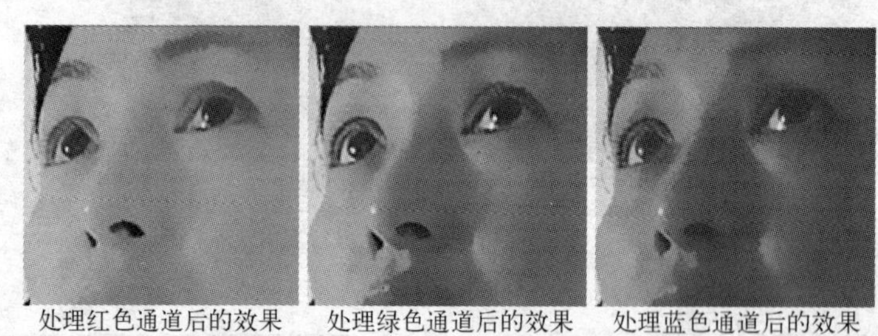
处理红色通道后的效果　处理绿色通道后的效果　处理蓝色通道后的效果

图 7-36　处理各通道后的效果

小知识

【表面模糊】滤镜可以在保留边缘的同时模糊图像。此滤镜用于创建特殊效果并消除杂色或粒度。“半径”选项指定模糊取样区域的大小。“阈值”选项控制相邻像素色调值与中心像素值相差多大时才能成为模糊的一部分。色调值差小于阈值的像素被排除在模糊之外。

（6）单击“RGB”通道回到颜色通道，发现照片中仍然有不少噪点，如图 7-37 中左图所示，激活【工具箱】中的“模糊工具”，为其选择一个合适大小的画笔比较，在其【选项】栏“模式”为正常、“强度”为 100%，继续在照片中有杂色的位置拖动鼠标进行模糊处理，处理后的效果如图 7-37 中右图所示。

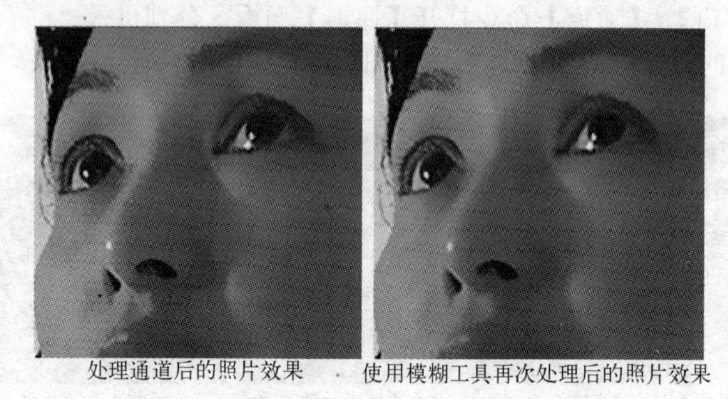
处理通道后的照片效果　使用模糊工具再次处理后的照片效果

图 7-37　通道降噪与模糊工具降噪后的效果

小提示

在使用“模糊工具”处理照片中残存的噪点时一定要注意，要设置合适大小的画笔笔尖，只在有噪点的位置拖动鼠标，将噪点模糊，但千万不能在眼睛、嘴唇及鼻子等人物五官位置拖动鼠标。否则，人物五官被模糊处理后，会影响整个人物头像照片的最终效果。

2. 照片亮度处理

通过通道不仅发现噪点的分布情况，同时也发现，照片太暗主要是由于“红”、“绿”

和“蓝”通道的亮度不够造成的，下面我们分别提高各通道的亮度，以达到提高照片亮度的目的。

（1）进入“蓝”通道，执行菜单栏中的【图像】/【调整】/【曲线】命令，在打开的【曲线】对话框中的曲线上单击添加一个点，然后设置“输出”为 190、“输入”为 80，单击 确定 按钮对“蓝”通道进行亮度处理，效果如图 7-38 所示。

（2）进入“绿”通道，打开【曲线】对话框，在曲线上单击添加一个点，然后设置“输出”为 185、“输入”为 85，单击 确定 按钮对“绿”通道进行亮度处理，效果如图 7-39 所示。

图 7-38　调整“蓝”通道亮度

图 7-39　调整“绿”通道亮度

（3）进入“红”通道，打开【曲线】对话框，在曲线上单击添加一个点，然后设置“输出”为 175、“输入”为 100，单击 确定 按钮对“红”通道进行亮度处理，效果如图 7-40 中左图所示，单击“RGB”通道回到颜色通道，照片效果如图 7-40 中右图所示。

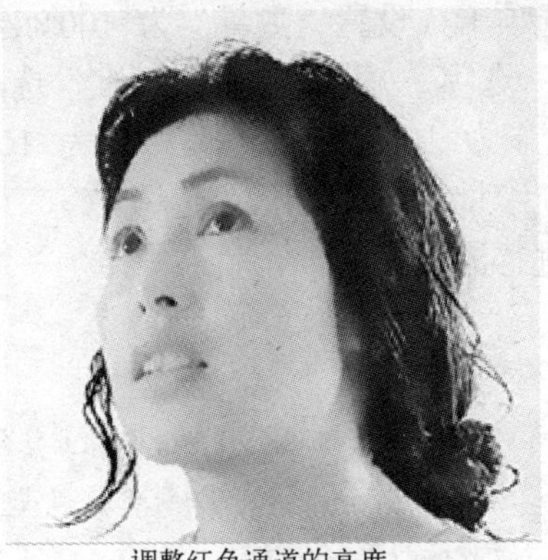

调整红色通道的亮度

回到RGB颜色通道后的照片效果

图 7-40　调整“红”通道亮度以及回到“RGB”颜色通道的照片效果

小提示

在前面的章节中已经讲过，通道用于存储图像的颜色信息。因此在调整各通道的亮度时一定要注意把握好尺度，每一个通道的亮度不能太亮，否则会影响照片的颜色效果。

3. 照片色调处理

（1）执行菜单栏中的【图像】/【调整】/【色彩平衡】命令，打开【色彩平衡】对话框，勾选“中间调”选项，然后设置“色阶”参数分别为 50、-30 和 20，其他设置默认，单击 确定 按钮调整照片颜色，效果如图 7-41 所示。

（2）执行菜单栏中的【图像】/【调整】/【自然饱和度】命令，打开【自然饱和度】对话框，设置“自然饱和度”为-30、设置“饱和度”为 10，单击 确定 按钮继续调整照片颜色，效果如图 7-42 所示。

图 7-41 【色彩平衡】调整效果

图 7-42 【自然饱和度】调整效果

4. 照片清晰处理即细部刻画

（1）执行菜单栏中的【滤镜】/【锐化】/【智能锐化】命令，打开【智能锐化】对话框，勾选“高级”选项，然后进入“锐化”选项卡，设置“数量”为 100%像素、“半径”为 1.5 像素，在“移去”列表选择“镜头模糊”选项，并勾选“更加精准”选项。

（2）进入“阴影”选项卡，设置“渐隐量”为 100%、“色调宽度”为 100%、“半径”为 100 像素，进入“高光”选项卡，设置“渐隐量”为 100%、“色调宽度”为 100%、“半径”为 100 像素，单击 确定 按钮对照片进行清晰处理。

小知识

【智能锐化】滤镜具有【USM 锐化】滤镜所没有的锐化控制功能。用户可以设置锐化算法，或控制在阴影和高光区域中进行的锐化量，通过设置锐化算法或控制阴影和高光中的锐化量来锐化图像。如果用户尚未确定要应用的特定锐化滤镜，那么这是一种值得考虑的推荐锐化方法。

【智能锐化】滤镜的使用方法如下。

1. 将文档窗口缩放到 100%，以便精确地查看锐化效果。

2. 执行【滤镜】/【锐化】/【智能锐化】命令打开【智能锐化】对话框，在该对话框有两个选项，分别是“基础”选项和“高级”选项。

3. 勾选“高级”选项，设置“锐化”相关参数。

➢ “数量”：设置锐化量。较大的值将会增强边缘像素之间的对比度，从而看起来更加锐利。

- “半径”：决定边缘像素周围受锐化影响的像素数量。半径值越大，受影响的边缘就越宽，锐化的效果也就越明显。
- “移去”：设置用于对图像进行锐化的锐化算法。“高斯模糊”是“USM 锐化”滤镜使用的方法。“镜头模糊”将检测图像中的边缘和细节，可对细节进行更精细的锐化，并减少了锐化光晕。“动感模糊”将尝试减少由于相机或主体移动而导致的模糊效果。如果选取了“动感模糊”，请设置“角度”控件。
- “角度”：为“移去”控件的“动感模糊”选项设置运动方向。
- “更加精准”：用更慢的速度处理文件，以便更精确地移去模糊。

4. 使用“阴影”和“高光”选项卡调整较暗和较亮区域的锐化。如果暗的或亮的锐化光晕看起来过于强烈，可以使用这些控件减少光晕，这仅对于 8 位/通道和 16 位/通道的图像有效。

- “渐隐量”：调整高光或阴影中的锐化量。
- “色调宽度”：控制阴影或高光中色调的修改范围。向左移动滑块会减小“色调宽度”值，向右移动滑块会增加该值。较小的值会限制只对较暗区域进行阴影校正的调整，并只对较亮区域进行“高 光”校正的调整。
- “半径”：控制每个像素周围的区域的大小，该大小用于决定像素是在阴影还是在高光中。向左移动滑块会指定较小的区域，向右移动滑块会指定较大的区域。

（3）依照前面实例中讲过的处理人物眉毛、眼睫毛的方法，对该照片中人物的眉毛和眼睫毛等进行处理，完成该人物照片的处理。

小提示

在处理人物眉毛和眼睫毛时，可以新建一层，依照前面实例中所讲的创建路径、描边路径等相关操作方法绘制出眉毛和眼睫毛，并使用模糊工具进行模糊，使其更真实。详细操作过程请参阅本书前面章节中有关人物照片处理的详细讲解。

（4）至此，该人物头像处理完毕，处理前与处理后的人物头像效果比较，如图 7-43 所示。

处理前的人物头像效果

处理后的人物头像效果

图 7-43　处理前与处理后的人物头像效果比较

（5）执行【文件】/【存储为】命令，将该文件另存为“变废为宝——使用报废照片制作个人艺术写真.psd”文件。

课堂实训 4：风景照片特效处理——春、夏、秋、冬

实例说明

春天春暖花开，夏天烈日炎炎，秋天秋高气爽，冬天白雪皑皑，这是一年四季季节变化所带给人类的感受。而对于树木来说，春天则枝叶吐新芽，春意盎然；夏天则绿树成荫，绿意盈盈；秋天则枝叶枯黄，一片萧条；而冬天则白雪压顶，寒风嗖嗖。但不管是那个季节，总有各自迷人的风光。不信？请进入这一节内容的学习，让你感受一年四季各季节带给我们不一样的感受吧。

这一节我们将继续运用 Photoshop CS5 的通道操作功能，结合其他图像处理技巧，将一幅普通的风景照片分别打造成春、夏、秋、冬四季不同的风景效果，如图 7-44 所示。

风景照片特效处理——春

风景照片特效处理——夏

风景照片特效处理——秋

风景照片特效处理——冬

图 7-44　风景照片特效处理——春、夏、秋、冬

操作步骤

1. 春天风景照片处理

（1）打开“素材”/“第 7 章”目录下的“风景照片 01.jpg”图像文件，这是一幅普通的风景照片，如图 7-45 所示。

（2）按键盘上的 Ctrl+J 快捷键将照片背景层复制为背景副本层，执行菜单栏中的【图像】/【模式】/【CMYK 颜色】命令，在打开的对话框中单击【不拼合(D)】按钮，将弹出另一个对话框，直接单击【确定】按钮将该照片转换为 CMYK 颜色模式的图像。

小知识

在 Photoshop CS5 中，当将一个 RGB 颜色模式的图像转换为 CMYK 颜色模式时，如果该图像有多个图层，转换模式时系统会询问是否将这些图层与背景层合并，单击[不拼合(D)]按钮，将不合并这些图层。如果单击[拼合(F)]按钮，系统将其他图层与背景层合并，然后再将其转换为 CMYK 颜色模式。另外需要注意的是，不同颜色模式的图像，其通道数不相同，RGB 颜色模式的图像有 4 个通道，包括 1 个"RGB"颜色综合通道和 3 个"红"、"绿"和"蓝"单色通道，当将 RGB 颜色模式的图像转换为 CMYK 颜色模式后，其通道数为 5 个，包括"CMYK"综合颜色通道和"青色"、"洋红"、"黄色"和"黑色"4 个单色通道。

（3）激活背景副本层，执行菜单栏中的【图像】/【调整】/【通道混合器】命令，在打开的【通道混合器】对话框中的"输出通道"列表选择"青色"选项，然后在"源通道"选项下设置"青色"为+200%、"洋红"为+200%、"黄色"为−115%、"黑色"为 0%、"常数"为−20%，照片效果如图 7-46 所示。

图 7-45　打开的照片效果

图 7-46　调整"青色"通道后的照片效果

（4）在【通道混合器】对话框中的"输出通道"列表中选择"洋红"选项，然后在"源通道"选项下设置"青色"为−200%、"洋红"为−200%、"黄色"为−200%、"黑色"为 0%、"常数"为 0%，照片效果如图 7-47 所示。

（5）在【通道混合器】对话框中的"输出通道"列表中选择"黄色"选项，然后在"源通道"选项下设置"青色"为−40%、"洋红"为−40%、"黄色"为+200%、"黑色"为+200%、"常数"为 0%，照片效果如图 7-48 所示。

图 7-47　调整"洋红"通道后的照片效果

图 7-48　调整"黄色"通道后的照片效果

（6）在【通道混合器】对话框中的"输出通道"列表中选择"黑色"选项，然后在"源通道"选项下设置"青色"为+5%、"洋红"为 0%、"黄色"为 0%、"黑色"为+200%、

“常数”为+5%。

（7）单击确定按钮确认并关闭【通道混合器】对话框，然后执行菜单栏中的【图像】/【模式】/【RGB颜色】命令，将照片颜色模式转换为RGB颜色模式。

（8）执行菜单栏中的【图像】/【调整】/【通道混合器】命令，在打开的【通道混合器】对话框中的“输出通道”列表选择“红”选项，然后在“源通道”选项下设置“红色”为+100%、“绿色”为+30%、“蓝色”为0%、“常数”为0%，照片效果如图7-49所示。

（9）在“输出通道”列表选择“绿”选项，在“源通道”选项下设置“红色”为+5%、“绿色”为+110%、“蓝色”为0%、“常数”为0%，单击确定按钮确认并关闭【通道混合器】对话框，此时照片效果如图7-50所示。

图7-49　调整“红”通道后的照片效果

图7-50　调整“绿”通道后的照片效果

小提示

在CMYK颜色模式下，照片有4个单色通道，在调整时要对这4个单色通道分别进行调整。将照片颜色模式转换为RGB颜色模式后，照片有3个单色通道，此时可对这3个单色通道分别进行调整。

（10）单击【图层】面板下方的“添加图层蒙版”按钮，对背景副本层添加图层蒙版，然后设置前景色为黑色（R：0、G：0、B：0），激活“画笔工具”，为其选择一个合适大小的画笔，在背景副本层中的亭子、回廊以及水面倒影位置拖动鼠标指针，使其显示背景层中这些对象。

（11）至此，“风景照片特效处理——春”的照片效果处理完毕，处理前与处理后的照片效果比较，如图7-51所示。

处理前的照片

处理后的照片

图7-51　处理前与处理后的照片效果比较

（12）执行菜单栏中的【文件】/【存储为】命令，将该照片效果存储为“风景照片特效处理——春.psd”文件。

2. 夏天风景照片处理

（1）打开“素材”/“第 7 章”目录下的“风景照片 01.jpg”图像文件。

（2）按键盘上的 Ctrl+J 快捷键将照片背景层复制为背景副本层，然后执行菜单栏中的【图像】/【模式】/【CMYK 颜色】命令，在打开的对话框中单击不拼合(D)按钮，将弹出另一个对话框，直接单击确定按钮，将该照片转换为 CMYK 颜色模式的图像。

（3）激活背景副本层，执行菜单栏中的【图像】/【调整】/【通道混合器】命令，打开【通道混合器】对话框，在打开的【通道混合器】对话框的“输出通道”列表中选择“洋红”选项，在“源通道”选项下设置“洋红”参数为 0%，单击确定按钮，照片效果如图 7-52 所示。

（4）在“输出通道”列表选择“青色”选项，在“源通道”选项下设置“洋红”参数为+50%，“黑色”为+200%，其他设置默认，单击确定按钮，照片效果如图 7-53 所示。

图 7-52　关闭“洋红”通道后的照片效果

图 7-53　调整“青色”通道后的照片效果

（5）执行菜单栏中的【图像】/【模式】/【RGB 颜色】命令，在打开的对话框中单击不拼合(D)按钮，将该照片重新转换为 RGB 颜色模式的图像。

（6）进入【通道】面板，激活“绿”通道，执行菜单栏中的【图像】/【调整】/【曲线】命令，在打开的【曲线】对话框中的曲线上单击添加一个点，然后设置“输出”值为 127，设置“输入”值为 181，单击确定按钮调整照片颜色，然后回到“RGB”通道，照片效果如图 7-54 所示。

（7）采用第（6）步的操作和设置，使用【曲线】命令对“蓝”通道进行调整，然后回到“RGB”通道查看效果，照片效果如图 7-55 所示。

图 7-54　曲线调整“绿”通道的照片效果

图 7-55　曲线调整“蓝”通道后的照片效果

（8）执行菜单栏中的【图像】/【调整】/【通道混合器】命令，在打开的【通道混合器】对话框中的“输出通道”列表选择“红”选项，在“源通道”选项下设置“红色”参数为-200%，“蓝色”为-200%，照片效果如图 7-56 所示。

（9）在【通道混合器】对话框中的“输出通道”列表中选择“绿”选项，然后在“源通道”选项下设置“绿色”为-20%，其他设置默认，照片效果如图 7-57 所示。

图 7-56 调整“红”通道后的照片效果

图 7-57 调整“绿”通道后的照片效果

（10）执行菜单栏中的【图像】/【调整】/【匹配颜色】命令，在打开的【匹配颜色】对话框中设置“明亮度”为 200，其他设置默认，单击 确定 按钮，照片效果如图 7-58 所示。

（11）执行菜单栏中的【图像】/【自动色调】命令，再次校正照片颜色，效果如图 7-59 所示。

图 7-58 【匹配颜色】调整效果

图 7-59 【自动色调】调整效果

（12）单击【图层】面板下方的“添加图层蒙版”按钮，对背景副本层添加图层蒙版，设置前景色为黑色（R：0、G：0、B：0），激活“画笔工具”，为其选择一个合适大小的画笔，在背景副本层中的亭子、回廊以及水面倒影位置拖动鼠标指针，使其显示背景层中这些对象。

（13）至此，“风景照片特效处理——夏”的照片效果处理完毕，处理前与处理后的照片效果比较，如图 7-60 所示。

处理前的照片

处理后的照片

图 7-60 处理前与处理后的照片效果比较

（14）执行菜单栏中的【文件】/【存储为】命令，将该照片效果存储为“风景照片特效处理——夏.psd”文件。

3. 秋天风景照片处理

（1）打开“素材”/“第7章”目录下的“风景照片01.jpg”图像文件。

（2）按键盘上的 Ctrl+J 快捷键将照片背景层复制为背景副本层，然后执行菜单栏中的【图像】/【模式】/【CMYK 颜色】命令，在打开的对话框中单击不拼合(D)按钮，将弹出另一个对话框，直接单击确定按钮，将该照片转换为CMYK颜色模式的图像。

（3）打开【通道】面板，在【通道】面板的“青色”通道前的图标上单击，将“青色”通道暂时关闭，照片效果如图7-61所示。

小知识

在 Photoshop CS5 中，通道用于存储图像的颜色信息，不管什么颜色模式的图像，其颜色都是由通道中的单个通道颜色混合而成。因此，当关闭其中任意一个通道后，图像因缺少该颜色，而只能显示其他通道的颜色。

（4）激活背景副本层，执行菜单栏中的【图像】/【调整】/【通道混合器】命令，在打开的【通道混合器】对话框中的“输出通道”列表中选择“青色”选项，在“源通道”选项下设置“洋红”参数为0%，单击确定按钮。

（5）执行菜单栏中的【图像】/【模式】/【RGB 颜色】命令，在打开的对话框中单击不拼合(D)按钮，将该照片转换为RGB颜色模式的图像。

（6）执行菜单栏中的【图像】/【调整】/【通道混合器】命令，在打开的【通道混合器】对话框中的“输出通道”列表中选择“红”选项，在“源通道”选项下设置“蓝色”参数为-60%，照片效果如图7-62所示。

图7-61　关闭“青色”通道后的照片效果

图7-62　调整“红”通道后的照片效果

（7）在“输出通道”列表中选择“绿”选项，在“源通道”选项下设置“蓝色”参数为-35%，其他设置默认，照片效果如图7-63所示。

（8）执行菜单栏中的【图像】/【调整】/【曝光度】命令，在打开的【曝光度】对话框中设置“曝光度”值为0.55，设置“灰度系数校正”值为0.58，其他设置默认，单击确定按钮调整照片的曝光度，照片效果如图7-64所示。

（9）执行菜单栏中的【图像】/【调整】/【自然饱和度】命令，在打开的【自然饱和度】对话框中设置“饱和度”值为-70，其他设置默认，单击 确定 按钮调整照片的自然饱和度，照片效果如图 7-65 所示。

图 7-63 调整“绿”通道后的照片效果

图 7-64 调整【曝光度】后的照片效果

（10）执行菜单栏中的【图像】/【调整】/【色阶】命令，在打开的【色阶】对话框中设置“输入色阶”值分别为 60、1.0 和 200，其他设置默认，单击 确定 按钮调整照片的色阶，照片效果如图 7-66 所示。

图 7-65 调整【自然饱和度】后的照片效果

图 7-66 调整【色阶】后的照片效果

（11）单击【图层】面板下方的“添加图层蒙版”按钮，对背景副本层添加图层蒙版，设置前景色为黑色（R：0、G：0、B：0），激活“画笔工具”，为其选择一个合适大小的画笔，在背景副本层中的亭子、回廊以及水面倒影位置拖动鼠标指针，使其显示背景层中这些对象。

（12）至此，“风景照片特效处理——秋”的照片效果处理完毕，处理前与处理后的照片效果比较，如图 7-67 所示。

处理前的照片

处理后的照片

图 7-67 处理前与处理后的照片效果比较

（13）执行菜单栏中的【文件】/【存储为】命令，将该照片效果存储为“风景照片特效处理——秋.psd”文件。

4．冬天风景照片处理

（1）打开“素材”/“第 7 章”目录下的“风景照片 01.jpg”图像文件。

（2）按键盘上的 Ctrl+J 快捷键将照片背景层复制为背景副本层，然后执行菜单栏中的【图像】/【模式】/【CMYK 颜色】命令，在打开的对话框中单击［不拼合(D)］按钮，将弹出另一个对话框，直接单击［确定］按钮，将该照片转换为 CMYK 颜色模式的图像。

（3）打开【通道】面板，在【通道】面板的“黄色”通道前的眼睛图标上单击，将“黄色”通道暂时关闭，此时将显示其他通道的颜色，效果如图 7-68 所示。

（4）激活背景副本层，执行菜单栏中的【图像】/【调整】/【通道混合器】命令，在打开的【通道混合器】对话框中的“输出通道”列表中选择“黄色”选项，在“源通道”选项下设置“黄色”参数为 0%。

（5）在“输出通道”列表选择“青色”选项，在“源通道”选项下设置“青色”参数为+200%、“洋红”为+200%、“黄色”为-60%、“常数”为-55%，照片效果如图 7-69 所示。

图 7-68　关闭“黄色”通道后的照片效果

图 7-69　调整“青色”通道后的照片效果

（6）在“输出通道”列表中选择“洋红”选项，在“源通道”选项下设置“青色”参数为+50%，其他设置默认，照片效果如图 7-70 所示。

（7）单击［确定］按钮确认并关闭【通道混合器】对话框，然后执行菜单栏中的【图像】/【模式】/【RGB 颜色】命令，在打开的对话框中单击［不拼合(D)］按钮，将该照片转换为 RGB 颜色模式的图像。

（8）执行菜单栏中的【图像】/【调整】/【匹配颜色】命令，在打开的【匹配颜色】对话框中设置“明亮度”为 200、“颜色强度”为 1、“渐隐”为 50，勾选“中和”选项，单击［确定］按钮，照片效果如图 7-71 所示。

（9）按键盘上的 Ctrl+A 快捷键将背景副本层全部选择，再按 Ctrl+C 快捷键将其复制。

（10）进入【通道】面板，单击“创建新通道”按钮新建 Alpha 1 通道，然后按键盘上的 Ctrl+V 快捷键复制的背景副本层粘贴到 Alpha 1 通道。

（11）执行菜单栏中的【图像】/【调整】/【色阶】命令，在打开的【色阶】对话框中设置“输入色阶”值分别为 30、1.0 和 65，其他设置默认，单击［确定］按钮调整照片的色阶，效果如图 7-72 所示。

图 7-70　调整“洋红”通道后的照片效果

图 7-71　【匹配颜色】调整效果

（12）按住 Ctrl 键的同时单击 Alpha 1 通道载入其选区，回到“RGB”通道面板，激活“魔棒工具”按钮，在其【选项】栏中单击“从选区中减去”按钮，并勾选“连续”选项，在天空位置的选区中单击，将其减去。

（13）设置前景色为白色（R：255、G：255、B：255），进入【图层】面板，在背景副本层上方新建图层 1，按键盘上的 Alt+Delete 快捷键向选区中填充白色，然后按键盘上的 Ctrl+D 快捷键取消选区，照片效果如图 7-73 所示。

图 7-72　调整“Alpha 1”通道的效果

图 7-73　新建图层并填充白色

（14）将图层 1 与背景副本层合并为新的图层 1，单击【图层】面板下方的“添加图层蒙版”按钮，为图层 1 添加图层蒙版，设置前景色为黑色（R：0、G：0、B：0），激活“画笔工具”，为其选择一个合适大小的画笔，在背景副本层中的亭子、回廊以及水面倒影位置拖动鼠标指针，使其显示背景层中这些对象，注意不要将亭子上面的白色擦除。

（15）至此，“风景照片特效处理——冬”的照片效果处理完毕，处理前与处理后的照片效果比较，如图 7-74 所示。

处理前的照片

处理后的照片

图 7-74　处理前与处理后的照片效果比较

（16）执行菜单栏中的【文件】/【存储为】命令，将该照片效果存储为“风景照片特效处理——冬.psd”文件。

总结与回顾

这一章通过多个精彩实例讲解了通道的相关知识及使用通道进行图像处理的相关技巧。通道用于存储图像颜色信息，是图像处理中不可缺少的操作对象。正确理解通道的意义与作用，并掌握通道的操作方法，对处理图像非常重要。希望通过本章内容的学习，读者能真正掌握通道的操作知识与应用技巧。

课后实训

通道用于存储图像颜色信息，在通道中我们可以方便地对图像颜色进行校正。请运用掌握的通道知识，结合其他图像处理技术，将“素材”/“第 7 章”目录下如图 7-75 所示的“照片 04.jpg”上的颜色去除，使其恢复原来的照片效果，如图 7-76 所示。

图 7-75　打开的照片

图 7-76　去除颜色后的照片

操作提示

（1）打开“素材”/“第 7 章”目录下的名为“照片 04.jpg”图像文件。

（2）打开【通道】面板，进入“红”通道，会发现照片上的蓝色点和绿色点颜色与人物照片的颜色反差很大，呈现黑色，红色点与照片颜色相同。

（3）使用“仿制图章工具”在“红”通道中的这些呈现黑色的颜色旁边取样，然后在这些黑色上拖动鼠标，将照片中的蓝色点和绿色点颜色覆盖。

（4）进入“绿”通道，会发现照片上的蓝色、红色颜色呈现黑色，而绿色点呈现白色。

（5）使用“仿制图章工具”，分别在“绿”通道中呈现黑色和白色的颜色旁边取样，并在这些色点上拖动鼠标，将照片中这些色点覆盖。

（6）进入“蓝”通道，会发现照片上的绿色、红色颜色呈现黑色，而蓝色点呈现白色。

（7）使用 “仿制图章工具”，分别在“蓝”通道中呈现黑色和白色的颜色旁边取样，并在这些色点上拖动鼠标，将照片中这些色点覆盖。

（8）回到 RFB 颜色通道，使用 “仿制图章工具”对未清除干净的色点进行再次清除，完成照片想修复的操作。

课后习题

1. 填空题

1）在 Photoshop CS5 中，用于存储图像颜色信息的通道是（　　　　）通道。

2）为了满足印刷的要求，有时会将某一种单色存储在通道中，以便于印刷时使用，这个通道是（　　）通道。

3）在处理图像时，有时会将图像选区存储在通道，便于以后继续使用该选区，用于存储图像选区的通道是（　　　　）。

2. 选择题

1）RGB 模式的图像中有 4 个通道，分别是（　　）。

A. R、G、B 单色通道和 RGB 颜色综合通道

B. R、G、B、K 通道

C. C、M、Y、K 通道

2）CMYK 模式图像中有 4 个单色通道，分别是（　　）。

A. R、G、B 和 CMYK 颜色通道

B. 洋红、黄色、青色、黑色通道

C. 红色、黄色、蓝色、绿色通道

3）Photoshop CS5 中有三种类型的通道，这三种类型的通道是（　　）。

A. 内建通道、Alpha 通道和专色通道

B. 红色、绿色和蓝色通道

C. 洋红、黄色、青色通道

3. 简答题

简单描述图像颜色模式与通道的关系。

第8章

矢量绘图与创建文字

内容概述

Photoshop CS5 提供了超强的文字输入、修改、编辑、变形，段落文字排版以及路径创建、编辑、填充和绘制矢量图形的功能，熟练运用这些功能，是平面设计中不可或缺的操作技能。

这一章将通过多个精彩案例的操作，重点学习有关文字与路径在平面设计中的运用方法和技巧。

课堂实训 1：商场购物广告设计

实例说明

文字在平面广告设计中占据着非常重要的地位，文字运用的好坏，不仅关系到广告内容的完整性，同时也关系到广告诉求的效果。

这一节将通过制作如图 8-1 所示“商场购物广告设计”的精彩实例，重点学习文字和路径相结合创建艺术文字、变形文字的方法和技巧，同时学习平面广告设计中人物图像的处理方法。

图 8-1　商场购物广告设计

操作步骤

1. 制作背景图像

（1）执行【文件】/【新建】命令，新建“宽度”为 15 厘米、“高度”为 10 厘米、“分辨率”为 300 像素/英寸、“背景内容”为“白色”、名为“商场购物广告设计”的图像文件。

（2）打开“素材”/“第 8 章”目录下的“照片.jpg”和“照片-1.jpg”文件，将“照片.jpg”文件拖到“商场购物广告设计”图像文件中，照片生成图层 1。

（3）按键盘上的 Ctrl+T 快捷键使用自由变换调整照片大小，使其与新建文件大小一致，如图 8-2 所示。

（4）激活“照片-1.jpg”文件，执行菜单栏中的【图像】/【旋转画布】/【90 度（顺时针）】命令，将照片顺时针旋转 90°，然后按键盘上的 Ctrl+A 快捷键将其全部选择，再按 Ctrl+C 快捷键将其复制，然后关闭该图像。

小知识

【图像】菜单下的【旋转画布】/【90 度（顺时针）】命令是对整个图像进行旋转，不管该图像中有多少个图层，也不管当前操作图层是哪个图层，都会进行旋转。【编辑】/【变换】/【90 度（顺时针）】命令则是对图像中的当前操作图层进行旋转，不会影响其他图层内容。

（5）进入“商场购物广告设计”图像文件，按键盘上的 Ctrl+V 快捷键将其粘贴到该文件中，生成图层 2，如图 8-3 所示。

图 8-2　填充背景色

图 8-3　粘贴图像

（6）激活【工具箱】中的“魔棒工具”，在其【选项】栏设置其“容差”为 32，其他设置默认，在“照片-1”图像天空背景上单击，将除楼体之外的背景图像选择，然后按键盘上的 Delete 键将其删除。

（7）按键盘上的 Ctrl+D 快捷键取消选区，然后执行【编辑】/【变换】/【水平反转】命令，将该楼体图像水平反转，之后将其移动到图像左边位置，如图 8-4 所示。

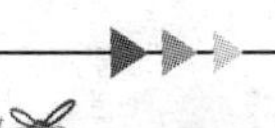

“魔棒工具”是以鼠标落点所拾取的像素作为色样，选取与色样相同的图像，其操作非常方便。但是，在使用“魔棒工具”选取图像时，需要设置其“容差”值，该值决定了选取范围的大小；另外用户还可以勾选“连续”选项，同时设置选取方式，以便快速选取图像范围。

（8）单击【图层】面板下的“添加图层蒙蔽”按钮为图层 2 添加图层蒙版，然后按键盘上的 D 键设置系统默认颜色。

系统默认设置下，前景色为黑色，背景色为白色，当【工具箱】中的颜色不是系统默认的颜色时，按键盘上的 D 键可以将【工具箱】中的颜色恢复为系统默认的颜色。

（9）激活【工具箱】中的“画笔”工具，为其选择一个合适大小的画笔，在图层 2 下方的图像上拖动鼠标，使用图层蒙版对其进行编辑，使其显示出下方的图像，在【图层】面板设置图层 2 的混合模式为“亮光”模式，完成背景图像的制作，如图 8-5 所示。

图 8-4　删除背景图像并调整位置

图 8-5　蒙版编辑及设置“亮光”混合模式

2．处理人物照片

（1）打开“素材”/“第 8 章”目录下的“照片 03.jpg”图像文件，该照片人物肤色较暗，服装颜色较淡，不适合作为广告设计中的人物图像使用，如图 8-6 所示。

下面，我们将使用人物照片处理技巧对照片中的人物图像进行处理，使其符合平面广告设计中的人物图像要求。

（2）按键盘上的 Ctrl+J 快捷键将背景层复制为图层 1，执行菜单栏中的【图像】/【调整】/【色相/饱和度】命令，在打开的【色相/饱和度】对话框中设置“色相”为-35、“饱和度”为+65、“明度”为 0，单击 确定 按钮，照片效果如图 8-7 所示。

（3）单击【图层】面板下方的“添加图层蒙版”按钮为图层 1 添加图层蒙版，然后设置前景色为黑色（R：0、G：0、B：0），激活“画笔工具”，为其选择一个合适大小的画笔，设置画笔“硬度”为 0%。“不透明度”为 100%，其他设置默认。

图 8-6 打开的照片

图 8-7 调整照片颜色

小知识

图层蒙版是一个图像编辑工具，当添加图层蒙版后，可以使用黑色、白色或灰色对蒙版进行编辑。使用黑色编辑蒙版时，可以清除图像；使用白色编辑蒙版时，可以恢复被清除的图像。另外，使用图层蒙版还可以恢复对图像的一些效果操作，例如滤镜效果操作等。

（4）在人物照片上除粉红色裙子之外的其他位置拖动鼠标，使用图层蒙版清除对这些部位的颜色调整，使其恢复原来的颜色效果，如图 8-8 所示。

（5）按键盘上的 Ctrl+Alt+Shift+E 快捷键盖印图层生成图层 2，然后按键盘上的 J 键将图层 2 复制为图层 2 副本，并设置图层 2 副本层的混合模式为“滤色”模式，照片效果如图 8-9 所示。

图 8-8 恢复人物肤色颜色

图 8-9 设置图层混合模式

小技巧

盖印图层是指将处理后的多个图层效果合并生成一个新图层，类似于合并图层命令，但比合并图层命令更实用。这样做的好处是，如果操作失败，我们可以删除该图层，返回到原来的图层重新进行调整。

（6）按键盘上的 Ctrl+Alt+Shift+E 快捷键盖印图层生成图层 3，执行菜单栏中的【图像】/【调整】/【曲线】命令，在打开的【曲线】对话框中的曲线上单击添加一个点，然后设置“输出”为 146、“输入”为 94，其他设置默认，单击 确定 按钮对人物照片继续进行亮度调整，如图 8-10 所示。

（7）执行菜单栏中的【图像】/【调整】/【色彩平衡】命令，在打开的【色彩平衡】对话框中勾选“中间调”选项，然后设置“青色”为+38、“洋红”为-92、“黄色”为 0，其他设置默认，单击 确定 按钮对人物照片继续进行颜色调整，如图 8-11 所示。

图 8-10　调整照片亮度

图 8-11　调整照片颜色

3．合成背景和人物图像

（1）使用“多边形套索工具”，设置其“羽化”为 0 像素，在图层 3 中选取人物图像，按键盘上的 Ctrl+C 快捷键将其复制，然后将该图像关闭。

（2）进入“商场购物广告设计”图像文件，按键盘上的 Ctrl+V 快捷键将其粘贴到当前图像中，生成图层 3。

（3）执行菜单栏中的【编辑】/【变换】/【水平反转】命令，将人物图像做水平反转，并将其移动到图像右上方位置。

（4）将图像以实际像素显示，激活【工具箱】中的“涂抹工具”，为其选择系统预设的 33 号画笔，在蒲公英图像边缘进行涂抹，对图像进行处理。

（5）设置前景色为白色（R：255、G：255、B：255），新建图层 4，激活【工具箱】中的“画笔工具”，为其选择系统预设的 192 号画笔，在图层 4 中人物图像右边位置单击，绘制一些蒲公英花絮，如图 8-12 所示。

（6）打开“素材”/“第 8 章”目录下的“礼物.jpg”图像文件，激活图层 1，将图层 1 中的礼物盒图像拖动到当前文件中，生成图层 5，然后将其移动到女孩图像下方位置，如图 8-13 所示。

图 8-12　粘贴人物图像并绘制蒲公英花絮

图 8-13　添加礼物盒图像

4．输入文字并制作艺术文字

（1）激活【工具箱】中的“横排文字工具”，选择字体为“方正姚体”，设置字号大小为 10 点，设置字体颜色为紫色（R：242、G：0、B：251），在图像上方单击并输入相关文字。

（2）在【图层】面板中用鼠标双击文字层打开【图层样式】对话框，勾选“描边”选项，设置“大小”为 5 像素，颜色为白色（R：255、G：255、B：255），对文字进行描边，如图 8-14 所示。

（3）继续激活 T “横排文字工具”，选择字体为“隶书”，设置字号大小为 40 点，设置字体颜色为红色（R：255、G：0、B：0），在图像上单击，输入“浓情夏日”字样。

（4）按 Enter 键进入第 2 行，在按键盘上的空格键，将光标调整到第 1 行“夏”字的下方位置，继续输入“乐购狂欢”文字内容，如图 8-15 所示。

小技巧

输入文字后，也可以对文字的字体、文字颜色、文字大小等进行修改，同时还可以打开【文字变形】对话框，设置相关设置，对文字进行变形操作，需要说明的是，加粗后的粗体文字不能进行变形。

图 8-14　输入文字并描边

图 8-15　输入文字

（5）确保当前工具为 T “横排文字工具”，将光标移动到“浓”字前方，按住鼠标向右拖动，文字反白。即进入文字的编辑模式。

小技巧

使用 T “横排文字工具”在输入的文字上拖动，文字反白，表示进入了文字的编辑模式，可以对文字进行各种编辑，例如选择字体、颜色、设置大小等。

（6）执行菜单栏中的【窗口】/【字符】命令打开【字符】面板，单击 T “粗体”按钮使其弹起，以取消文字加粗，单击 T “斜体”按钮使其按下，使文字倾斜，然后设置文字行距为 36 点，如图 8-16 所示。

（7）进入“情”字编辑模式，在【字符】面板设置其“基线”为-5 点，使该文字下落；进入“夏”字编辑模式，在【字符】面板设置“文字高度”为 150%；进入“夏日”文字编辑模式，在【字符】面板设置“字距”为 100%；进入“日”字编辑模式，在【字符】面板设置其“基线”为 5 点，使其上浮，如图 8-17 所示。

图 8-16 设置行距和倾斜

图 8-17 设置文字基线和字距等

（8）依照相同的方法，设置“乐”字的“基线”为 5 点，设置“购”字的“文字高度”为 150%，设置“欢”字的“基线”为 5 点，设置“文字高度”为 150%，并设置“狂欢”的“字距”为 100%，完成对文字的编辑。

（9）按住键盘上的 Ctrl 键的同时，单击文字层载入文字选区，然后将除背景层之外的其他所以图层全部暂时隐藏。

（10）打开【路径】面板，按住 Alt 键的同时，单击【路径】面板下方的“将选区转换为路径”按钮，在打开的【建立工作路径】对话框设置“容差”为 0.5 像素，单击 确定 按钮将选区转换为路径，如图 8-18 所示。

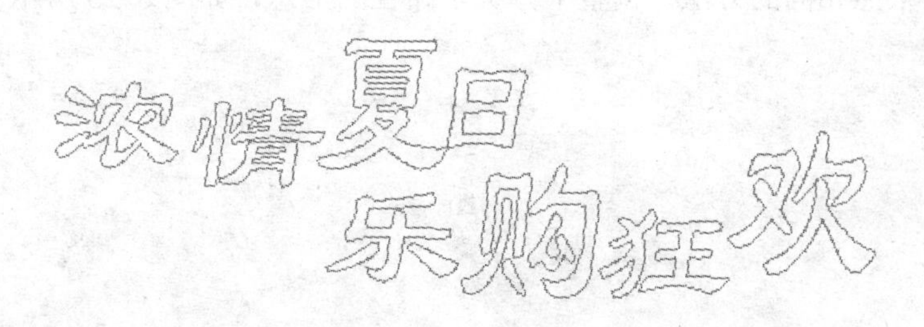

图 8-18 转换文字选区为路径

小知识

在 Photoshop CS5 中，可以将任何选区转换为路径，同样也可以将任何路径转换为选区，需要注意的是，在将选区转换为路径时，需要设置“容差”值，其取值范围为 0.5 ~ 15 像素，“容差”值越大，转换后的误差越大，而将路径转换为选区时，则需要设置“羽化”值，可以使转换后的选区具有羽化效果。

（11）将图像放大显示，激活【工具箱】中的“转换点工具”，在路径上单击显示路径锚点，然后按住键盘上的 Ctrl 键的同时，框选“情”字路径下方的锚点，并将其向左移动到“浓”字路径的下方，如图 8-19 所示。

小技巧

在 Photoshop CS5 中，“转换点工具”用于对路径中的锚点进行调整。按住 Ctrl 键的同时，可以对锚点进行移动；单击鼠标右键，在弹出的快捷菜单中选择相关命令，可以添加锚点或删除锚点。

（12）松开 Ctrl 键，使用“转换点工具”选择各锚点，并调整路径的形态，如图 8-20 所示。

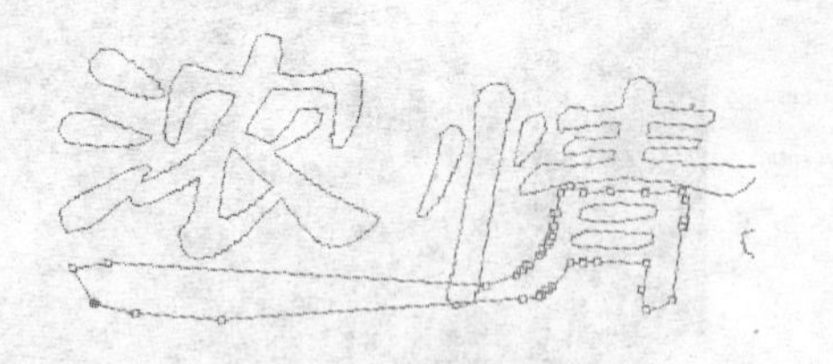

图 8-19　移动锚点的位置

图 8-20　调整路径的形态

（13）依照相同的方法，将“夏”字路径下方的锚点拖到“日”字路径下方，如图 8-21 所示。使用“转换点工具”选择各锚点，并调整路径的形态，如图 8-22 所示。

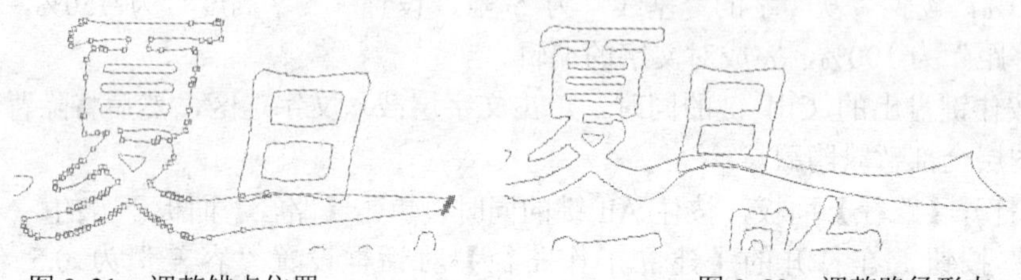

图 8-21　调整锚点位置　　　　图 8-22　调整路径形态

（14）继续依照相同的方法，调整下方文字路径的形态，如图 8-23 所示。

图 8-23　调整后的文字路径效果

（15）将文字层删除，然后新建图层 6，设置前景色为红色（R：255、G：0、B：0），单击【路径】面板下方的“使用前景色填充路径”按钮填充路径，如图 8-24 所示。

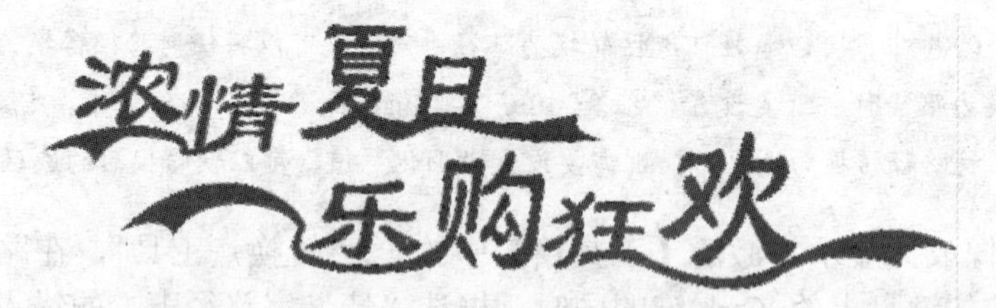

图 8-24　填充路径后的效果

（16）取消所有图层的隐藏，双击图层 6 打开【图层样式】对话框，勾选“投影”和“描边”选项，并设置描边颜色为白色（R：255、G：255、B：255），“大小”为 13 像素，其他设置默认，对文字进行描边，如图 8-25 所示。

（17）新建图层 7，依照前面的操作，使用路径和自定义形状工具在文字上方绘制矢量图形，并填充颜色和设置描边与投影样式，如图 8-26 所示。

图 8-25　描边和投影效果

（18）使用文字工具在图像左下方输入其他相关文字，并对文字设置描边样式，完成“商场购物广告设计”的制作，如图 8-27 所示。

（19）执行【文件】/【存储为】命令，将该文件另存为“商场购物广告设计.psd”文件。

图 8-26　制作矢量图形

图 8-27　输入其他文字

课堂实训 2：母亲节贺卡设计

实例说明

母亲是世界上最伟大的人，母爱是世界上最伟大的爱。我们每一个人都应该感恩母亲，感恩这伟大的爱。值此母亲节来临之际，让我们来设计制作如图 8-28 所示的“母亲节贺卡”，以表达我们对母亲的感恩之情。

通过该实例的制作，重点学习文字与路径的使用方法以及平面设计中文字与路径的应用技巧。

图 8-28　母亲节贺卡设计

操作步骤

1. 制作背景图像

(1)执行【文件】/【新建】命令，新建“宽度”为15厘米、“高度”为5厘米、“分辨率”为300像素/英寸、“背景内容”为“白色”、名为“母亲节贺卡设计”的图像文件。

(2)激活【工具箱】中的“渐变工具”，打开【渐变编辑器】对话框，设置一种浅蓝色(R：134、G：209、B：222)到白色(R：255、G：255、B：255)再到紫红色(R：239、G：100、B：155)的渐变色，然后在其【选项】栏单击“线性渐变”按钮，在背景层由左上角到右下角填充渐变色，如图8-29所示。

图8-29 填充渐变色

(3)打开【图层】面板，新建图层1，并将背景层暂时隐藏，激活【工具箱】中的“钢笔工具”，在图层1中创建一段非闭合的路径，如图8-30所示。

小知识

在Photoshop CS5中，当创建的路径不符合设计要求时，可以激活【工具箱】中的“转换点工具”对路径进行调整。在调整路径时，在按住Ctrl键的同时，可以对锚点进行移动；单击鼠标右键，在弹出的菜单中选择相关命令，可以添加锚点或删除锚点。

(4)设置前景色为黑色(R：0、G：0、B：0)，激活“画笔工具”，设置画笔笔尖为1像素。打开【路径】面板，单击【路径】面板下方的“描边路径”按钮描边路径，如图8-31所示。

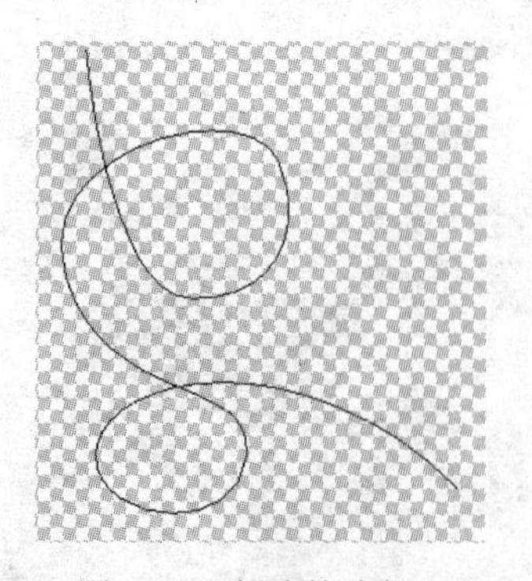

图8-30 创建的路径

图8-31 描边路径的效果

（5）在【路径】面板的空白位置单击将路径暂时隐藏，在按住 Ctrl 键的同时在【图层】面板单击图层 1 载入描边路径的选区。

（6）执行菜单栏中的【编辑】/【定义画笔预设】命令，在打开的【画笔名称】对话框中直接单击 确定 按钮将描边路径定义为画笔，然后取消选区并将图层 1 删除。

（7）重新新建图层 1，设置前景色为白色（R：255、G：255、B：255），再次激活 “画笔工具”，为其选择我们定义的画笔，并在【画笔】面板设置其“间距”为 4%，在图层 1 随意拖动鼠标绘制白色网纹图案，如图 8-32 所示。

图 8-32　绘制网纹图案

小提示

在绘制网纹图案时，可以根据自己的喜好随意拖动画笔绘制，也可以创建路径，然后使用定义的画笔描绘路径进行绘制。当绘制好白色网纹图案后，还可以使用 “橡皮擦工具”对网纹图案进行部分擦除。总之，白色网纹图案不要将整个背景覆盖，只留少许作为背景陪衬即可。

2．处理人物图像

（1）打开“素材”/“第 8 章”目录下的“照片 01.jpg”图像文件，这是一幅女孩的照片，该照片中女孩肤色较灰暗、无光泽，如图 8-33 所示。

下面将采用一种简单、快捷且效果不错的方法首先对该女孩照片进行处理。

（2）执行菜单栏中的【滤镜】/【模糊】/【表面模糊】命令，在打开的【表面模糊】对话框中设置“半径”为 10 像素，“阈值”为 10 色阶，单击 确定 按钮对照片进行模糊处理，去除女孩面部的杂点。

（3）打开【图层】面板，按键盘上的 Ctrl+J 快捷键将背景复制为背景副本层，然后在【图层】面板设置背景副本层的混合模式为“滤色”模式，以提高照片的亮度。

（4）按键盘上的 Ctrl+E 快捷键将背景层与背景副本层合并，然后执行菜单栏中的【图像】/【调整】/【色彩平衡】命令，在打开的【色彩平衡】对话框中设置“色阶”值分别为 70、-40 和 70，其他设置默认，以调整照片颜色，如图 8-34 所示。

3．添加人物与花朵图像

（1）激活【工具箱】中的 “钢笔工具”，沿照片中的人物边缘创建闭合的路径，然后使用 “转换点工具”对路径进行调整，使其完全与人物图像吻合，如图 8-35 所示。

图 8-33　打开的照片

图 8-34　处理后的照片效果

小提示

使用 "转换点工具" 调整路径锚点，可以使路径符合我们的设计要求。对路径进行调整时，按住 Ctrl 键，可以对路径锚点进行移动，使其位于合适的位置。单击鼠标右键，在弹出的快捷菜单中选择相关命令，可以在需要锚点的路径位置添加一个锚点，或将多余的锚点删除。这些功能都为我们调整路径提供了无比便利。

（2）在图像中单击鼠标右键，在弹出的快捷菜单中选择【建立选区】命令，在弹出的【建立选区】对话框中设置"羽化"为 2 像素，单击 确定 按钮，将路径转换为选区将人物图像选择，如图 8-36 所示。

图 8-35　创建路径

图 8-36　转换路径为选区

小提示

在 Photoshop CS5 中，不仅可以将路径转换为选区，也可以将选区转换为路径，这对我们编辑图像提供了无比的便利。尤其在选区图像时，对于较为复杂的图像，使用路径选取要比使用选区选取更为方便、快捷和精准，当沿图像边缘创建路径后，可以将路径转换为选区，同时还可以设置选区的羽化值。

（3）激活【工具箱】中的 "移动工具"，将选取的女孩图像拖动到新建图像中，图像

生成图层 1。

（4）按键盘上的 Ctrl+T 快捷键，使用自由变换将人物图像缩小 80%，并将其移动到新建图像左边位置，效果如图 8-37 所示。

图 8-37　添加人物图像

（5）打开“素材”/“第 8 章”目录下的“花.jpg”和“花 01.jpg”素材文件，使用已掌握的选取图像的相关知识，将这两幅花图像选取，并将其移动到新建图像的女孩的手位置，图像生成图层 2 和图层 3，如图 8-38 所示。

图 8-38　添加花图像

（6）激活图层 3，按键盘上的 Ctrl+J 快捷键，在图层 3 上方复制出图层 3 副本层，然后激活图层 3，执行菜单栏中的【滤镜】/【模糊】/【动感模糊】命令，在打开的【动感模糊】对话框中设置“角度”为 0 度，“距离”为 50 像素，单击 确定 按钮对图层 3 中的花朵 01 进行模糊处理。

（7）将背景层暂时隐藏，激活图层 3 副本层，使用任意选择工具将花 01 右边的一个花瓣选择，单击鼠标右键，选择快捷菜单中的【通过复制的图层】命令，将选择的花瓣复制到图层 4。

（8）按住键盘上的 Ctrl 键的同时单击图层 4 载入其选区，然后执行菜单栏中的【编辑】/【定义画笔预设】命令，在打开的【画笔名称】对话框中单击 确定 按钮，将图层 4 中的花瓣定义为画笔。

（9）按键盘上的 Delete 键将图层 4 中的花瓣删除，再按 Ctrl+D 快捷键取消选区。

（10）设置前景色为红色（R：255、G：0、B：0），背景色为白色（R：255、G：255、B：255），激活 “画笔工具”，为其选择我们定义的花瓣的画笔，打开【画笔】面板，进入“画笔笔尖形状”选项，设置其“间距”为 250%。

（11）勾选“形状动态”选项，设置“大小抖动”为 50%，在“控制”列表中选择“渐隐”选项，并设置其渐隐值为 20，设置“最小直径”为 0%，设置“角度抖动”为 40%，其他设置默认。

（12）勾选“散布”选项，设置“散布”值为 100%，在“控制”列表选择“渐隐”选项，并设置其渐隐值为 20，设置“数量”为 1，设置“数量抖动”为 0%，其他设置默认。

（13）勾选“颜色动态”选项，设置“前景/背景抖动”值为 20%，在“控制”列表中选择“渐隐”选项，并设置其渐隐值为 20，设置“色相抖动”与“饱和度抖动”均为 20%，其他设置默认。

（14）在图层 4 中花 01 的右边向右拖动鼠标绘制飘散的花瓣，效果如图 8-39 所示。

图 8-39 绘制飘散的花瓣

（15）依照第（6）步的操作将图层 4 复制为图层 4 副本层，激活图层 4，对其进行【动感模糊】操作，如图 8-40 所示。

图 8-40 【动感模糊】处理效果

小技巧

在选择花瓣时，尽量要选取一个单独的花瓣将其定义为画笔。另外，在设置画笔的形状、散布以及颜色抖动等参数时，要一边设置一边绘制以查看绘制效果，然后再调整参数，使其达到满意为止。总之，画笔的形状、散布以及颜色抖动等效果以个人喜好为主，不必完全依照实例中的花瓣效果去绘制。

4．绘制心形花环并添加人物照片

（1）新建图层 5，使用“钢笔工具”在图像右边位置由下往上创建一段路径，然后激活“画笔工具”，选择定义的花瓣的画笔，并采用绘制飘散花瓣时的参数设置描绘路径，制作半个心形图像，如图 8-41 所示。

图 8-41 创建路径并描边路径

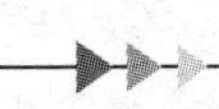

（2）继续在心形路径的右边位置由上向下再次绘制另一半心形路径，然后使用定义的花瓣画笔描边路径，制作完成“心”形花环，如图 8-42 所示。

小提示

在绘制心形路径时，左边的路径要由下往上绘制，而右边的路径要由上往下绘制。这是由于我们为花瓣画笔设置了渐隐效果，在描边路径时会从路径的起点到终点产生一个笔触渐隐，才会产生如图 8-42 所示的“心”形图形效果。否则，描绘的路径笔触会收尾一致，会影响心形图形效果。另外，描绘路径时，直接单击【路径】面板下方的“描边路径”按钮即可，如果按住键盘上的 Alt 键单击该按钮，在弹出的【描边路径】对话框中还可以选择描边工具以及进行其他设置。

图 8-42　绘制另一半心形图形

（3）在【路径】面板空白位置单击鼠标将路径暂时隐藏，单击【图层】面板下方的“添加图层样式”按钮，在弹出的下拉菜单中选择“投影”选项，使用默认设置为“心”形图形制作投影。

（4）打开“素材”/“第 8 章”目录下的“照片 02.jpg”素材文件，将其拖动到新建图像中，图像生成图层 6。

（5）在【图层】面板将图层 6 调整到图层 5 的下方，然后调整照片，使其人物位于心形图形中心位置，如图 8-43 所示。

图 8-43　添加人物照片

（6）使用“钢笔工具”在照片 02 图像上沿“心”形图形创建闭合路径，然后将路径转换为“羽化”值为 10 像素的选区，再将选区反转并删除多余图像，效果如图 8-44 所示。

小提示

有关路径转换选区并设置选区羽化效果的详细操作，请参阅本实例前面步骤的详细讲解，在此不再赘述。

图 8-44　处理照片 02 的效果

5. 编辑文字

（1）取消选区，使用 "钢笔工具" 在飘散的花瓣下方位置到 "心" 形图形位置创建非闭合的路径，如图 8-45 所示。

图 8-45　创建路径

（2）激活 "横排文字工具"，设置字体为 "隶属"、文字大小为 12 点，文字颜色为紫色（R：255、G：0、B：255），在路径左端单击鼠标，然后输入 "世界上有一种不求索取的爱……" 等文字内容，同时自动产生一个文字图层，如图 8-46 所示。

图 8-46　沿路径创建的文字

小提示

在 Photoshop CS5 中，创建一段路径后，激活任意文字工具，将鼠标指针移动到路径一端单击鼠标，就可以沿路径输入文字。沿路径创建文字的编辑方法与其他方式创建的文字的编辑方法相同，这对制作具有创意效果的文字很有帮助。需要说明的是，如果创建的文字字数太多，后面的部分文字将不会显示出来，这时可以将路径延长，显示所有文字。

（3）单击【图层】面板下方的 "添加图层样式" 按钮，在弹出的下拉菜单中选择 "投影" 选项，打开【图层样式】对话框，在 "投影" 选项使用默认设置为 "心" 形图形制作投影，然后勾选 "描边" 选项，设置描边 "大小" 为 8 像素，颜色为白色（R：255、G：

255、B：255），为文字制作投影并描边，效果如图 8-47 所示。

图 8-47　为文字描边并制作投影

（4）依照前面输入文字的方法，在图像中创建路径文字，然后选择不同的字体以及文字大小，继续输入“感恩母亲”的文字内容，如图 8-48 所示。

图 8-48　继续输入文字

（5）新建图层 7，在“感恩母亲”文字周围创建闭合的“心”形图形路径，并向路径中填充紫色（R：255、G：0、B：255），如图 8-49 所示。

图 8-49　创建路径并填充紫色

小提示

在 Photoshop CS5 中，填充路径时使用的是前景色。因此当创建好路径后，首先设置前景色为所要填充路径的颜色，然后单击【路径】面板下方的 “使用前景色填充路径”按钮，使用前景色对路径进行颜色填充。另外，在图像中创建好路径后，单击鼠标右键，在弹出的快捷菜单中选择【填充路径】命令，打开【填充路径】对话框，在该对话框中可以设置填充的颜色、填充混合模式、填充不透明度以及设置具有羽化效果的填充等，设置完成后单击 确定 按钮即可根据设置的内容填充路径。

（6）将图层 7 与“感恩母亲”文字层合并为新的图层 7，依照前面描边文字的方法为图层 7 设置投影和描边样式，完成文字的创建。

（7）打开“素材”/“第 8 章”目录下的“蝴蝶.jpg”素材文件，将蝴蝶图像选择并拖动到当前图像合适位置，完成该贺卡的设计，最终效果如图 8-50 所示。

图 8-50　描边和添加蝴蝶后的图像效果

（8）至此，该贺卡效果制作完毕，执行菜单栏中的【文件】/【存储为】命令，将该图像效果保存为“母亲节贺卡设计.psd”文件。

课堂实训 3：金秋购物招贴设计

实例说明

俗话说“金九银十”，九月是秋天的季节，秋天又是丰收的季节，秋天也是收获的季节。在金秋时节，各大商场纷纷推出了购物有礼的大型购物促销活动，以借此金秋时节，取得一个更好的销售业绩。

这一节将为某商场设计制作一款金秋购物的促销广告，如图 8-51 所示，通过该实例的制作，巩固和学习文字和路径的操作知识，以及文字与路径在平面广告设计中的应用技巧。

图 8-51　金秋购物招贴设计

操作步骤

1．制作背景图像与绘制升起的骄阳

（1）执行【文件】/【新建】命令，新建“宽度”为 15 厘米、“高度”为 10 厘米、“分辨

率”为 300 像素/英寸、“背景内容”为“白色”、名为“金秋购物招贴设计”的图像文件。

（2）设置前景色为红色（R：255、G：36、B：0），背景色为黄色（R：254、G：212、B：0），激活【工具箱】中的“渐变工具”，打开【渐变编辑器】对话框，选择系统默认的“前景色到背景色渐变”的渐变色，在其【选项】栏单击“线性渐变”按钮，在背景层由左向右填充渐变色，如图 8-52 所示。

（3）激活【工具箱】中的“钢笔工具”，在背景层创建一段路径，然后使用“转换点工具”对路径进行调整，其形态如图 8-53 所示。

图 8-52　填充渐变色

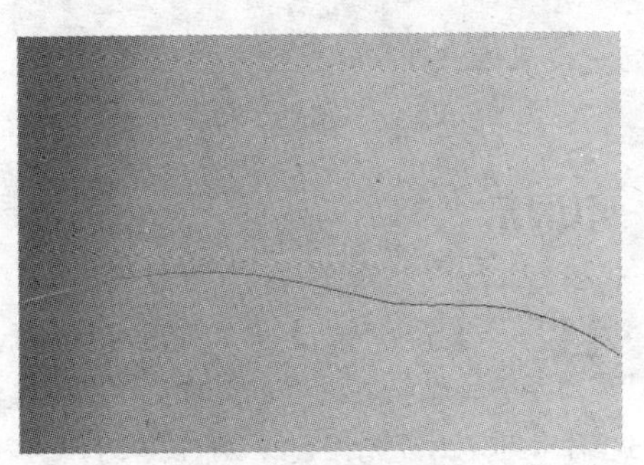

图 8-53　创建的路径

（4）在图像中单击鼠标右键，选择快捷菜单中的【建立选区】命令，在打开的【建立选区】对话框中设置“羽化半径”为 0 像素，单击 确定 按钮将路径转换为选区，如图 8-54 所示。

（5）执行菜单栏中的【图层】/【新建】/【通过拷贝的图层】命令，将选取的图像复制到图层 1。

（6）激活图层 1，单击【图层】面板下方的“添加图层样式”按钮，在弹出的下拉菜单中选择“内发光”选项，打开【图层样式】对话框。

（7）在“内发光”设置面板的“图案”选项下设置“大小”为 70 像素，其他设置默认，单击 确定 按钮为图层 1 制作内发光样式，效果如图 8-55 所示。

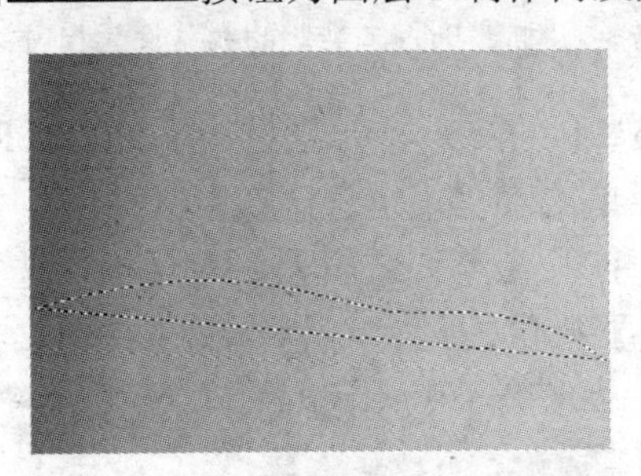

图 8-54　将路径转换为选区

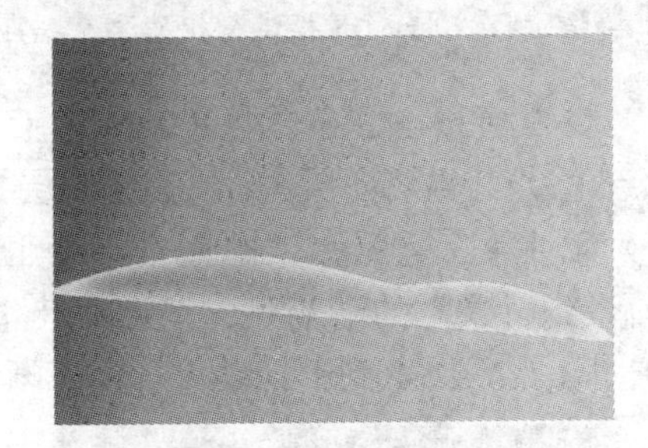

图 8-55　制作内发光样式

（8）在图层 1 上方新建图层 2，然后按键盘上的 Ctrl+E 快捷键将图层 1 与图层 2 合并为新的图层 1。

（9）激活【工具箱】中的“橡皮擦工具”，为其设置一个合适大小的画笔，将图层 1 中的内发光图像下方的多余图像擦除，制作出起伏的山峰效果，如图 8-56 所示。

（10）按键盘上的 Ctrl+E 快捷键将图层 1 与背景层合并，然后依照相同的方法，在背景层上创建路径、转换选区、复制图层、制作内发光样式、新建图层、合并图层、擦除多余图像等操作，制作出另一个起伏的山峰效果，如图 8-57 所示。

图 8-56　合并图层、擦除多余图像

图 8-57　制作其他起伏的山峰

小提示

在前面学习【图层样式】命令时我们讲过，当对图层添加图层样式后，无论对该图层中的图像怎样操作，其图层样式都将随图像形态的变化而变化，但图层样式效果不会因删除图像而消失。在以上操作中，当擦除添加了内发光样式的多余图像时，其内发光样式不会被擦除。因此需要新建一个空白图层，然后将其与具有图层样式效果的图层合并，这样在擦除时才可以将内发光样式一并擦除。

（11）将所有图层合并为背景层，新建图层 1，然后激活【工具箱】中的“椭圆工具”，在其【选项】栏中单击“填充像素”按钮，同时单击“几何选项”按钮，在打开的【椭圆选项】对话框中勾选“比例”选项，并设置其“*W*”和“*H*”的值为 1，在图层 1 右上角拖动鼠标绘制一个圆形矢量图形，如图 8-58 所示。

小知识

“椭圆工具”属于矢量绘图工具，当使用该工具绘制时可以选择绘制“路径”、“形状图层”以及“填充像素”。当选择绘制“填充像素”时，将绘制一个使用前景色填充的矢量图形。另外，在绘制时还可以打开其【几何选项】对话框进行相关设置，其内容与“椭圆选框工具”的相关设置相同。

（12）设置前景色为白色（R：255、G：255、B：255），背景色为橘红色（R：255、G：130、B：0），激活图层 1，并在【图层】面板单击“锁定透明像素”按钮。

（13）激活【工具箱】中的“渐变工具”，打开【渐变编辑器】对话框，选择系统预设的“前景到背景”的渐变色，然后在其【选项】栏单击“线性渐变”按钮，在图层 1 的圆形矢量图形上由上到下拖动鼠标填充渐变色，如图 8-59 所示。

图 8-58　绘制圆形矢量图形

图 8-59　为圆形图形填充渐变色

（14）在【图层】面板再次单击"锁定透明像素"按钮取消透明像素的锁定，然后单击【图层】面板下方的"添加图层样式"按钮，在弹出的下拉菜单中选择"外发光"选项，打开【图层样式】对话框。

（15）在【图层样式】对话框中勾选"外发光"选项，进入"外发光"参数设置面板，在"结构"选项下设置"不透明度"为 100%，在"图案"选项下设置"大小"为 250 像素，其他设置默认，为图层 1 添加"外发光"样式，如图 8-60 所示。

（16）在【图层样式】对话框中勾选"内发光"选项，进入"内发光"参数设置面板，在"图案"选项下设置"大小"为 250 像素，其他设置默认，单击 确定 按钮为图层 1 添加"内发光"样式，如图 8-61 所示。

图 8-60　添加"外发光"样式

图 8-61　添加"内发光"样式

2．添加配景图像

（1）打开"素材"/"第 8 章"目录下的"枫叶.jpg"素材文件，使用已掌握的选取图像的方法，将其选择并移动到当前图像中，图像生成图层 2。

（2）按键盘上的 Ctrl+J 快捷键将图层 2 复制为图层 2 副本层，并将图层 2 副本层暂时隐藏，以备以后使用。

（3）激活图层 2，执行菜单栏中的【编辑】/【变换】/【水平反转】命令将其水平反转，然后执行【编辑】/【自由变换】命令，使用自由变换调整枫叶图像的大小和位置，如图 8-62 所示。

（4）执行菜单栏中的【图像】/【调整】/【色相/饱和度】命令，在打开的【色相/饱和度】对话框中勾选"着色"选项，然后设置"色相"为 360，设置"饱和度"为 100、设置"明度"为-10，单击 确定 按钮调整枫叶的颜色，如图 8-63 所示。

图 8-62　添加枫叶图像

图 8-63　调整枫叶的颜色

（5）依照前面的操作方法，采用系统默认的设置为枫叶图像添加"投影"样式。

（6）激活图层 2 副本层，使用自由变换调整枫叶的大小，并将其移动到图像右上角位置，然后依照第（4）步的操作，执行【色相/饱和度】命令，勾选"着色"选项，设置"色相"为 30，设置“饱和度”为100，其他设置默认，单击 确定 按钮继续调整枫叶的颜色。

（7）依照相同的方法，为枫叶添加“投影”图层样式，完成枫叶图像的处理，如图8-64所示。

（8）打开“素材”/“第8章”目录下的“枫叶01.jpg”素材文件，这是一片枫叶的图像，使用“钢笔工具”沿枫叶图像边缘创建路径，然后将路径转换为选区，如图8-65所示。

图8-64　添加枫叶颜色与添加“投影”样式

图8-65　选取枫叶图像

（9）用已掌握的选取图像的方法，选择枫叶图像，执行菜单栏中的【编辑】/【定义画笔预设】命令，在打开的【画笔名称】对话框中直接单击 确定 按钮，将选取的枫叶定义为画笔。

（10）新建图层3，设置前景色为橘红色（R：255、G：130、B：0），背景色为白色（R：255、G：255、B：255）。

（11）激活“画笔工具”，为其选择定义的枫叶画笔，然后打开【画笔】面板，在“画笔笔尖形状”选项设置“大小”为150像素，设置“间距”为165%。

（12）勾选“形状动态”选项，设置“大小抖动”为50%，在“控制”列表中选择“渐隐”选项，设置其参数为50，设置“最小直径”为0%。

（13）勾选“散布”选项，设置“散布”为360%，在“控制”列表中选择“渐隐”选项，设置其参数为50，设置“数量”为1。

（14）勾选“颜色动态”选项，设置“前景/背景”抖动为20%，在“控制”列表中选择“渐隐”选项，设置其参数为50，设置“色相抖动”为0%，设置“饱和度抖动”为20%。

（15）在图层3中拖动鼠标，绘制飘落的枫叶，效果如图8-66所示。

（16）分别打开“素材”/“第8章”目录下的“人物.jpg”素材文件和“礼物.jpg”素材文件，将这两幅图像选择并拖动到当前图像中，使用自由变换调整图像大小和位置，并为人物图像添加“外发光”样式，完成配景图像的制作，效果如图8-67所示。

图8-66　绘制飘落的枫叶

图8-67　添加人物和礼物图像

3．制作特效文字

（1）激活【工具箱】中的T“横排文字工具”，设置字体为“方正姚体”，设置字号大小为 60 点，字体颜色为红色，在图像中单击鼠标并输入“金秋好购物”文字内容，如图 8-68 所示。

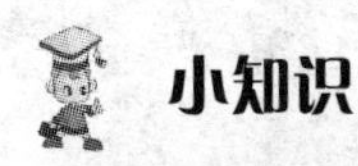

小知识

在 Photoshop CS5 中，文字的输入有 4 种。分别是T“横排文字工具”、IT“竖排文字工具”、T“横排文字蒙版工具”和IT“直排文字蒙版工具”。使用T“横排文字工具”和IT“竖排文字工具”输入文字时会自动产生一个文字层，而当使用T“横排文字蒙版工具”和IT“直排文字蒙版工具”输入文字时不会产生文字层，被输入的文字蒙版将位于当前图层中。

（2）将鼠标指针置于“秋”字的后面，按键盘上的 Enter 键将文字分为两行，然后将鼠标指针置于“金”字前面拖动鼠标将所有文字选择，被选择后的文字显示反白效果。

（3）执行菜单栏中的【窗口】/【字符】命令打开【字符】面板，在【字符】面板设置文字“行距”为 100，然后选择“金秋”文字，设置字号大小为 100 点，文字效果如图 8-69 所示。

图 8-68 输入文字

图 8-69 设置文字大小与行距

小知识

在 Photoshop CS5 中，输入文字后，可以打开【字符】面板对多个文字或单个文字进行编辑，其编辑内容包括：设置文字字体、大小、宽度、高度、行距、字距等。需要说明的是，在对文字进行编辑时，需要将所要编辑的文字选择。选择文字的方法比较简单，激活相关的文字工具，将光标置于要选择的文字前面拖动鼠标，即可将文字选择，被选择的文字呈现反白效果。

（4）将“金秋”文字选择，在【字符】面板设置“文字高度”为 80%、“字距”为 100%，然后将“好”字选择，修改字号“大小”为 80 点，“高度”为 80%，将“购物”文字选择，修改字号“大小”为 80 点，“高度”为 80%，“字距”为 100%，文字效果如图 8-70 所示。

（5）将光标置于文字层，单击鼠标右键，选择快捷菜单中的【栅格化文字】命令将文字层栅格化，然后使用“橡皮擦工具”将文字部分擦除，如图 8-71 所示。

（6）按住键盘上 Ctrl 键的同时单击文字层载入文字选区，打开【路径】面板，按住键盘上的 Alt 键的同时单击“建立工作路径”按钮，在打开的【建立工作路径】对话框中设置“容差”为 0.5 像素，单击 确定 按钮将文字选区转换为工作路径。

图 8-70　编辑文字

图 8-71　擦除文字

小知识

在 Photoshop CS5 中，创建选区或载入图像选区后，单击【路径】面板下的“建立工作路径”按钮，即可将选区转换为工作路径。需要说明的是，将选区转换为路径时，“容差”值决定了转换为路径后的误差，“容差”值越大，转换后的路径与原选区误差越大。反之，转换后的路径与原选区误差越小。系统默认下，“容差”为 0.5 像素，其取值范围为 0.5～10 像素之间。按住键盘上 Alt 键的同时单击【路径】面板下的“建立工作路径”按钮，即可打开【建立工作路径】对话框，在该对话框可以设置“容差”值。

（7）将“金”字以实际像素显示，激活【工具箱】中的“转换点工具”按钮，在“金”字下面一横的左边路径上单击鼠标右键，选择【添加锚点】命令为其添加几个锚点，然后调整锚点的位置，使用路径调整出两个“心”形图形，如图 8-72 所示。

小技巧

在调整路径的过程中，有时会因为路径上的锚点太多或太少而影响路径的调整操作。Photoshop CS5 允许用户在路径上添加或删除锚点。其方法是，激活“转换点工具”，将鼠标指针移动到要添加锚点的路径位置，单击鼠标右键，在弹出的快捷菜单中选择【添加锚点】将在此位置添加一个锚点；将鼠标指针移动到要删除的锚点上单击鼠标右键，选择【删除锚点】命令，则会删除该位置的锚点。通过该方法，用户可以很方便地在路径上添加锚点，或删除多余的锚点，为调整路径带来了便利。

（8）继续在“金”字下面一横的右边路径上添加几个锚点，然后调整锚点的位置，使用路径调整出一个枫叶的图形，如图 8-73 所示。

图 8-72　调整“心”形图形

图 8-73　调整枫叶图形

（9）激活 “钢笔工具”，分别在“心”形图形和枫叶图形中再次创建闭合图形，对这两个图形进行完善，如图 8-74 所示。

（10）激活【工具箱】中的 “路径选择工具”，在“金”字路径上拖动，使用框选的方法将该路径全部选择，然后激活其【选项】栏中的 “重叠形状区域除外”按钮，单击 组合 按钮将文字路径与创建的路径进行组合，使其形成一个完整的路径。

小知识

在 Photoshop CS5 中。路径不仅可以填充、描边、转换，同时还能像选区一样将多个路径进行路径组合，使其形成新的路径组件。激活【工具箱】中的 “路径选择工具”按钮，在其【选项】栏中包括 “添加到形状区域”、 “从形状区域减去”、 “交叉形状区域”以及 “重叠形状区域除外”按钮，单击 “添加到形状区域”按钮，单击 组合 按钮，将路径区域添加到重叠路径区域；单击 “从形状区域减去”按钮，将路径区域从重叠路径区域中移去；单击 “交叉形状区域”按钮，将区域限制为所选路径区域；单击 “重叠形状区域除外”按钮，将排除重叠区域。

（11）设置前景色为白色（R：255、G：0、B：0），单击【路径】面板下方的“使用前景色填充路径”按钮，使用前景色填充“金”字路径，效果如图 8-75 所示。

图 8-74　创建路径完善图形

图 8-75　创建路径组件并填充路径

（12）使用相同的方法，继续将其他文字选区转换为路径，并对路径进行编辑和完善，最后使用前景色填充路径，效果如图 8-76 所示。

（13）将所有文字的路径全部选择，按住键盘上 Alt 键的同时单击【路径】面板下方的 “建立选区”按钮，在打开的【建立选区】对话框中设置“羽化”为 0 像素，单击 确定 按钮将路径转换为选区。

（14）设置前景色为暗红色（R：114、G：22、B：0），背景色为红色（R：255、G：0、B：0），激活【工具箱】中的 “渐变工具”，打开【渐变编辑器】对话框，选择系统预设的“前景到背景”的渐变色，在其【选项】栏中单击 “线性渐变”按钮，在文字层的文字上由左上到右下拖动鼠标填充渐变色，效果如图 8-77 所示。

（15）取消选区，单击【图层】面板下方的 fx “添加图层样式”按钮，在弹出的下拉菜单中选择【描边】命令，打开【图层样式】对话框。

（16）在【图层样式】对话框中勾选“投影”选项，然后再勾选“描边”选项，进入

“描边”参数设置面板，在“结构”选项设置描边“大小”为10像素，在“填充类型”列表中选择“颜色”，然后设置“颜色”为白色（R：255、G：255、B：255），其他设置默认。

图8-76　编辑路径制作的文字

图8-77　建立选区并填充渐变色

（17）单击 确定 按钮并关闭【图层样式】对话框，完成该购物招贴的最后设计，其最终效果如图8-78所示。

图8-78　文字描边和制作投影后的效果

（18）执行菜单栏中的【文件】/【存储为】命令，将该图像存储为“金秋购物招贴设计.psd”文件。

总结与回顾

这一章通过多个精彩实例的制作，主要学习了 Photoshop CS5 中路径与文字的相关知识。文字的输入比较简单，只要大家熟悉任意一种输入法，都可以在Photoshop CS5中输入文字，而路径则是本章学习的重点。

路径是一切矢量图形的基础，用户只要使用路径工具绘制好图形边框，然后通过填充路径，即可获得矢量图形，这为用户绘制矢量图形提供了便利。当绘制好路径后，可以通过描边、转换路径等操作，制作特殊图形效果。除了使用路径工具绘制路径之外，用户还可以使用矢量绘图工具创建路径，对路径进行调整，以得到满意的路径效果。

课后实训

路径是 Photoshop CS5 中的重要内容，请运用所掌握的路径知识，结合其他图像设计知识，制作如图 8-79 所示的“母亲节贺卡设计”效果。

图 8-79　母亲节贺卡设计

操作提示

（1）创建新图像文件，并使用渐变颜色填充背景。

（2）将“素材”/“第 8 章”目录下的“花 02.jpg”图像拖到新建文件左边位置，设置其混合模式为“叠加”模式。

（3）将“素材”/“第 8 章”目录下的“花 03.jpg”图像拖到新建文件右边位置，使用【径向模糊】进行处理。

（4）使用路径绘制“心”形、“五角星”形路径，然后将路径转换为选区，使用画笔工具在选区外单击进行填充白色，制作出透明的“心”形和“五角星”形图像效果。

（5）将“素材”/“第 8 章”目录下的“照片 04.jpg”图像拖动到右边“心”形位置，然后使用路径沿“心”形图形创建路径，将路径转换为选区，反选将“心”形之外的照片删除。

（6）将“素材”/“第 8 章”目录下的“花 04.jpg”图像拖到右边“心”形下方位置，然后使用文字工具在图像上输入相关文字。

（7）使用路径在下方文字位置创建“心”形图形，并填充和描边路径，完成该实例的制作。

课后习题

1．填空题

1）路径包括两部分内容，分别是（　　　　）。

2）路径锚点包括（　　　　）。

3）在曲线路径中，锚点包括（　　　　）锚点和（　　　　）锚点。

2．选择题

1）下列工具中，用于选择和移动路径的工具是（　　）。

A.

B.

C.

2）下列工具中，用于移动路径锚点的工具是（　　）。

A.

B.

C.

3）下列各工具中，用于调整路径的工具是（　　）。

A.

B.

C.

3．简答题

简单描述路径的作用。

第  章

动作与滤镜的应用技术

内容概述

动作与滤镜是 Photoshop CS5 软件的重要组成部分。使用动作的批处理功能，用户可以轻松方便地批处理大量图像。使用滤镜，用户可以实现图像的特殊效果。

本章将通过多个精彩案例的操作，重点学习 Photoshop CS5 中动作的应用方法以及使用滤镜处理图像的相关技巧。

课堂实训 1：处理照片杂乱的背景

实例说明

杂乱的照片背景往往会给人一种混乱的感觉，影响照片的整体效果，使用 Photoshop CS5 的滤镜功能，结合其他图像处理功能，可以轻松实现对照片背景的处理。

这一节将运用 Photoshop CS5 强大的滤镜功能，结合其他图像处理技巧，对如图 9-1 中左图所示人物照片的杂乱背景进行处理，将其背景处理成如图 9-1 中右图所示的效果。通过该实例的操作，掌握 Photoshop CS5 中【光照效果】、【添加杂色】及【智能锐化】滤镜在图像处理中的应用技巧。

原照片效果

处理后的照片效果

图 9-1　原照片与处理后的照片效果比较

操作步骤

1. 修复杂乱的墙面

（1）打开“素材”/“第 9 章”目录下的“照片 01.jpg”图像文件，这是一幅女孩与猫的照片，如图 9-2 所示。

（2）用鼠标双击【工具箱】底部的“快速蒙版”按钮，打开【快速蒙版选项】对话框，勾选“被蒙版区域”选项，其他设置默认，单击 确定 按钮进入快速蒙版编辑状态，同时在【通道】面板新建一个“快速蒙版”的临时通道。

小知识

在 Photoshop CS5 中，当用户选择某个图像的部分区域时，未选区域将“被蒙版”或“受保护”以免被编辑。因此，创建了蒙版后，当用户要改变图像某个区域的颜色，或者要对该区域应用滤镜或其他效果时，可以隔离并保护图像的其余部分。另外，也可以在进行复杂的图像编辑时使用蒙版，比如将颜色或滤镜效果逐步应用于图像。蒙版存储在 Alpha 通道中，蒙版和通道都是灰度图像，因此可以使用绘画工具、编辑工具和滤镜编辑任何其他图像一样对它们进行编辑。在蒙版上用黑色绘制的区域将会受到保护；而蒙版上用白色绘制的区域是可编辑区域。使用快速蒙版模式可将选区转换为临时蒙版以便更轻松地编辑。快速蒙版将作为带有可调整的不透明度的颜色叠加出现。可以使用任何绘画工具编辑快速蒙版或使用滤镜修改它。退出快速蒙版模式之后，蒙版将转换回为图像上的一个选区。如要更加长久地存储一个选区，可以将该选区存储为 Alpha 通道。Alpha 通道将选区存储为【通道】面板中的可编辑灰度蒙版。一旦将某个选区存储为 Alpha 通道，就可以随时重新载入该选区或将该选区载入到其他图像中。

（3）激活【工具箱】中的“画笔工具”，为其选择一个大小合适的画笔笔尖，在除女孩、猫和护栏之外的墙面上拖动鼠标填充红色，如图 9-3 所示。

图 9-2　打开的照片

图 9-3　在墙面上填充红色

小提示

在快速蒙版状态下，使用“画笔工具”填充的红色是快速蒙版默认的颜色，打开【快速蒙版选项】对话框后，单击“颜色”选项下的颜色块，将打开【选择快速蒙版颜色】对话框。在该对话框中用户

可以重新设置快速蒙版的颜色。用户还可以在【快速蒙版选项】对话框中设置“不透明度”，以改变蒙版颜色的不透明度。

（4）执行菜单栏中的【窗口】/【通道】命令打开【通道】面板，单击【工具箱】底部的“快速蒙版”按钮退出快速蒙版编辑状态，此时未填充红色的女孩、猫以及栏杆将转换为选区，同时“快速蒙版”通道将自动消失，如图 9-4 所示。

（5）单击【通道】面板下方的“将选区保存为通道”按钮，将选区保存在 Alpha 1 通道，然后按键盘上的 Ctrl+D 快捷键取消选区。

（6）单击“蓝”通道进入蓝色通道编辑状态，激活“矩形选框工具”，在其【选项】栏设置“羽化”为 0 像素，在“蓝”通道选取女孩头顶上方的墙面，如图 9-5 所示。

图 9-4　快速蒙版转换为选区

图 9-5　选取女孩头顶上方的墙面

（7）按住键盘上 Ctrl+Alt 快捷键的同时，将鼠标指针移动到选区内，按住鼠标拖动，将选取的图像拖到照片左边的墙面位置，使用选取的图像将左面杂乱的墙面覆盖，如图 9-6 所示。

小技巧

在 Photoshop CS5 中，选择图像区域后，按住键盘上 Ctrl+Alt 快捷键的同时，将鼠标指针移动到选区内，按住并拖动鼠标，即可将选取的图像在同一图层进行复制，这是复制图像的一个非常实用的技巧。

（8）按住 Ctrl+Alt 快捷键的同时，将选择的墙面图像拖动到除人物、猫、栏杆以及“福”字之外的其他位置，将杂乱的墙面全部覆盖，如图 9-7 所示。

图 9-6　覆盖左上方墙面

图 9-7　覆盖全部杂乱的墙面

小提示

在使用选取的墙面覆盖左边和左下方杂乱的墙面时，要注意不要将人物覆盖。另外，在移动复制墙面时，按住鼠标将其移动到合适位置后要松开鼠标，然后再在按住 Ctrl+Alt 快捷键的同时继续按住鼠标移动图像到合适位置进行覆盖，依次对墙面进行修复。

（9）单击“RGB”通道回到颜色通道查看照片，发现杂乱的墙面依然存在，同时墙面颜色也发生了变化，如图 9-8 所示。

小提示

在前面的实例操作中已经讲过，通道用于存储图像颜色信息，当我们在“蓝”通道对墙面进行修复后，“红”和“绿”通道杂乱的墙面并没有被修复。因此，当我们回到 RGB 颜色通道后，墙面还存在。下面，我们继续对“红”和“绿”通道进行修复，彻底修复杂乱的墙面。

（10）依照第（6）步～第（8）步的操作，继续进入“红”通道和“绿”通道，对墙面进行修复，然后单击“RGB”通道回到颜色通道，再次观察墙面，发现杂乱的墙面已经被彻底修复，如图 9-9 所示。

图 9-8　修复“蓝”通道后的墙面

图 9-9　修复“红”和“绿”通道后的墙面

小提示

在修复墙面时，由于选取了矩形图像进行修复的，因此难免会在人物图像边缘出现修复不到的地方。这时，可以在 Alpha 1 通道载入人物图像的选区并反选，之后使用“复制图章工具”对这些区域进行修复。

2．翻新墙面

（1）按键盘上的 F7 键打开【图层】面板，新建图层 1，根据已经掌握的知识在图层 1 绘制 5 个矩形图形，并将其排列为砖墙效果，如图 9-10 所示。

（2）将背景层暂时隐藏，激活“矩形选框工具”，设置其“羽化”为 0 像素，将绘制的矩形图形选择，如图 9-11 所示。

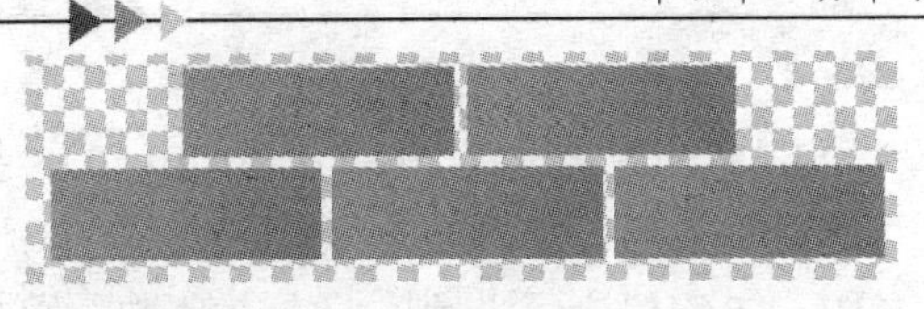

图 9-10　绘制并排列的矩形图形

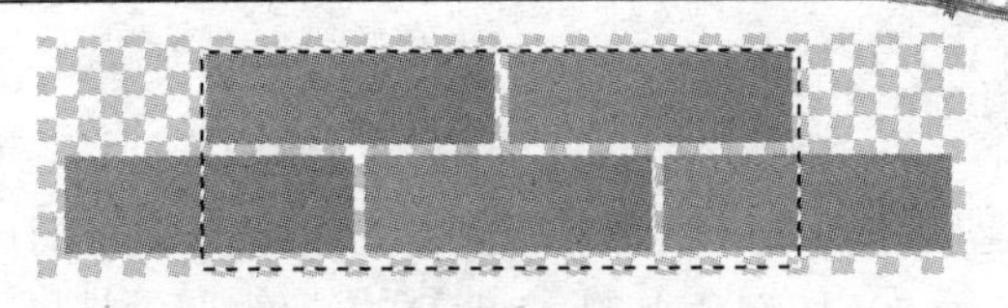

图 9-11　选取矩形图形

小提示

在此要特别注意，在选取 5 个矩形图形时，要在上方两个矩形的左、右两边各留出一定的空白，在下边 3 个矩形的下方留出一定的空白，这些空白将作为砖墙的墙缝，其空白的大小将视砖墙缝隙大小来确定。另外，在选取矩形图形时，“矩形选框工具”的“羽化”值一定要设置为 0 像素，否则将不能将这些图形定义为图案。

（3）执行菜单栏中的【编辑】/【定义图案】命令，在打开的【图案名称】对话框中直接单击 确定 按钮，将选择的图形定义为图案，然后按键盘上的 Ctrl+D 快捷键取消选区，最后将图层 1 删除。

（4）进入【通道】面板，单击【通道】面板下方的“创建新通道”按钮，新建 Alpha 2 通道，然后执行菜单栏中的【编辑】/【填充】命令，在打开的【填充】对话框中的“使用”列表中选择“图案”，单击“自定图案”按钮，在打开的对话框中选择前面定义的砖形图案，单击 确定 按钮向 Alpha 2 通道填充定义的图案，如图 9-12 所示。

小知识

【填充】命令用于向图像中填充前景色、背景色、白色、黑色、灰色、历史记录以及样本图案等。在填充样本图案时，可以填充系统预设的样本图案，也可以填充用户自定义的样本图案。要填充用户自定义的样本图案，首先需要定义样本图案。

（5）设置前景色为白色（R：255、G：255、B：255），按住键盘上 Ctrl 键的同时单击 Alpha 2 通道载入其选区，然后按键盘上的 Alt+Delete 快捷键向 Alpha 2 通道的选区中填充白色，如图 9-13 所示。

图 9-12　填充图案

图 9-13　填充白色

（6）按键盘上的 Ctrl+D 快捷键取消选区，然后在按住 Ctrl 键的同时单击 Alpha 1 通道载入女孩的选区。

（7）确认 Alpha 2 通道为当前操作通道，设置前景色为黑色（R：0、G：0、B：0），按键盘上的 Alt+Delete 快捷键向 Alpha 2 通道的选区中填充黑色，如图 9-14 所示。

（8）按键盘上的 Ctrl+D 快捷键取消选区，单击“RGB”通道回到颜色通道，执行菜单栏中的【滤镜】/【渲染】/【光照效果】命令，在打开的【光照效果】对话框中使用系统默认的灯光，然后设置“强度”为 15、“聚焦”为 100、“光泽”为-60、“材料”为-55、“曝光度”为 0、“环境”为 20，在“纹理通道”列表选择 Alpha 2 通道，并设置其“高度”为 100，在左边的光照预览图中调整灯光光圈，如图 9-15 所示。

图 9-14　在 Alpha 2 通道填充黑色

图 9-15　调整灯光光圈

小知识

在 Photoshop CS5 中，【光照效果】滤镜使用户可以在 RGB 图像上产生无数种光照效果。也可以使用灰度文件的纹理（称为凹凸图）产生类似 3D 的效果，并存储为自己的样式以便在其他图像中使用。

需要说明的是，【光照效果】滤镜仅适用于 RGB 图像，并且在 64 位版本的 Mac OS 中不可用。

【光照效果】滤镜的应用方法如下。

1. 执行【滤镜】/【渲染】/【光照效果】命令。
2. 在“样式”列表中选取一种样式。
3. 在“光照类型”列表中选取一种类型，然后设置“强度”以及“聚焦”参数，如果要使用多种光照，选择或取消选择“开”，以打开或关闭各种照射光。
4. 要更改光照颜色，在对话框的“光照类型”区域中单击颜色框，在打开的【选择光照颜色】对话框中设置一种颜色，然后拖动与下列选项相对应的滑块，设置其他相关属性。

- “光泽”：确定表面反射光的多少（就像在照相纸的表面上一样），范围从“杂边”（低反射率）到“发光”（高反射率）。
- “材质”：确定哪个反射率更高，光照或光照投射到的对象。“塑料”反射光照的颜色；“金属”反射对象的颜色。
- “曝光度”：增加光照（正值）或减少光照（负值）。零值则没有效果。
- “环境”：漫射光，使该光照如同与室内的其他光照（如日光或荧光）相结合一样。选取数值 100 表示只使用此光源，或者选取数值-100 则移去此光源。要更改环境光的颜色，单击颜色框，然后使用出现的拾色器即可。

5. 要复制光照，按住 Alt 键（Windows）或 Option 键（Mac OS），然后在预览窗口中拖动光照。

要使用纹理填充，请为“纹理通道”选取一个通道。

可以从以下几种光照类型中选取光照效果类型。

➢ “全光源”：使光在图像的正上方向各个方向照射，就像一张纸上方的灯泡一样。

➢ “平行光”：从远处照射光，这样光照角度不会发生变化，就像太阳光一样。

➢ “点光”：投射一束椭圆形的光柱。预览窗口中的线条定义光照方向和角度，而手柄则定义椭圆边缘。

6. 调整光源光照时，可先选取一种光源，然后在左侧的预览框中进行调整。要移动光照，请拖动中央圆圈。要增加或减少光照的大小（同移近或移远光照一样），请拖动定义效果边缘的手柄之一。要更改光照方向，请拖动线段末端的手柄以旋转光照角度。按住 Ctrl 键并拖动（Windows）或按住 Command 键并拖动（Mac OS）可以将光照高度（线段长度）保持不变。要更改光照的高度，请拖动线段末端的手柄。缩短线段则变亮，延长线段则变暗。极短的线段产生纯白光，极长的线段不产生光。按住 Shift 键并拖动，可以保持角度不变并更改光照高度（线段长度）。

7. 在“纹理通道”可让用户使用作为 Alpha 通道添加到图像中的灰度图像（称作凹凸图）控制光照效果。可以将任何灰度图像作为 Alpha 通道添加到图像中，也可创建新的 Alpha 通道并向其中添加纹理。要得到浮雕式文本效果，请使用黑色背景上有白色文本的通道，或者使用白色背景上有黑色文本的通道。

另外，可以向图像中添加 Alpha 通道。执行下列操作之一即可。

➢ 要使用基于另一个图像（如织物或水纹）的纹理，可将该图像转换为灰度，然后将该图像的灰度通道拖动到当前图像中。

➢ 将其他图像中的现有 Alpha 通道拖动到当前图像中。

➢ 在图像中创建一个 Alpha 通道，然后向其中添加纹理。

➢ 选择“白色部分凸起”将使通道的白色部分凸出表面。取消选择此选项则凸出黑色部分。

➢ 拖动“高度”滑块将纹理从“平滑”（0）改变为“凸起”（100）。

（9）设置好各参数后单击 确定 按钮，使用光照效果制作出凸起的砖块纹理效果，如图 9-16 所示。

（10）再次按住 Ctrl 键并单击 Alpha 2 通道载入砖块纹理的选区，并新建 Alpha 3 通道，执行菜单栏中的【滤镜】/【杂色】/【添加杂色】命令，在打开的【添加杂色】对话框中设置“数量”为 100%，单击 确定 按钮向 Alpha 3 通道中的砖块纹理上添加杂色，如图 9-17 所示。

图 9-16　【光照效果】处理后的砖块纹理效果

图 9-17　在 Alpha 3 通道添加杂色

（11）取消选区并回到“RGB”颜色通道，依照第（8）步的操作执行【光照效果】滤镜，在“纹理通道”列表选择 Alpha 3 通道，其他设置默认，单击 确定 按钮，在 Alpha

3 通道对砖块制作纹理，如图 9-18 所示。

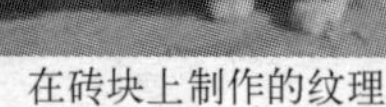

在砖块上制作的纹理

实际像素显示的砖块纹理效果

图 9-18　在砖块上制作的纹理效果

3．处理人物照片

（1）回到“RGB”颜色通道，执行菜单栏中的【图像】/【调整】/【曲线】命令，在打开的【曲线】对话框中的曲线上单击添加一个点，然后设置“输出”为 150、“输入”为 110，单击 确定 按钮调整照片整体亮度，如图 9-19 所示。

（2）继续执行菜单栏中的【图像】/【调整】/【匹配颜色】命令，在打开的【匹配颜色】对话框中勾选“中和”选项，其他设置默认，单击 确定 按钮校正照片颜色，如图 9-20 所示。

图 9-19　调整照片整体亮度

图 9-20　校正照片颜色

（3）按住 Ctrl 键的同时在【通道】面板单击 Alpha 1 通道载入人物选区，回到“RGB”颜色通道。执行菜单栏中的【图像】/【调整】/【通道混合器】命令，在打开的【通道混合器】对话框中的“输出通道”列表中选择“红”，然后调整“红色”值为 127%，其他设置默认，单击 确定 按钮校正人物颜色，效果如图 9-21 所示。

（4）确保人物选区未被取消，切换到任意选择工具，按键盘上向下和向左的方向键将人物选区移动到如图 9-22 所示的位置。

（5）回到【通道】面板，按住键盘上 Ctrl+Alt 快捷键的同时单击 Alpha 1 通道进行选区的减运算操作，获取新的选区，如图 9-23 所示。

图 9-21　校正人物颜色

图 9-22　移动人物选区

小技巧

在 Photoshop CS5 中，可以将不同图层或通道中的图像选区进行相加、相减以及相交等操作。其方法是，首先载入一个图层或通道中的图像选区，然后按住键盘上的 Ctrl+Alt 快捷键单击另一个图层或通道中的图像载入其选区，将获得两个选区相减后的选区；按住键盘上的 Ctrl+Shift 快捷键单击另一个图层或通道中的图像载入其选区，将获得两个选区相加后的选区；按住键盘上的 Ctrl+Shift+Alt 快捷键单击另一个图层或通道中的图像载入其选区，将获得两个选区相交后的选区。需要特别说明的是，无论是选区相加、相减或相交，两个选区都必须有相交的公共部分。

（6）回到“RGB”颜色通道，执行菜单栏中的【图像】/【调整】/【亮度/对比度】命令，在打开的【亮度/对比度】对话框中设置“亮度”为-60，单击 确定 按钮调整出人物的投影效果，按键盘上的 Ctrl+D 快捷键取消选区，人物投影效果如图 9-24 所示。

图 9-23　两个选区相减后的选区效果

图 9-24　调整亮度/对比度制作的人物投影

（7）执行菜单栏中的【滤镜】/【锐化】/【智能锐化】命令，在打开的【智能锐化】对话框中设置“数量”为 100%，设置“半径”为 1.0 像素，勾选“更加精准”选项，单击 确定 按钮对照片进行清晰化处理，完成照片的最后操作，其处理后的照片与原照片效果比较，如图 9-25 所示。

（8）执行【文件】/【存储为】命令，将该图像存储为“处理照片杂乱的背景.psd”文件。

原照片效果

处理后的照片效果

图 9-25　原照片与处理后的照片效果比较

课堂实训 2：制作油画自画像

实例说明

油画以鲜艳强烈的色彩对比、浑厚的笔触机理以及传神写意的艺术处理，比照片更能给人浓厚的视觉艺术享受。拥有一幅油画自画像是大多数人梦寐以求的事情，然而因为请人画一幅油画自画像的价格不菲，大多数人只能“望画兴叹”。

这一节运用 Photoshop CS5 的滤镜功能，教大家将如图 9-26 中左图所示的普通照片处理成如图 9-26 中右图所示的油画自画像，重点学习 Photoshop CS5 中滤镜功能在图像处理中的应用技巧。

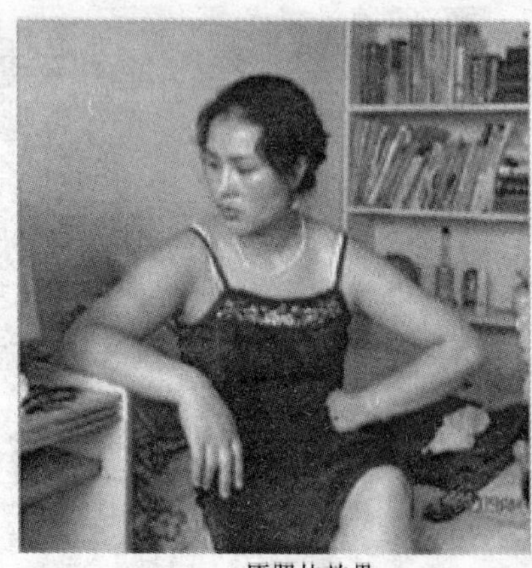
原照片效果

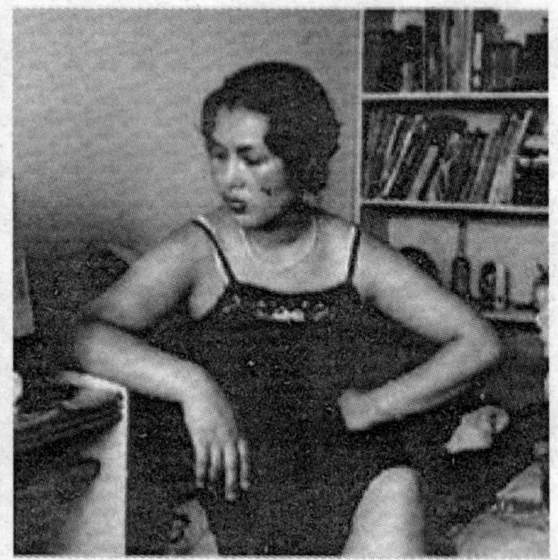
处理后的油画效果

图 9-26　数码照片特效处理——制作油画自画像

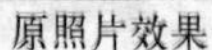

操作步骤

（1）打开“素材”/“第 9 章”目录下的“照片 02.jpg”素材文件，这是一幅人物生活照，如图 9-27 所示。

（2）按键盘上的 Ctrl+J 快捷键将背景层复制为背景副本层，在【图层】面板设置背景副本层的混合模式为“滤色”，并调整其“不透明度”为 50%，调整照片的亮度，如图 9-28 所示。

图 9-27　打开的照片

图 9-28　复制图层并设置“滤色”模式

（3）按键盘上的 Ctrl+Shift+Alt+E 快捷键盖印图层生成图层 1，执行菜单栏中的【滤镜】/【艺术效果】/【干画笔】命令，在打开的【干画笔】对话框中设置“画笔大小”为 10、“画笔细节”为 10、“纹理”为 3，照片效果如图 9-29 所示。

【干笔画】处理效果

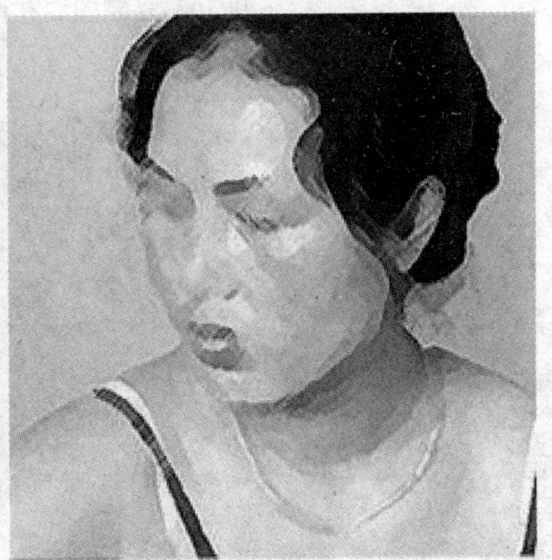

局部实际大小显示效果

图 9-29　【干画笔】滤镜处理效果

小知识

在 Photoshop CS5 中，【干画笔】滤镜使用干画笔技术（介于油彩和水彩之间）绘制图像边缘。此滤镜通过将图像的颜色范围降到普通颜色范围来简化图像。

- “画笔大小”：用于设置画笔的大小，参数越大，笔触越明显，反之笔触不明显。
- “画笔细节”：用于设置画笔细节的处理效果，参数越大，细节笔触越明显，反之笔触不明显。
- “纹理”：设置纹理效果，以增强颜色的对比，形成鲜明的纹理效果。

（4）按键盘上的 Ctrl+J 快捷键将图层 1 复制为图层 1 副本层，在【图层】面板设置图层 1 副本层的混合模式为“颜色加深”模式，照片效果如图 9-30 所示。

（5）按键盘上的 Ctrl+Shift+Alt+E 快捷键盖印图层生成图层 2，按键盘上的 Ctrl+J 快捷键将图层 2 复制为图层 2 副本层，在【图层】面板设置图层 2 副本层的混合模式为“颜色加深”模式，照片效果如图 9-31 所示。

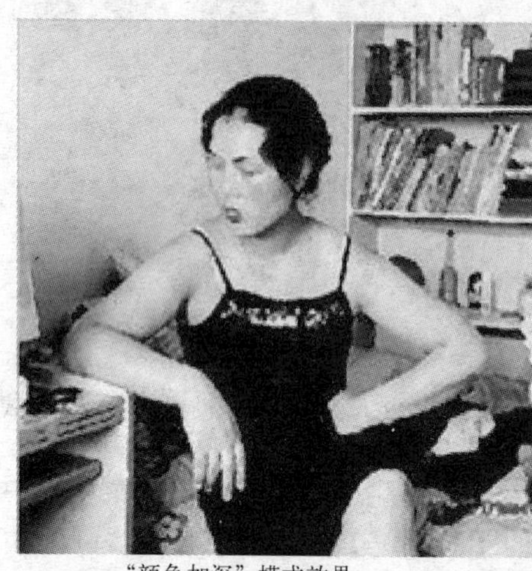
“颜色加深”模式效果

局部实际大小显示效果

图 9-30　复制图层并设置“颜色加深”模式

“颜色加深”模式效果

局部实际大小显示效果

图 9-31　复制图层并设置“颜色加深”模式

（6）将除背景层与图层 2 副本层之外的其他图层全部隐藏，按键盘上的 Ctrl+Shift+Alt+E 快捷键盖印图层，将背景层与图层 2 副本层生成图层 3，照片效果如图 9-32 所示。

（7）执行菜单栏中的【滤镜】/【纹理】/【纹理化】命令，在打开的【纹理化】对话框中的“纹理”列表中选择“画布”选项，同时设置“缩放”为 50%、“凸现”为 5，其他设置默认，单击 确定 按钮，照片效果如图 9-33 所示。

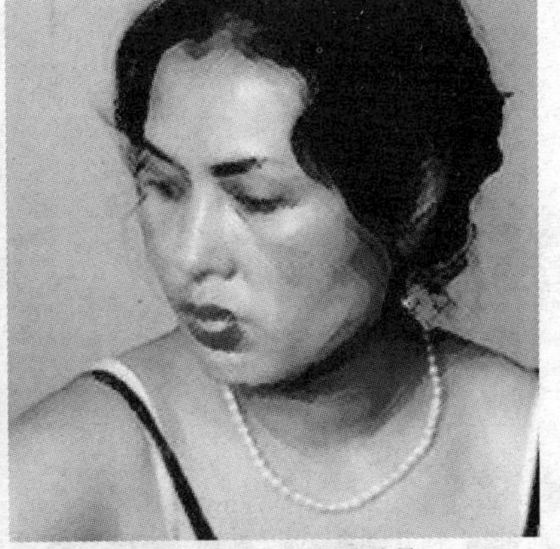

盖印背景层与图层2副本层　　局部实际大小显示效果

图 9-32　盖印背景层与图层 2 副本层

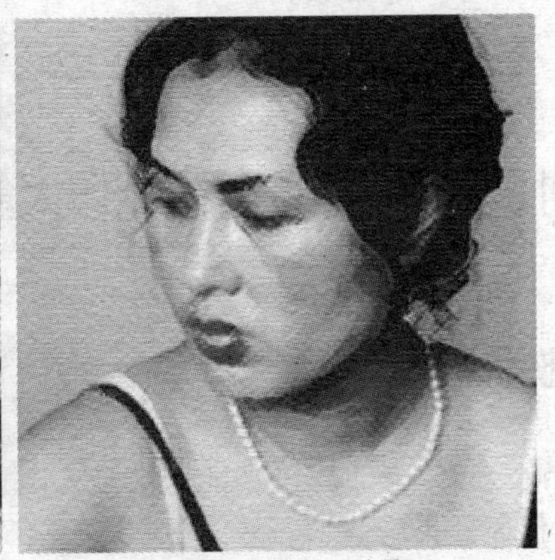

【纹理化】滤镜处理效果　　局部实际大小显示效果

图 9-33 【纹理化】滤镜效果

小知识

在 Photoshop CS5 中，【纹理化】滤镜将选择或创建的纹理应用于图像，在“纹理”列表选择要使用的纹理，包括“砖形”、“粗麻布”、“画布”以及“砂岩”4 种。另外，单击“纹理”列表右边的 按钮，在打开的下拉菜单中选择【载入纹理】命令，在打开的【载入纹理】对话框中可以选择一个 PSD 格式的文件，将该文件的纹理应用于当前操作图像。

当选择一个纹理类型后，可以进行其他相关参数的设置。

- “缩放”：用于设置纹理的大小，设置“缩放”为 100%，标示将使用原纹理图像的实际大小。
- “凸现”：用于设置纹理的凸起程度，参数越大，纹理凸起越明显，反之不明显。
- “光照”：设置光线的来源方向。

（8）至此，油画自画像效果制作完毕，其原照片效果与制作完成的油画自画像效果比较，如图 9-34 所示。

（9）执行菜单栏中的【文件】/【存储为】命令，将该照片效果保存为“制作油画自画像.psd”文件。

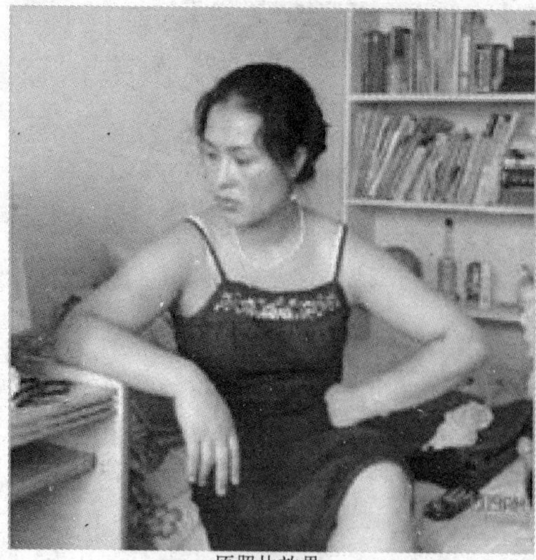
原照片效果

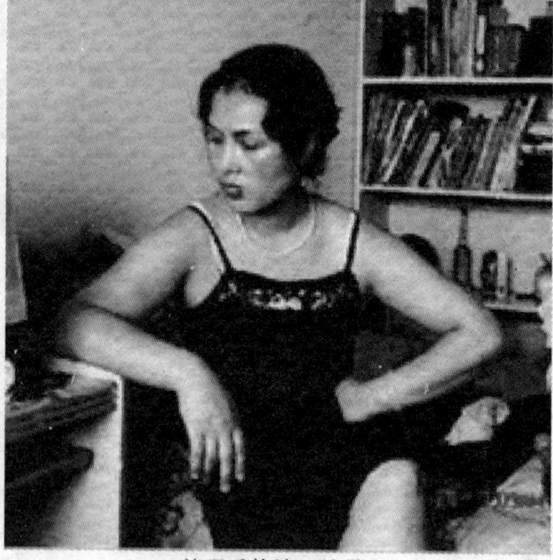
处理后的油画效果

图 9-34　处理前的照片与处理后的油画自画像效果比较

课堂实训 3：数码照片特效制作大集锦

实例说明

Photoshop CS5 中的滤镜功能非常强大，正确运用滤镜的图像处理功能，可以实现用户想要实现的任何效果。

这一节将继续运用的图像处理功能，对如图 9-35（左一）所示的女孩和猫的照片进行处理，将其打造成如图 9-35（右一）所示的石板刻版自画像、如图 9-35（左二）所示的十字绣自画像、如图 9-35（右二）所示的怀旧照片、如图 9-35（左三）所示的素描自画像以及如图 9-35（右三）所示的木板刻版自画像，继续巩固和掌握 Photoshop CS5 中滤镜在图像处理中的应用方法和相关技巧。

原照片

石板刻版自画像

图 9-35　数码照片特效制作大集锦

十字绣自画像

怀旧照片

素描自画像

木板刻版自画像

图 9-35　数码照片特效制作大集锦（续）

操作步骤

1. 制作石板刻版自画像

（1）打开“素材”/“第 9 章”目录下的“照片 03.jpg”素材文件，这是一幅女孩和猫的照片，如图 9-36 所示。

（2）设置前景色为红色（R：255、G：0、B：0），背景色为白色（R：255、G：255、B：255），执行菜单栏中的【滤镜】/【素描】/【便条纸】命令，在打开的【便条纸】对话框中设置“图案平衡”为 25，“颗粒”为 15，“凸现”为 10，单击 确定 按钮，照片如图 9-37 所示。

图 9-36　打开的照片

图 9-37　【便条纸】滤镜处理效果

小知识

【便条纸】滤镜创建图像是用手工制作的纸张构建的图像。此滤镜简化了图像，并执行【风格化】/【浮雕】和【纹理】/【颗粒】滤镜命令的效果。图像的暗区显示为纸张上层中的洞，使背景色显示出来。

（3）打开“素材”/“第 9 章”目录下的“纹理.jpg”素材文件，将该素材文件拖动到当前照片图像中，图像生成图层 1。

（4）按键盘上的 Ctrl+T 快捷键为图层 1 应用自由变换，使用自由变换调整图像大小，使其与照片大小一致，效果如图 9-38 所示。

（5）将图层 1 暂时隐藏，激活“多边形套索工具”，设置其“羽化”为 150 像素，同时单击其【选项】栏中的“从选区中减去”按钮，沿照片人物创建选区。

小技巧

在使用“多边形套索工具”沿人物图像创建选区时，单击“多边形套索工具”【选项】栏中的“从选区中减去”按钮，目的是最后要从整个人物选区中减去两个发辫与头部之间的背景选区。

（6）取消对图层 1 的隐藏并将其激活，按键盘上的 Ctrl+Delete 快捷键向选区中填充背景色，效果如图 9-39 所示。

图 9-38　拖入纹理图像

图 9-39　在选区内填充背景色

（7）按 Ctrl+D 快捷键取消选区，按 Ctrl+A 快捷键将图层 1 全部选择，然后按 Ctrl+C 快捷键将其复制。

（8）按 Ctrl+N 快捷键新建图像文件，按 Ctrl+V 快捷键将复制的图层 1 粘贴到新建文件中。执行【文件】/【存储为】命令，将其保存在“素材”/“第 9 章”目录下，并命名为“纹理 01.psd”文件以备后面使用。

小提示

因为载入纹理时只能使用.psd 格式的图像。在此一定要将处理后的照片另存为.psd 格式的图像文件。这样有利于我们在后面进行木板效果操作时，可以将其作为纹理载入。

（9）回到照片图像，将图层 1 删除，执行菜单栏中的【滤镜】/【纹理】/【纹理化】命令，在打开的【纹理化】对话框中的“纹理”列表右侧单击按钮，选择【载入纹理】命

令，在打开的【载入纹理】对话框中选择保存的“纹理 01.psd”文件将其载入。

（10）在【纹理化】对话框中设置“缩放”为 100%，“凸现”为 40，其他设置默认，单击 确定 按钮，在图像中制作纹理。

（11）至此，石板刻版自画像制作完毕，其原照片效果与制作完成的石板刻版自画像效果比较，如图 9-40 所示。

原照片

石板刻版自画像

图 9-40　原照片与制作的石板刻版自画像效果比较

（12）执行【文件】/【存储为】命令，将该图像效果存储为“数码照片特效处理——制作石板刻版自画像.psd”文件。

2．制作十字绣自画像

（1）打开“素材”/“第 9 章”目录下的“照片 03.jpg”素材文件。

（2）执行菜单栏中的【滤镜】/【纹理】/【拼缀图】命令，在打开的【拼缀图】对话框中设置“方形大小”为 4，“凸现”为 0，单击 确定 按钮，照片效果如图 9-41 所示。

小知识

【拼缀图】滤镜将图像分解为用图像中该区域的主色填充的正方形。此滤镜随机减小或增大拼贴的深度，以模拟高光和阴影。“方形大小”用于设置拼缀图方格的大小，参数越大方格越大，反之方格越小。“凸现”用于设置拼缀图方格凸起的程度，数值越大凸起越明显，反之凸起不明显。

【拼缀图】滤镜效果

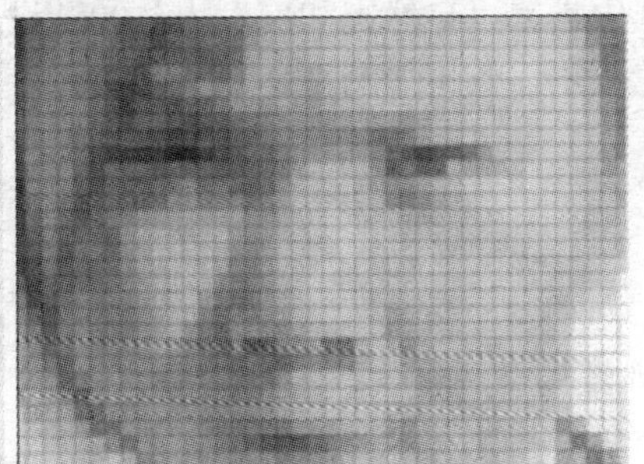

【拼缀图】局部放大显示效果

图 9-41　【拼缀图】滤镜处理效果

（3）执行菜单栏中的【文件】/【存储为】命令，将该文件效果保存在“素材”/“第 9 章”目录下，并命名为“纹理 02.psd”文件以备后面使用。

（4）执行菜单栏中的【滤镜】/【纹理】/【纹理化】命令，在打开的【纹理化】对话框中的“纹理”列表右侧单击按钮，选择【载入纹理】命令，在打开的【载入纹理】对话框中选择保存的“纹理 02.psd”文件将其载入。

（5）在【纹理化】对话框中设置“缩放”为 100%，“凸现”为 40，其他设置默认，单击确定按钮，在图像中制作纹理，效果如图 9-42 所示。

【纹理化】滤镜处理效果

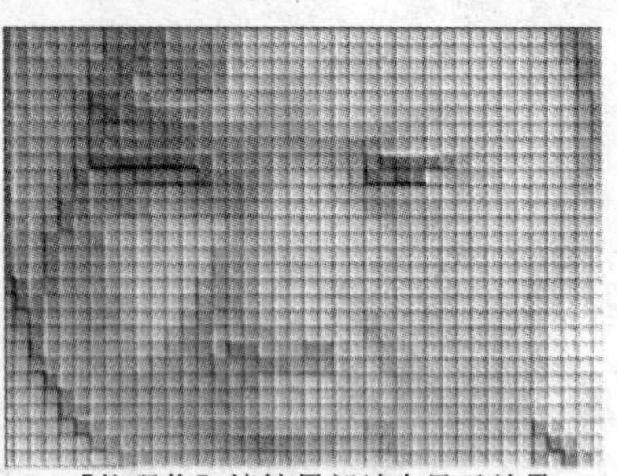
【纹理化】滤镜局部放大显示效果

图 9-42 【纹理化】滤镜处理效果

（6）执行菜单栏中的【滤镜】/【纹理】/【纹理化】命令，在打开的【纹理化】对话框中的“纹理”列表中选择“画布”选项，然后设置“缩放”为 100%，“凸现”为 15，其他设置默认。单击确定按钮，在图像中制作纹理，效果如图 9-43 所示。

【纹理化】滤镜处理效果

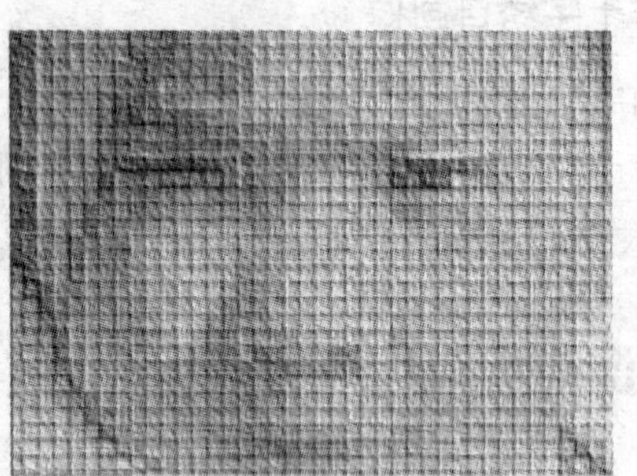
【纹理化】滤镜局部放大显示效果

图 9-43 【纹理化】滤镜处理效果

（7）执行菜单栏中的【图像】/【调整】/【自然饱和度】命令，在打开的【自然饱和度】对话框中设置“自然饱和度”为 100，设置“饱和度”为 30，单击确定按钮对图像进行颜色校正，效果如图 9-44 所示。

【自然饱和度】校正效果

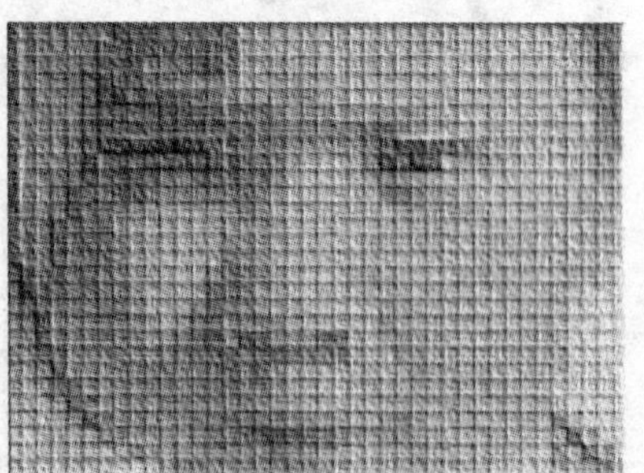
【自然饱和度】局部放大显示效果

图 9-44 【自然饱和度】校正效果

（8）至此，十字绣画制作完毕，原照片实际像素局部显示效果与制作完成的十字绣画实际像素局部显示效果比较，如图 9-45 所示。

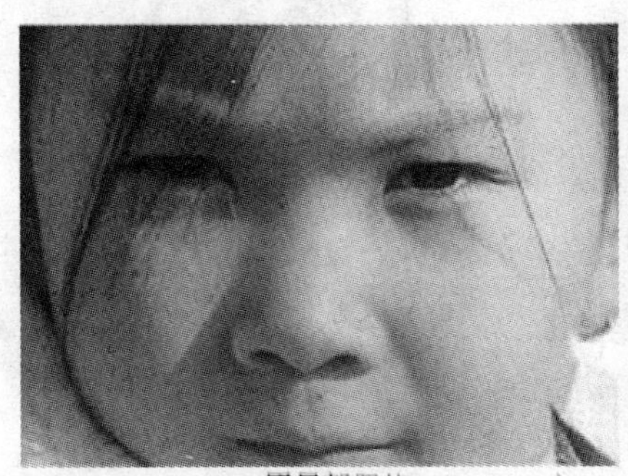

原局部照片　　　　局部十字绣自画像

图 9-45　原照片实际像素局部显示效果与制作的十字绣画像实际像素局部显示效果比较

（9）执行【文件】/【存储为】命令，将该效果保存为“数码照片特效处理——制作十字绣自画像.psd”文件。

3. 制作怀旧照片

（1）打开“素材”/“第 9 章”目录下的“照片 03.jpg”素材文件。

（2）执行菜单栏中的【滤镜】/【扭曲】/【扩散亮光】命令，在打开的【扩散亮光】对话框中设置“颗粒”为 10，设置“发光量”为 6，设置“清除数量”为 10，单击确定按钮，照片效果如图 9-46 所示。

小知识

【扩散亮光】滤镜将图像渲染成像是透过一个柔和的扩散滤镜来观看的。此滤镜添加透明的白色杂色，并从选区的中心向外渐隐亮光。

（3）激活“多边形套索工具”，设置其“羽化”为 100 像素，同时单击【选项】栏中的“添加到选区”按钮，在照片中创建多个选区。

（4）执行菜单栏中的【滤镜】/【纹理】/【颗粒】命令，在打开的【颗粒】对话框中的“颗粒类型”列表中选择“垂直”，然后设置“强度”为 70，设置“对比度”为 15，单击确定按钮，照片效果如图 9-47 所示。

小知识

【颗粒】滤镜通过模拟以下不同种类的颗粒在图像中添加纹理：常规、软化、喷洒、结块、强反差、扩大、点刻、水平、垂直和斑点（可从“颗粒类型”菜单中进行选择）。

（5）执行菜单栏中的【图像】/【调整】/【色相/饱和度】命令，在打开的【色相/饱和度】对话框中勾选“着色”选项，设置“色相”为 20、设置“饱和度”为 15，设置“明度”为-8，单击确定按钮调整照片颜色，效果如图 9-48 所示。

图 9-46 【扩散亮光】滤镜处理效果

图 9-47 【颗粒】滤镜处理效果

（6）激活【工具箱】中的“矩形工具”按钮，单击其【选项】栏中的“路径”按钮，在照片上创建一个矩形路径，如图 9-49 所示。

图 9-48 调整照片颜色

图 9-49 创建矩形路径

（7）设置前景色为白色（R：255、G：255、B：255），激活【工具箱】中的“画笔工具”按钮，为其选择一个画笔，打开【画笔】对话框，设置画笔“大小”为 50 像素，“硬度”100%，“间距”为 125%，其他设置默认。

（8）打开【路径】面板，单击【路径】面板下方的“使用前景色描边路径”按钮描边路径，效果如图 9-50 所示。

（9）按住 Alt 键并单击【路径】面板下方的“建立选区”按钮，在打开的【建立选区】对话框中设置“羽化半径”为 0 像素，单击 确定 按钮将路径转换为选区。

（10）按键盘上的 Ctrl+Shift+I 快捷键将选区反转，再按键盘上的 Alt+Delete 快捷键将选区内填充白色，再按键盘上的 Ctrl+D 快捷键取消选区，效果如图 9-51 所示。

（11）至此，怀旧照片制作完毕，原照片效果与制作完成的怀旧照片效果比较，如图 9-52 所示。

（12）执行【文件】/【存储为】命令，将该效果保存为“数码照片特效处理——制作怀旧照片.psd”文件。

图 9-50　描边路径的效果

图 9-51　填充颜色的效果

原照片

怀旧照片

图 9-52　原照片效果与制作的怀旧照片效果比较

4．制作素描自画像

（1）打开“素材”/“第 9 章”目录下的“照片 03.jpg”素材文件。

（2）按键盘上的 D 键设置系统颜色为默认颜色，执行菜单栏中的【滤镜】/【素描】/【绘图笔】命令，在打开的【绘图笔】对话框中设置“描边长度”为 15，设置“明/暗平衡”为 100，其他设置默认，单击 确定 按钮，照片效果如图 9-53 所示。

【绘图笔】滤镜处理效果

【绘图笔】滤镜局部放大效果

图 9-53　【绘图笔】滤镜处理效果

小知识

【绘图笔】滤镜使用细的、线状的油墨描边以捕捉原图像中的细节。对于扫描图像，效果尤其明

显。此滤镜使用前景色作为油墨，并使用背景色作为纸张，以替换原图像中的颜色。因此，在执行【绘图笔】滤镜处理照片时，需要首先设置前景色和背景色。

（3）执行菜单栏中的【滤镜】/【模糊】/【表面模糊】命令，在打开的【表面模糊】对话框中设置“半径”为10像素，设置“阈值”为155色阶，单击确定按钮，照片效果如图9-54所示。

【表面模糊】滤镜处理效果

【表面模糊笔】滤镜局部放大效果

图9-54 【表面模糊】滤镜处理效果

小知识

【表面模糊】滤镜在保留边缘的同时模糊图像。此滤镜用于创建特殊效果并消除杂色或粒度。“半径”选项指定模糊取样区域的大小。“阈值”选项控制相邻像素色调值与中心像素值相差多大时才能成为模糊的一部分。色调值差小于阈值的像素被排除在模糊之外。

（4）执行菜单栏中的【滤镜】/【纹理】/【纹理化】命令，在打开的【纹理化】对话框中的“纹理”列表中选择“画布”选项，然后设置“缩放”为50%，“凸现”为15，其他设置默认，单击确定按钮，在图像中制作纹理，效果如图9-55所示。

【纹理化】滤镜处理效果

【纹理化】滤镜局部放大效果

图9-55 【纹理化】滤镜处理效果

（5）至此，素描自画像制作完毕，其原照片效果与制作完成的素描自画像效果比较，如图9-56所示。

原照片

素描自画像

图 9-56　处理前的照片与制作的素描自画像效果比较

（6）执行菜单栏中的【文件】/【存储为】命令，将该照片效果存储为“数码照片特效处理——制作素描自画像.psd”文件。

5．制作木板刻版自画像

（1）打开“素材”/“第 9 章”目录下的“照片 03.jpg”素材文件。

（2）按键盘上的 D 键设置系统颜色为默认颜色，执行菜单栏中的【滤镜】/【素描】/【影印】命令，在打开的【影印】对话框中设置“细节”为 24，设置“暗度”为 50，单击 确定 按钮，照片效果如图 9-57 所示。

（3）执行菜单栏中的【文件】/【存储为】命令，将该文件效果保存在“素材”/“第 9 章”目录下，并命名为“纹理 03.psd”文件以备后面使用。

（4）打开“素材”/“第 9 章”目录下的“素材文件.jpg”文件，这是一幅大小、颜色模式都与照片 03 图像一致的木板图像。

（5）执行菜单栏中的【滤镜】/【纹理】/【纹理化】命令，在打开的【纹理化】对话框中的“纹理”列表右侧单击按钮，选择【载入纹理】命令，在打开的【载入纹理】对话框中选择保存的“纹理 03.psd”文件将其载入。

（6）继续在【纹理化】对话框中设置“缩放”为 100%，“凸现”为 10，其他设置默认，单击 确定 按钮，在木板图像中制作纹理，如图 9-58 所示。

图 9-57 【影印】滤镜处理效果

图 9-58 【纹理化】滤镜处理效果

小提示

在使用【纹理化】滤镜处理图像时，如果要将一个图像作为纹理载入，则必须将该图像另存为.psd 格式的文件，否则不能将图像文件作为纹理载入。

（7）激活照片 03 图像，按键盘上的 Ctrl+A 快捷键将制作的影印效果全部选择，再按键盘上的 Ctrl+C 快捷键将其复制，然后关闭该图像。

（8）激活制作了纹理的木板图像，打开【通道】面板，单击【通道】面板下方的“创建新通道”按钮建立新的 Alpha 1 通道。

（9）按键盘上的 Ctrl+V 快捷键将复制的照片 03 图像粘贴到 Alpha 1 通道，然后按住键盘上的 Ctrl 键单击 Alpha 1 载入其选区。

（10）回到 RGB 颜色通道，执行菜单栏中的【选择】/【反向】命令将选区反转，然后执行菜单栏中的【图像】/【调整】/【色相/饱和度】命令，在打开的【色相/饱和度】对话框中设置“色相”为-20、设置“饱和度”为 40、设置“明度”为-50，单击 确定 按钮调整图像颜色，效果如图 9-59 所示。

（11）执行菜单栏中的【滤镜】/【纹理】/【纹理化】命令，在打开的【纹理化】对话框中的“纹理”列表中选择“砂岩”选项，并设置“缩放”为 100%，“凸现”为 25，其他设置默认。

（12）单击 确定 按钮，在人物图像中制作纹理，然后按键盘上的 Ctrl+D 快捷键取消选区，图像效果如图 9-60 所示。

图 9-59 【色相/饱和度】调整效果

图 9-60 【纹理化】滤镜处理效果

（13）至此，木板刻版自画像制作完毕，其原照片效果与制作完成的木板刻版自画像效果比较，如图 9-61 所示。

原照片

木板刻版自画像

图 9-61 处理前的照片与制作的木板刻版自画像效果比较

（14）执行菜单栏中的【文件】/【存储为】命令，将该照片效果存储为“数码照片特效处理——制作木板刻版自画像.psd”文件。

课堂实训 4：快速处理多幅照片

实例说明

在图像处理中，对于大量的图像你是否要费时费力的一幅幅的去分别处理呢？现在好了，有了 Photoshop CS5 的批处理功能，我们可以快速、轻松地完成对这些图像的处理。

这一节将通过对多幅色彩灰暗的照片进行快速处理，使其恢复明快鲜艳的色彩，重点学习 Photoshop CS5 中动作的创建，以及应用动作快速处理多幅图像的相关技巧。

多幅原照片与快速处理后的效果比较，如图 9-62 所示。

图 9-62　多幅原照片与处理后的效果比较

操作步骤

1．记录新动作

（1）打开“素材”/“第 9 章”/“自动化处理”目录下的“01.jpg”素材文件，这是一幅女孩的照片。

（2）执行菜单栏中的【窗口】/【动作】命令，打开【动作】面板，单击【动作】面板下方的“创建新组”按钮，在打开的【新建组】对话框中的“名称”输入框将其命名为“数码照片自动化处理”，单击确定按钮新建一个动作组。

小知识

在处理大量的照片时，可以使用 Photoshop CS5 中的自动化处理功能来进行处理，自动化处理功能可以快速对大量照片进行快速自动处理，需要说明的是，在处理之前，需要首先记录一个动作，记录的动作通常需要放置在一个动作“组”中，以便于用户对动作进行修改、编辑和管理。

（3）继续单击【动作】面板下方的“创建新动作”按钮，在打开的【新建动作】对话框的“名称”输入框中输入“动作 1”，在“组”列表选择我们新建的“数码照片自动化处理”的组，表示“动作 1”将放置在“数码照片自动化处理”的组中，其他设置默认。单击记录按钮关闭该对话框，同时【动作】面板下方的“开始记录”按钮由按钮变为按钮，系统开始将我们的每一步操作记录为动作并保存，以便后面使用该动作处理其他照片。

小知识

在【新建动作】对话框中，“名称”输入框用于输入我们要执行的操作，例如输入“色相/饱和度”，表示将使用【色相/饱和度】命令对照片进行调色，但在一般情况下，处理照片通常使用多个命令相结合来处理，，这时我们不可能将所有命令罗列在该输入框，这时可以以“动作 1”来命令，表示这是一系列动作，而在“组”列表，则要选择我们新建的组名称，表示将这一系列动作放在该组，便于我们对动作进行编辑、修改以及应用，至于其他设置，并不影响我们对动作的记录以及应用，因此可以使用系统默认设置。

（4）执行菜单栏中的【滤镜】/【模糊】/【表面模糊】命令，在打开的【表面模糊】对话框中设置“半径”为 10 像素、“阈值”为 10 色阶，单击确定按钮，对照片进行模糊处理，同时系统会自动将该操作记录。

（5）按键盘上的 Ctrl+J 快捷键将背景层复制为背景副本层，在【图层】面板将背景副本层的混合模式修改为“滤色”模式，以调整照片亮度，同时系统也会自动将该操作记录。

（6）按键盘上的 Ctrl+Shift+Alt+E 快捷键盖印图层生成图层 1，执行菜单栏中的【图像】/【调整】/【色彩平衡】命令，在打开的【色彩平衡】对话框中设置“色阶”参数分别为 40、-20 和 10，单击确定按钮对照片进行颜色校正，同时系统会自动将该操作记录。

（7）执行菜单栏中的【图像】/【调整】/【曲线】命令，在打开的【曲线】对话框中的曲线上单击添加一个点，然后设置“输出”为 152、设置“输入”为 112，单击确定按钮对照片进行亮度校正，同时系统会自动将该操作记录。

（8）继续执行菜单栏中的【滤镜】/【锐化】/【智能锐化】命令，在打开的【智能锐化】对话框中设置“数量”为 100%、设置“半径”为 1.0 像素，勾选“更加精准”选项，其他设置默认，单击确定按钮对照片进行清晰化处理，同时系统会自动将该操作记录。

（9）单击【动作】面板下方的“停止播放/记录”按钮停止动作的记录，至此，照片处理完毕，同时动作也记录完毕，处理前与处理后的照片效果比较，如图 9-63 所示。

原照片效果

处理后的照片效果

图 9-63　处理前与处理后的照片效果比较

2．应用记录的动作快速批处理多幅照片

（1）将“01.jpg”文件以不保存的方式关闭，执行菜单栏中的【文件】/【自动】/【批处理】命令打开【批处理】对话框。

小知识

【批处理】命令可以对一个文件夹中的文件运行动作处理。如果用户有带文档输入器的数码相机或扫描仪，也可以用单个动作导入和处理多个图像。扫描仪或数码相机可能需要支持动作的取入增效工具模块。

需要说明的是，如果第三方增效工具不能一次导入多个文档，则在批处理期间或用作动作的一部分时，该工具可能无效。

当对文件进行批处理时，可以打开、关闭所有文件并存储对原文件的更改，或将修改后的文件版本存储到新的位置（原始版本保持不变）。如果用户要将处理过的文件存储到新位置，则可能希望在开始批处理前先为处理过的文件创建一个新文件夹。

要使用多个动作进行批处理，请创建一个播放所有其他动作的新动作，然后使用新动作进行批处理。要批处理多个文件夹，请在一个文件夹中创建要处理的其他文件夹的别名，然后选择“包含所有子文件夹”选项。

为了提高批处理性能，应减少所存储的历史记录状态的数量，并在【历史记录】面板中取消选择“自动创建第一幅快照”选项。

（2）在该对话框的“组”列表选择名为“数码照片自动化处理”的组，表示我们要使用的动作放置在“数码照片自动化处理”的组下，在“动作”列表选择名为“动作 1”的动作，表示我们要使用放置在“数码照片自动化处理”组下的“动作 1”。

（3）在“源”列表中选择“文件夹”，表示我们要批处理的文件放置在文件夹下，单击 选择(C)... 按钮，在打开的【浏览文件夹】对话框中选择“素材”/“第 9 章”/“自动化处理”文件夹，单击 确定 按钮选择要处理的文件。

（4）在“目标”列表选择“文件夹”，表示将处理后的照片存储在文件夹，然后单击 选择(C)... 按钮，在打开的【浏览文件夹】对话框中选择“最终效果”/“数码照片自动化处理结果”的文件夹，单击 确定 按钮，表示将处理后的照片存储在“最终效果”/“数码照片自动化处理结果”的文件夹下。

（5）单击【批处理】对话框中的 确定 按钮，系统开始自动对“素材”/“第 9 章”/“自动化处理”文件夹下的所有照片进行自动处理文件，并保存在“最终效果”/“数码照

片自动化处理结果”的文件夹下，处理前与处理后的照片效果如图 9-64 所示。

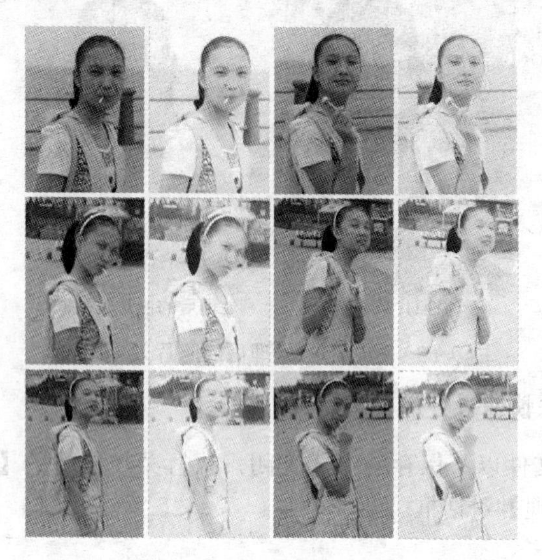

图 9-64　处理前与处理后的照片效果比较

小知识

在【批处理】对话框中，执行下列操作之一，即可启动【批处理】命令。

1. 执行【文件】/【自动】/【批处理】命令。

2. 执行【工具】/【Photoshop】/【批处理】命令。

在“组”和“动作”弹出式菜单中，指定要用来处理文件的动作。菜单会显示【动作】面板中可用的动作。如果未显示所需的动作，可能需要选取另一组或在面板中载入组。

从“源”弹出式菜单中选取要处理的文件。

- “文件夹”：处理指定文件夹中的文件。单击“选取”可以查找并选择文件夹。
- “导入”：处理来自数码相机、扫描仪或 PDF 文档的图像。
- “打开的文件”：处理所有打开的文件。
- “Bridge 处理”：Adobe Bridge 中选定的文件。如果未选择任何文件，则处理当前 Bridge 文件夹中的文件。

设置处理、存储和文件命名选项。设置完成后，如平常那样处理文件夹，直到“目标”步骤为止。

为目标选取“存储并关闭”。可以为“覆盖动作中的‘存储为’命令”指定选项以执行下列操作：

如果动作中的“存储为”步骤包含文件名，就会用存储的文档的名称覆盖它；所有“存储为”步骤均被视为在记录它们时没有使用文件名。

在“存储为”动作步骤中指定的文件夹会被文档的原始文件夹覆盖。

注意：在动作中必须包含“存储为”步骤；“批处理”命令不会自动存储文件。

例如，可以使用此过程来锐化图像、调整其大小以及将其以 JPEG 格式存储在原始文件夹中。用户可以创建一个具有锐化步骤、调整大小步骤和“存储为 JPEG”步骤的动作。批处理此动作时，请选择“包含所有子文件夹”，为目标选取“存储并关闭”，然后选择“覆盖动作中的‘存储为’命令”。

课堂实训 5：将照片制作为电子相册

对颜色灰暗的照片进行处理后，您是否想将这些照片制作成电子相册，以方便随时在计算机上浏览，同时将其上传到网络上给自己的朋友欣赏呢？

这一节继续学习将前面处理后的照片制作成电子相册，巩固和掌握使用 Photoshop CS5 中【Web 照片画廊】命令制作电子相册的方法。

（1）执行菜单栏中的【文件】/【自动】/【Web 照片画廊】命令，打开【Web 照片画廊】对话框。

（2）在“样式”列表中选择网页的样式，在此选择“简单-垂直缩览图”样式。

（3）在“电子邮件”选项输入邮件地址（该邮件地址可以输入朋友的邮件地址或自己的邮件地址）。

（4）在“使用”列表中选择文件来源，然后单击 浏览(B)... 按钮，选择“效果文件”/“数码照片自动化处理结果”文件夹，同时取消“包含所有子文件夹”选项的勾选。

（5）单击 目标(D)... 按钮，选择保存网页的路径。

（6）在“选项”的第 1 列表中选择“横幅”，然后在“网站名称”输入框中输入“电子相册”，在“摄影师”输入框中输入摄影师的名称，例如“胡杨林”、在“联系信息”输入框中输入摄影师的联系电话等，在“日期”输入框中输入日期。

小提示

在此要说明的是，制作的电子相册的存储路径不能与原照片路径相同，否则不能进行处理。

（7）单击 确定 按钮，此时系统会自动将“数码照片自动化处理结果”文件夹下的照片制作成电子像册，同时将其自动打开。

（8）单击左边的照片，即可在右边图框中查看该照片的放大效果。用户可以根据以上操作，将自己的照片制作成电子相册并发布到网上。

总结与回顾

这一章通过多个精彩案例的操作，主要学习了 Photoshop CS5 中滤镜的应用技巧以及使用 Photoshop CS5 中的动作功能批处理图像和制作电子相册的相关知识。

滤镜是 Photoshop CS5 中重要内容，图像的大多数特殊效果都需要滤镜来实现，不相同的滤镜，设置不同的参数，则可以出现不同的处理效果。因此，在使用滤镜处理图像时，要针对不同的图像效果，灵活运用滤镜并设置不同的参数。只有正确掌握滤镜的应用方法与技巧，才能使用滤镜处理完成满意的图像效果。

而在运用动作功能批处理图像时，首先要根据处理效果记录一个动作，然后使用该动作对大量图像进行批处理。在记录动作时，要明白一点，并非我们所有的操作都可以被记录为动作，例如擦除效果、画笔绘画效果等这些操作并不能被记录为动作。这时，可以在需要这些操作的前面一步设置一个暂停的动作，当自动处理到该效果时，系统会自动停止动作，我们可以手动完成这些操作，然后继续使用动作完成其他的操作。总之，动作虽然功能强大，但并非万能，只有理解了动作的含义，并熟悉其操作方法，才能正确运用动作完成对图像的批处理。

课后实训

课后实训 1

滤镜是处理图像特效的重要功能，请运用所掌握的知识，将如图 9-65（左上）所示的照片，处理成如图 9-65（右上）、如图 9-65（左下）和如图 9-65（右下）所示的照片效果。

操作提示

（1）打开“素材”/“第 9 章”目录下的“照片 04.jpg”素材文件。
（2）使用【滤镜】/【素描】/【阴影】命令处理照片。
（3）使用【滤镜】/【素描】/【半调图案】命令继续处理照片。
（4）处理后的照片效果如图 9-65（右上）所示。
（5）再次打开“素材”/“第 9 章”目录下的“照片 04.jpg”素材文件。
（6）使用【滤镜】/【风格化】/【照亮边缘】命令处理照片。
（7）继续使用【滤镜】/【风格化】/【查找边缘】命令处理照片。
（8）处理后的效果如图 9-65（左下）所示。
（9）再次打开“素材”/“第 9 章”目录下的“照片 04.jpg”素材文件。
（10）使用【滤镜】/【素描】/【网状】命令处理照片。
（11）继续使用【滤镜】/【扭曲】/【扩散亮光】命令处理照片。
（12）使用【图像】/【调整】/【色相/饱和度】命令调整照片颜色。
（13）处理后的照片效果如图 9-65（右下）所示。

图 9-65　照片处理效果比较

课后实训 2

使用 Photoshop CS5 的自动批处理以及其他动作功能，对自己的照片进行处理并尝试将其制作为电子相册。

课后习题

1. 填空题

1）在【动作】面板中，要开始记录一个动作，需要单击【动作】面板中的（　　　　）按钮开始记录动作。

2）当记录好一个动作后，要想播放记录的动作，需要单击【动作】面板中的（　　　　）按钮开始播放动作。

3）当一个动作记录完毕后，需要停止记录时，需要单击【动作】面板中的（　　　　）按钮停止记录动作。

2. 选择题

1）在一个动作组中，可以放置（　　）动作。

A. 1个

B. 2个

C. 无数个

2）在下面操作中，不能被动作所记录的操作有（　　）。

A. 使用画笔工具绘画

B. 使用填充命令填充颜色

C. 使用【滤镜】命令处理图像

3）在动作项目前的空位置单击，当出现（　　）按钮后，在播放动作时会自动弹出命令对话框，以方便参数调整。

A.

B.

C.

3. 简答题

简单描述【动作】与【自动】的区别和关系。

反侵权盗版声明

电子工业出版社依法对本作品享有专有出版权。任何未经权利人书面许可，复制、销售或通过信息网络传播本作品的行为；歪曲、篡改、剽窃本作品的行为，均违反《中华人民共和国著作权法》，其行为人应承担相应的民事责任和行政责任，构成犯罪的，将被依法追究刑事责任。

为了维护市场秩序，保护权利人的合法权益，我社将依法查处和打击侵权盗版的单位和个人。欢迎社会各界人士积极举报侵权盗版行为，本社将奖励举报有功人员，并保证举报人的信息不被泄露。

举报电话：（010）88254396；（010）88258888

传　　真：（010）88254397

E-mail：dbqq@phei.com.cn

通信地址：北京市海淀区万寿路 173 信箱

电子工业出版社总编办公室

邮　　编：100036